Step by Step

처음 시작하는

파이썬 프로그래밍

개정판

김동근 저

좋은 책 · 알찬 내용
가메출판사

Step by Step

처음 시작하는

파이썬 프로그래밍

개정판

지은이 김동근
펴낸이 이병렬
펴낸곳 도서출판 가메 https://www.kame.co.kr
주소 서울시 마포구 양화로 56, 504호(서교동, 동양한강트레벨)
전화 02-322-8317
팩스 0303-3130-8317
이메일 km@kame.co.kr

등록 제313-2009-264호
발행 2022년 9월 7일 개정판 1쇄 발행
정가 22,000원

ISBN 978-89-8078-312-0

표지/편집 디자인 편집디자인팀

Preface

파이썬 Python은 Guido van Rossum에 의해 개발된 무료로 사용할 수 있는 컴퓨터 프로그래밍 언어입니다. 파이썬은 Windows, Linux, iOS, 안드로이드 등의 우리가 사용할 수 있는 거의 모든 운영체제에서 사용할 수 있습니다.

파이썬은 처음 컴퓨터 프로그래밍 언어를 배우기에 좋은 언어입니다. 파이썬은 배우기 쉽습니다. 그리고 파이썬은 과학계산, 게임프로그래밍, 네트워크 프로그래밍, GUI 프로그래밍, 문자열 처리 분야, 데이터베이스 연결, 웹 프로그래밍, 보안, 해킹 프로그래밍, 기계학습, 딥러닝을 포함한 인공지능 분야 등의 다양한 분야에서 많은 소프트웨어가 파이썬으로 구현되어 있습니다.

기계학습, 딥러닝, 컴퓨터 비전 등의 빠른 계산을 요구하는 분야에서는 C, C++ 등의 컴파일러 언어로 작성된 라이브러리들이 사용자를 위한 인터페이스로 파이썬을 제공하고 있습니다. 필자는 선형대수, 영상처리, 컴퓨터 비전, 기계학습 등에서 파이썬을 사용하고 있습니다.

이 책은 필자가 2018년 필자가 출판한 '처음 시작하는 파이썬 프로그래밍'을 기반으로 개정하였습니다. 파이썬의 기본 문법과 터틀 그래픽을 기준으로 60개의 Step으로 정리하여 처음 파이썬 프로그래밍을 배우려는 초보자가 짧은 시간에 파이썬 프로그래밍을 배울 수 있도록 내용과 예제를 보강하고 최신 내용을 반영하여 다시 편집하였습니다.

이 책의 구조는 다음과 같습니다.

1장에서는 파이썬 설치, 주석, 행 구분, 들여쓰기, 에러 등 프로그래밍 기초를 설명합니다.
2장은 파이썬 자료형과 연산에 대해 설명합니다.
3장은 데이터 출력을 위한 print(), 데이터 입력을 위한 input() 함수의 사용에 대해 설명합니다.
4장은 단순 if, if ~ else, if ~ elif ~ else, while, for, match ~ case, exception 등의 제어 구조를 다루었습니다.

5장은 파이썬 사용자 함수를 정의하고, 람다 함수와 재귀 함수를 다루었습니다.

6장은 텍스트 파일과 이진 파일 그리고 json • pickle • csv 파일의 입출력을 다루었습니다.

7장은 객체지향 프로그래밍의 기본인 클래스를 설명합니다.

8장은 파이썬 표준모듈, 사용자 정의 모듈, pyinstaller 등의 모듈에 대하여 설명합니다.

9장은 2차원 터틀 그래픽에 관해 설명합니다.

10장은 응용프로그램으로 터틀 그래픽을 이용한 사각 보드 블럭 그리기, 2차원 배열의 데이터에 따라 블록에 색상, 도형, 그림을 표시하는 방법을 설명하고, 그림 짝 찾기 게임, 삼목, 오목 게임 등의 터틀 그래픽 응용 예제를 작성하고, 수치 미분, 적분, 경사법, 최소자승법 등을 구현합니다.

대부분의 프로그래밍 언어 책들은 간단한 예제를 포함하고 있습니다. 예제를 사용하여 기본 문법과 문제를 프로그래밍 언어로 표현하는 방법을 보여주는 것입니다. 프로그래밍 언어의 문법을 완벽히 알고 있어야 주어진 문제를 해결하는 것은 아니지만, 프로그램 언어의 문법을 어느 정도 이해하는 것은 필수입니다.

컴퓨터 프로그래밍 언어도 언어이기 때문에 영어를 배울 때처럼 어느 정도의 시간이 필요하며, 프로그램으로 컴퓨터와 대화해보고, 다른 사람이 작성한 프로그램을 읽어보고, 이해하고, 자신의 것으로 변경해 보는 훈련을 하면 파이썬 프로그래밍을 빠른 시간에 배우게 될 것입니다. 이 책으로 파이썬의 기본 문법과 터틀 그래픽을 배우고, 단순 기능을 갖는 자신의 프로그램을 완성해 나가면 실력향상과 더불어 성취감을 얻게 될 것입니다.

이 책은 파이썬의 모든 문법을 설명하고 있지는 않습니다. 이 책을 학습한 후에는 더 자세하고 많은 예제를 포함하고 있거나 여러분의 관심 분야에 대한 설명이 담긴 교재를 공부하기 바랍니다.

끝으로, 책 출판에 수고하신 가메출판사 담당자 여러분께 감사드리며, 독자 여러분의 파이썬 프로그래밍 공부에 많은 도움이 되길 바랍니다.

필자 김동근

Contents

Chapter 07 클래스

Chapter 08 모듈 module

Chapter 10 응용 프로그램

CHAPTER 1
파이썬 기초

Python을 설치하고, Python 개발 환경인 IDLE를 사용하는 대화형 모드와 프로그래밍 모드를 설명한다.

주석, 행 구분, 행 연결, 들여쓰기에 대해 간단히 설명한다.

Step 01
Python 설치하기

파이썬 Python은 귀도 반 로섬 Guido van Rossum에 의해 개발된 고급 컴퓨터 프로그래밍 언어이다. 파이썬은 무료로 인터넷에서 다운로드 받아 설치하면 바로 사용할 수 있으며, Windows, Mac OS, Linux, Unix 등 대부분의 운영체제에서 동작할 뿐 아니라 Android, iOS 등의 스마트 폰과 Raspberry Pi 같은 소형 보드 컴퓨터에서도 사용할 수 있다.

파이썬은 초보자가 컴퓨터 프로그래밍을 처음 배우기에 아주 좋은 언어일 뿐만 아니라, 과학 데이터처리, 인공지능, 기계학습, 딥러닝, 웹 프로그래밍, 웹 크롤링, 정보보안, 게임 개발 등의 다양한 분야에서 활발히 사용되는 언어이다.

프로그래밍 언어에 대한 인기도를 나타내는 지표로 PYPL, TIOBE, RedMonk 등이 있다. [그림 1.1]은 구글 검색 Google Trends 데이터에 기반한 PYPL의 2022년 8월 기준으로 상위 10개 언어의 순위이고, [그림 1.2]는 TIOBE 프로그래밍 언어 인기 지표이다. 파이썬의 상승세가 높은 것을 확인 할 수 있다.

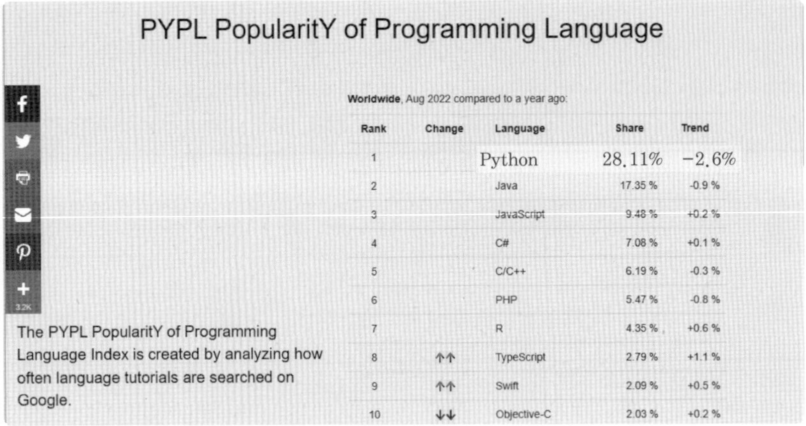
PYPL PopularitY of Programming Language

Worldwide, Aug 2022 compared to a year ago:

Rank	Change	Language	Share	Trend
1		Python	28.11%	-2.6%
2		Java	17.35 %	-0.9 %
3		JavaScript	9.48 %	+0.2 %
4		C#	7.08 %	+0.1 %
5		C/C++	6.19 %	-0.3 %
6		PHP	5.47 %	-0.8 %
7		R	4.35 %	+0.6 %
8	↑↑	TypeScript	2.79 %	+1.1 %
9	↑↑	Swift	2.09 %	+0.5 %
10	↓↓	Objective-C	2.03 %	+0.2 %

The PYPL PopularitY of Programming Language Index is created by analyzing how often language tutorials are searched on Google.

그림 1.1 • PYPL 프로그래밍 언어 순위(2022년 8월 기준)
http://pypl.github.io/PYPL.html 참조

Aug 2022	Aug 2021	Change	Programming Language	Ratings	Change
1	2	^	Python	15.42%	+3.56%
2	1	v	C	14.59%	+2.03%
3	3		Java	12.40%	+1.96%
4	4		C++	10.17%	+2.81%
5	5		C#	5.59%	+0.45%
6	6		Visual Basic	4.99%	+0.33%
7	7		JavaScript	2.33%	-0.61%
8	9	^	Assembly language	2.17%	+0.14%
9	10	^	SQL	1.70%	+0.23%
10	8	v	PHP	1.39%	-0.80%

그림 1.2 • TIOBE 프로그래밍 언어 순위(2022년 8월 기준)
https://www.tiobe.com/tiobe-index/ 참조

1. 파이썬 설치하기

이 책에서는 64비트 윈도우즈(x64) 운영체제에서 파이썬 3.10.6을 설치하여 사용한다.

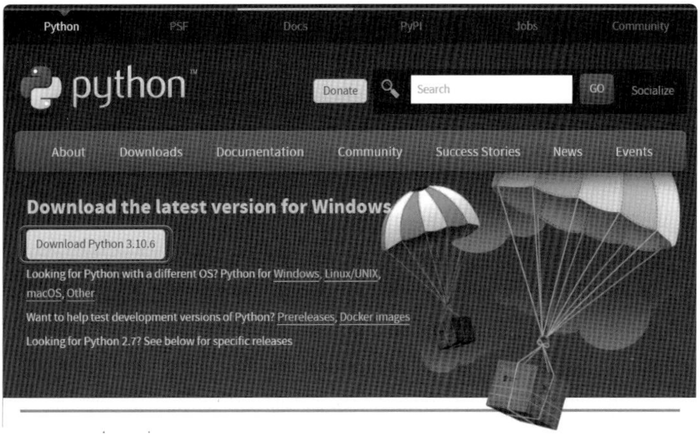

그림 1.3 • 파이썬 다운로드 웹 페이지: https://www.python.org

[그림 1.3]의 파이썬 공식 웹 사이트 다운로드 페이지 https://www.python.org/downloads에서 Download Python 3.10.6 버튼을 클릭하여 설치 파일을 저장한다. 설치 파일의 저장이 완료되면, 다운로드한 파일을 실행하여 파이썬 설치를 진행한다.

[그림 1.4]에서 "☑ Install launcher for all users(recommended)"와 "☑ Add Python 3.10 to PATH" 체크박스를 선택한 상태에서 [Install Now]를 클릭하여 설치를 진행한다.

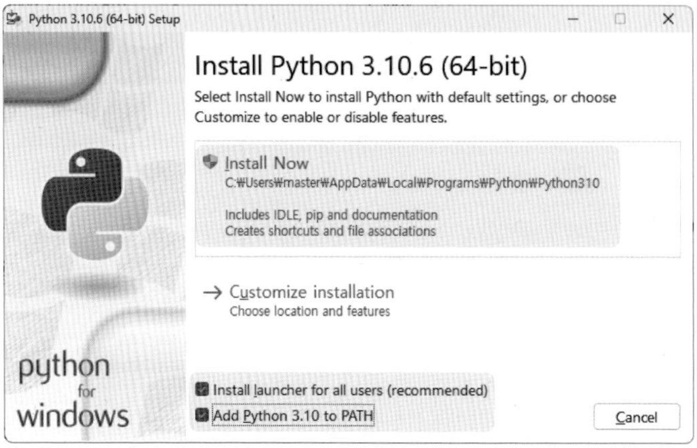

그림 1.4 • 파이썬 3.10.6 설치 시작

파이썬이 성공적으로 설치되면 [그림 1.5]와 같은 설치 대화상자에서 'Setup was successful' 메시지를 확인할 수 있다.

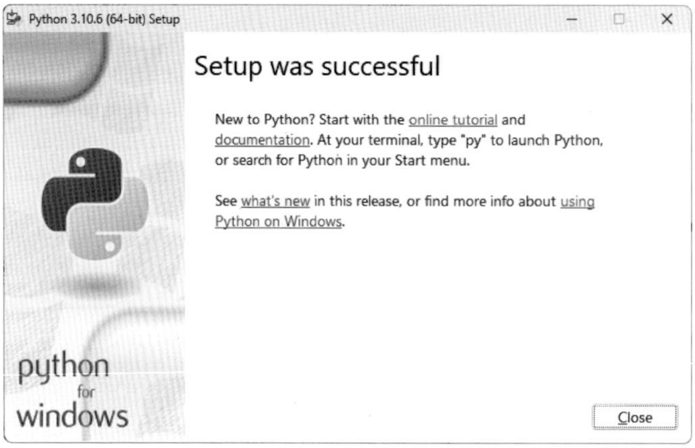

그림 1.5 • 파이썬 설치 완료

2. 파이썬 실행하기

이 책에서는 파이썬을 사용하여 프로그래밍하기 위해서 파이썬 IDLE를 사용한다. IDLE는 프로그래밍을 위한 통합개발환경 Integrated Development Environment을 의미한다. 즉, IDLE를 사용하여 파이썬 프로그램을 작성하고, 프로그램을 번역하여 실행할 수 있다. IDLE에서는 대화형 모드와 프로그래밍 모드로 파이썬 프로그램을 작성하고 실행할 수 있다.

윈도우즈의 윈도우 ⊞ 버튼을 클릭하여 표시되는 앱 목록에서 Python 3.10 ▶ IDLE Python 3.10(64bit)를 선택하면 [그림 1.6]과 같이 파이썬 3.10 IDLE Shell 윈도우가 표시된다. 컴퓨터에서 Shell은 사용자와의 접촉하는 인터페이스이다. IDLE는 파이썬 사용자와 파이썬 프로그램 인터프리터 사이의 인터페이스이다.

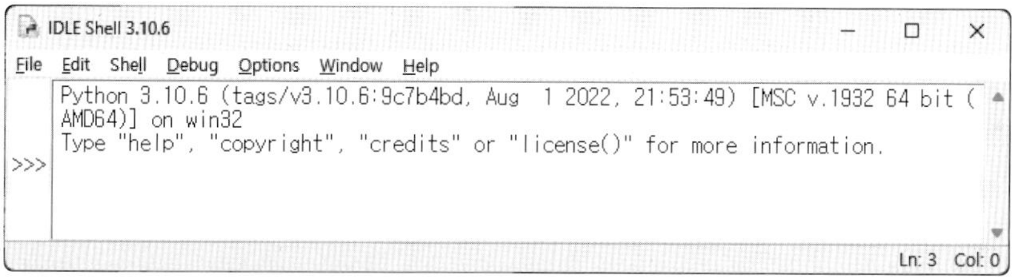

그림 1.6 • 파이썬 3.10 IDLE Shell

'>>>' 기호가 파이썬 인터프리터 프롬프트이다. 파이썬 프롬프트(>>>)에서 파이썬 프로그램을 입력할 수 있다. 프롬프트(>>>)에서는 파이썬 프로그램을 한 행씩 입력하여 실행 결과를 확인하는 대화형 모드로 파이썬을 사용할 수 있다. 파이썬의 대화형 모드와 프로그래밍 모드는 **Step 02**에서 자세히 설명한다.

실행되는 파이썬 인터프리터를 종료하는 방법은 여러 가지가 있다. 첫 번째로 IDLE의 프롬프트(>>>)에서 exit() 또는 quit()를 입력하여 종료하는 방법과 두 번째로 IDLE에서 Ctrl + D 키를 눌러 종료하는 방법 그리고 마지막으로 IDLE의 메뉴에서 File ▶ Exit 항목을 선택하여 IDLE를 종료할 수 있다.

Step 02
대화형 모드와 프로그래밍 모드

파이썬 IDLE를 사용하여 대화형 모드 또는 프로그래밍 모드로 프로그램을 작성하고 실행할 수 있다. 이 책에서는 간단한 문제는 대화형 모드를 사용하고, 복잡한 문제는 프로그래밍 스크립트 모드를 사용하여 설명한다.

1. 대화형 모드

파이썬 IDLE를 실행하여 파이썬 3.10 Shell인 IDLE 윈도우의 대화형 모드 프롬프트 >>>에서 파이썬 문장 statement을 입력하고 [Enter] 키를 누르면 파이썬 인터프리터 pythonw.exe가 입력된 문장을 바로 해석하고 실행하여 파이썬 IDLE Shell 윈도우에 결과를 출력한다. 대화형 모드에서 간단한 수식 계산과 프로그래밍도 가능하다. 대화형 모드는 결과를 바로 확인 할 수 있다는 장점이 있다. 그러나 오류 error가 발생하는 경우 입력된 문장을 편집할 수 없어 다시 입력해야 하는 단점이 있다.

예제 0201 대화형 모드 1: 산술 연산

예제 0201은 대화형 모드 프롬프트에서 정수의 덧셈(+), 뺄셈(-), 곱셈(*), 실수 나눗셈(/), 정수 나눗셈(//), 나머지(%), 거듭제곱(**) 연산자로 간단한 수식을 입력하여 계산한다. 파이썬 문장을 입력하고 엔터키를 누를 때마다 입력된 문장이 해석되어 실행되는 것을 확인할 수 있다.

```
    Python 3.10.6 (tags/v3.10.6:9c7b4bd, Aug  1 2022, 21:53:49) [MSC v.1932
    64 bit (AMD64)] on win32
    Type "help", "copyright", "credits" or "license()" for more information.
>>> 3 + 2
    51234
>>> 3 - 2
    1
>>> 3 * 2
    6
>>> 3 / 2
    1.5
>>> 3 // 2
    1
>>> 3 ** 2
    0
```

예제 0202 대화형 모드 2: 변수를 사용하는 산술 연산

예제 0202는 대화형 모드 프롬프트에서 변수 x, y에 정수를 저장하여 간단한 수식을 계산하고 결과를 직접 또는 print() 함수로 출력한다. 변수 variable는 값을 저장하는 이름이다. 수학에서 나오는 변수와 같은 의미이다. 파이썬에서 변수를 한글로 작성할 수 있지만, 컴퓨터 프로그램에서는 일반적으로 영문을 사용한다. 'x = 3' 문장은 정수 상수값 3을 변수 x에 저장한다. 대화형 모드에서는 'x + y'와 같은 수식을 입력하고 Enter 키를 누르면 연산 결과를 바로 확인할 수 있으며, print() 함수를 사용하여 수식의 결과 또는 변수에 저장된 값을 출력해 확인할 수도 있다.

```
    Python 3.10.6 (tags/v3.10.6:9c7b4bd, Aug  1 2022, 21:53:49) [MSC v.1932
    64 bit (AMD64)] on win32
    Type "help", "copyright", "credits" or "license()" for more information.
>>> x = 3
>>> y = 2
>>> x + y
    5
>>> x - y
    1
>>> x * y
    6
```

```
>>> x / y
1.5
>>> x // y
1
>>> x % y
1
>>> x ** y
9
>>> print(x)
3
>>> print(y)
2
>>> print(x + y)
5
```

2. 프로그래밍 모드

파이썬 통합개발환경 IDLE의 프로그래밍 모드에서 파이썬 프로그램을 작성하하여 파일로 저장하고 프로그램을 번역하여 실행할 수 있다.

예제 0203 프로그래밍 모드

파이썬 통합개발환경 IDLE의 메뉴에서 File ▶ New File Ctrl+N 항목을 선택하면 프로그램을 입력할 수 있는 새 창이 열린다.

새로 열린 창에서 [그림 2.1]과 같이 파이썬 프로그램을 작성하고, 프로그램을 작성한 창의 메뉴에서 File ▶ Save Ctrl+S 항목을 선택하여 [그림 2.2]와 같은 파일 저장을 위한 대화 상자에서 파일의 이름을 '0203.py'로 입력하고 저장(S) 버튼을 클릭하여 작성된 파이썬 프로그램 파일을 저장한다. 파이썬 프로그램 파일은 확장자를 '.py'로 한다. 대화 상자에서 원하는 디렉터리 위치로 이동하여 파일을 저장할 수도 있다. 기본 위치는 파이썬이 설치된 디렉터리 위치이다.

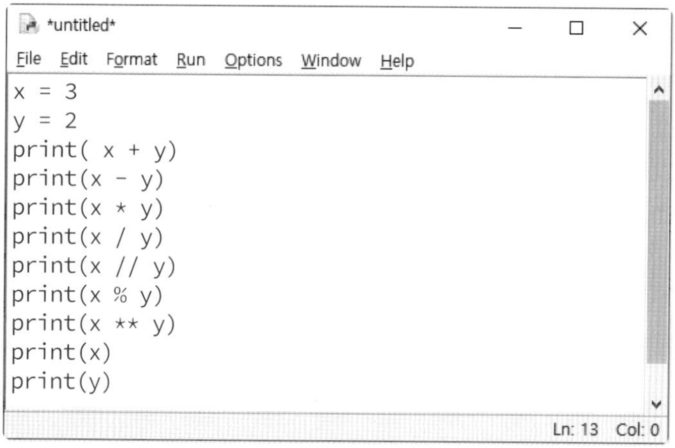

그림 2.1 • 파이썬 프로그램 코드 입력

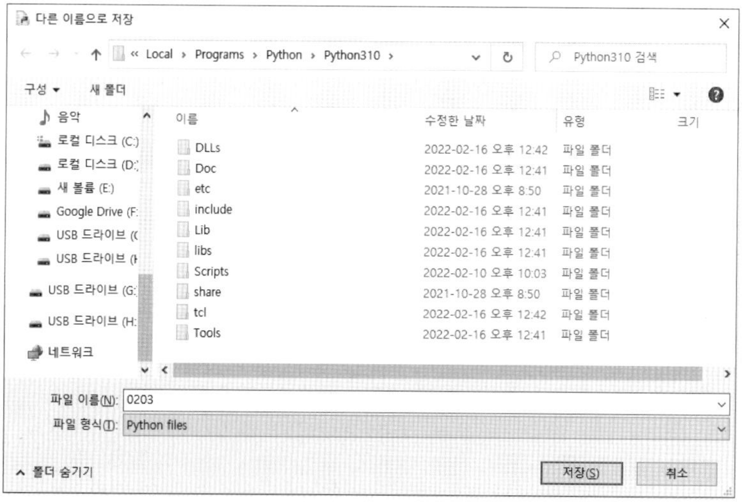

그림 2.2 • 파이썬 프로그램 파일 저장

다음으로 프로그램을 입력한 창의 메뉴에서 Run ▶ Run Module F5 항목을 선택하면 파이썬 인터프리터 번역기가 프로그램을 번역하고 실행하여 프로그램의 실행 결과를 [그림 2.3]과 같이 파이썬 Shell 창에 출력한다. 만약 문법 오류 SyntaxError 등이 발생하면, 프로그램을 실행하지 않고 오류 메시지를 파이썬 IDLE Shell 창에 나타낸다.

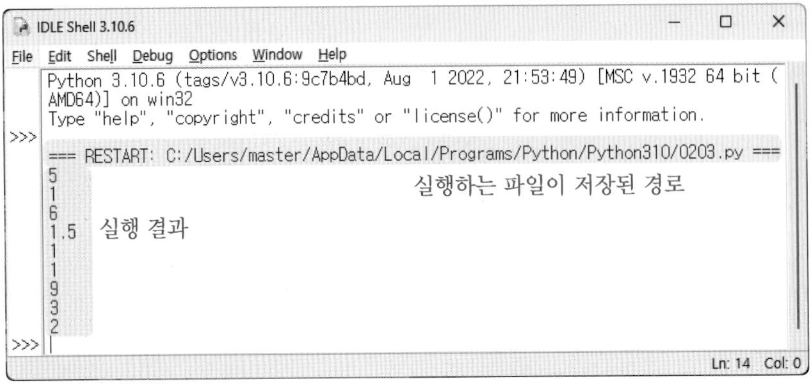

그림 2.3 • 프로그램의 실행 결과 확인

프로그래밍 모드에서는 x, y, x + y, x − y 등의 수식만을 사용하면 결과가 출력되지 않는다. 반드시 print() 함수를 사용하여 변수 또는 수식의 연산 결과를 출력해야 한다.

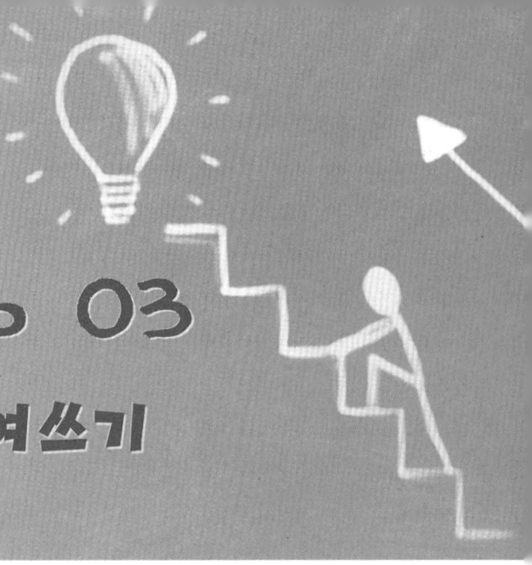

Step 03
주석 • 행 구분 • 행 연결 • 들여쓰기

1. 주석

파이썬에서 '#' 기호는 행 단위의 주석 comment; 설명문이다. 따라서 파이썬 인터프리터는 '#' 기호 뒤의 문장은 파이썬 문법으로 해석하지 않는다. '#'를 사용하는 주석으로 프로그램을 이해하기 쉽게 설명하는 문장을 추가할 수 있다.

예제 0301 주석 설명문 사용

'#' 기호는 한 행에서만 작용한다. 같은 행에서 '#' 기호 뒤의 문장은 설명으로 처리된다.

```
    Python 3.10.6 (tags/v3.10.6:9c7b4bd, Aug  1 2022, 21:53:49) [MSC v.1932
    64 bit (AMD64)] on win32
    Type "help", "copyright", "credits" or "license()" for more information.
>>> x = 5          # 변수 x에 5 저장
>>> y = 2          # 변수 y에 2 저장
>>> print(x + y)   # 수식 x + y를 계산하여 결과를 출력
    7
```

2. 행 구분과 행 연결

파이썬은 보통 하나의 행에 하나의 문장을 작성한다. 하나의 행에 두 개 이상의 문장을 작성하려면 각 문장 사이에 세미콜론 ';'을 사용하여 문장을 구분한다.

파이썬 문장의 길이가 길어서 여러 행에 걸쳐 작성해야 하는 경우는 행의 끝에 역사선('\') 기호를 사용하면 엔터키에 의해 다음 행으로 이동해도 연결된 행으로 처리된다.

예제 0302 행 구분과 행 연결

한 행에 ';' 문자가 아닌 ':' 문자를 이용하여 두 문장을 작성하거나, 문장 구분 없이 한 행에 두 문장을 작성하거나 또는 '\' 문자를 이용하는 행 연결 없이 한 문장을 두 행에 작성하면 오류 SyntaxError: invalid syntax가 발생한다. 문법 오류 SyntaxError가 발생하면 프로그램은 실행되지 않는다.

```
    Python 3.10.6 (tags/v3.10.6:9c7b4bd, Aug  1 2022, 21:53:49) [MSC v.1932
    64 bit (AMD64)] on win32
    Type "help", "copyright", "credits" or "license()" for more information.
>>> x = 5 y = 2
    SyntaxError: invalid syntax
>>> z = x + \
... y
...
>>> x; y; z
    5
    2
    7
```

(x = 5 y = 2 ← 문장 구분을 위한 ';'을 문장 사이에 추가하여 수정해야 한다.)

(z = x + \ ← 문장 끝에 '\' 문자를 사용하여 행이 연결됨을 의미한다.)

3. 들여쓰기

파이썬 프로그래밍에서 들여쓰기 indentation는 프로그램 작성에서 매우 중요하다. 들여쓰기는 선택이 아닌 반드시 해야 하는 강제 사항이다. 파이썬 프로그래밍에서는 들여쓰기로 문장의 영향이 미치는 블록 영역을 구분한다. 들여쓰기를 올바르게 사용하지 않으면 오류가 발생한다. 키보드의 [Tab] 또는 [SPACE Bar] 키를 사용하여 항상 일정한 간격으로 들여쓰기를 해야 한다. 파이썬 IDLE는 들여쓰기가 필요한 곳에서 자동으로 커서를 이동시킨다. 하나의 행에서 [SPACE Bar] 키를 이용한 공백과 [Tab] 키를을 이용한 공백을 혼합하여 사용하지 않는 것이 좋다.

파이썬은 들여쓰기로 블록 block을 구분한다. 블록은 문장들의 묶음이다. 같은 블록에서는 들여쓰기가 같아야 한다. 파이썬 프로그램의 최상위 블록은 들여쓰기 없이 첫 번째 칸에서 시작해야 한다. 기본적으로 첫 칸부터 행을 맞추어 작성하고, 콜론(:)이 나오면 들여쓰기로 블록을 표시하고, 블록을 마치면 이전 블록의 들여쓰기에 맞춘다.

예제 0303 잘못된 들여쓰기 1: 대화형 모드

예제 0303은 변수 x 앞에 공백 때문에 문법 오류가 발생하는 경우이다. 처음 시작하는 곳은 최상위 블록으로 첫 번째 칸부터 문장을 작성해야 한다.

```
Python 3.10.6 (tags/v3.10.6:9c7b4bd, Aug  1 2022, 21:53:49) [MSC v.1932
64 bit (AMD64)] on win32
Type “help”, “copyright”, “credits” or “license()” for more information.
>>>  x = 5          ← 행 시작 앞에 공백이 있는 경우
SyntaxError: unexpected indent
```

예제 0304 잘못된 들여쓰기 2: 프로그래밍 모드

예제 0304은 프로그래밍 모드에서 첫 번째 행의 변수 x 앞에 공백 때문에 문법 오류가 발생하는 경우이다. 프로그래밍 모드에서 또한 처음 시작하는 곳은 최상위 블록으로 첫 번째 칸부터 문장을 작성해야 한다.

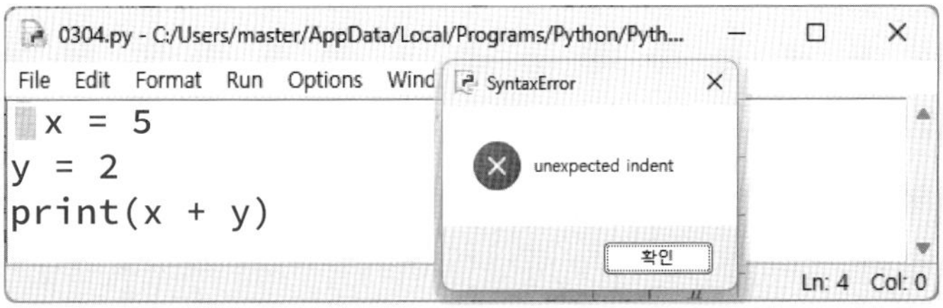

그림3.1 • 들여쓰기 오류 ' x = 5'

[그림 3.2]는 두 번째 행의 변수 y 앞에 공백 때문에 문법 오류가 발생하는 경우이다. 최상위 블록은 첫 번째 칸부터 작성해야 한다.

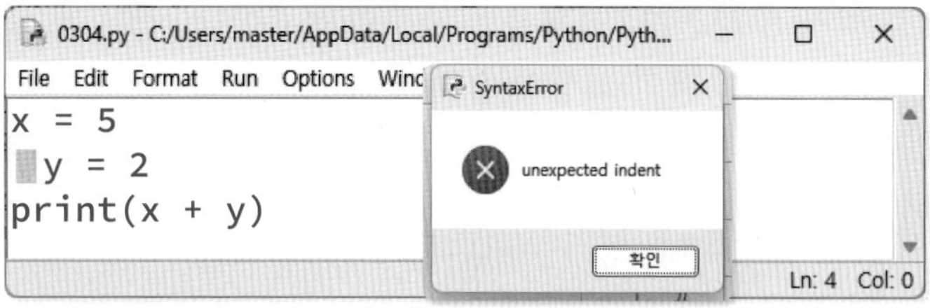

그림 3.2 • 들여쓰기 오류 ' y = 2'

예제 0305 잘못된 들여쓰기 3: 프로그래밍 모드

예제 0305는 프로그래밍 모드에서 if~else 문장의 들여쓰기가 잘못된 경우이다. 프로그램을 작성하고, Run ▶ Run Module F5 로 프로그램을 실행하면, if 문장의 콜론(:) 뒤에서, 즉 if 다음 행에서 들여쓰기를 하지 않았기 때문에 오류가 발생한다.

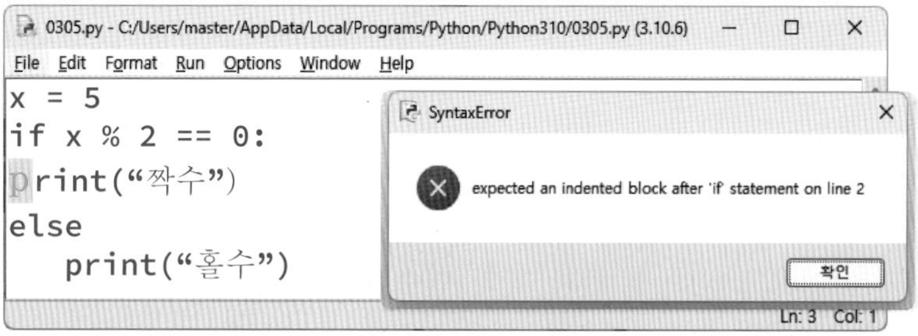

그림 3.3 • 들여쓰기 오류: print("짝수") 문장에서 들여쓰기 안됨

예제 0306 올바른 들여쓰기: 프로그래밍 모드

예제 0306은 프로그래밍 모드에서 if~else 문장의 들여쓰기가 올바르게 사용된 프로그램이다. 변수 x = 5이고, 변수 x의 값을 2로 나눈 나머지가 1이기 때문에 print() 함수는 "홀수"를 출력한다. IDLE에서는 콜론(:)을 입력하고 엔터키를 누르면 자동으로 탭만큼 들여쓰기를 수행한다. 즉, 콜론이 있으면 블록 영역이 시작함을 의미한다.

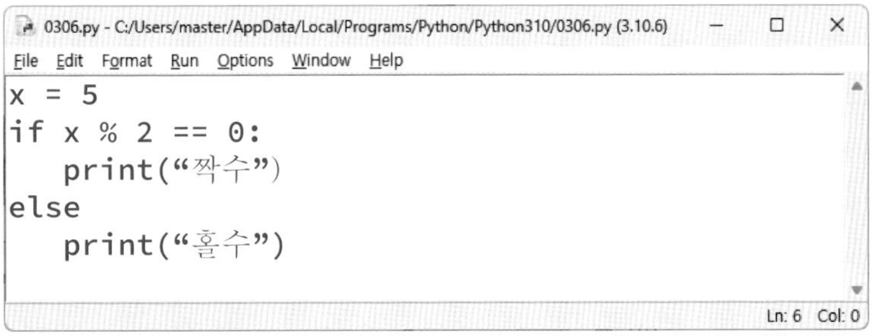

그림 3.4 • 올바른 들여쓰기

4. 내장함수

파이썬은 다양한 내장함수 built-in function를 제공한다. 여기서는 help(), dir() 함수에 대해 설명한다. help() 함수는 파이썬의 키워드, 함수, 클래스, 메서드 등에 대한 간단한 도움말을 제공한다. dir() 함수는 사용 가능한 네임스페이스의 이름을 보여준다.

예제 0307 내장함수: help()와 dir() 사용 예

```
>>> help('if')                    ◀── if 문에 대한 도움말
The "if" statement
******************

The "if" statement is used for conditional execution:

   if_stmt ::= "if" assignment_expression ":" suite
               ("elif" assignment_expression ":" suite)*
               ["else" ":" suite]
... 생략 ...
>>> help(print)                   ◀── print 함수에 대한 도움말
Help on built-in function print in module builtins:

print(...)
    print(value, ..., sep=' ', end='\n', file=sys.stdout, flush=False)
... 생략 ...
```

프로그램 설명

help('if')는 if 문에 대한 도움말을 나타내고, 두 번째 예로 help(print)는 print() 함수에 대한 도움말을 나타낸다.

```
>>> x = 5
>>> dir()                              ← 전역 네임스페이스 확인
    ['__annotations__', '__builtins__', '__doc__', '__loader__', '__name__',
    '__package__', '__spec__', 'x']    ← 전역 네임스페이스에서 변수 'x' 확인
>>>
>>> dir(__builtins__)                  ← 빌트인 네임스페이스 확인
    ['ArithmeticError', 'AssertionError', 'AttributeError', 'BaseException',
    'BlockingIOError', 'BrokenPipeError', 'BufferError', 'BytesWarning',
    'ChildProcessError', 'ConnectionAbortedError', 'ConnectionError',
    'ConnectionRefuserErr
    ... 생략 ...
    builtins__', '__doc__', '__loader__', '__name__', '__package__', '__
    spec__', 'x']
```

프로그램 설명

dir()는 현재 사용할 수 있는 전역 네임스페이스의 이름을 나열한다. 문장 'x = 5'에 의해 변수 x의 이름이 네임스페이스에 추가되었다. 문장 'del x'는 변수 x의 이름을 네임스페이스에서 삭제한다. dir(__builtins__)는 임포트 import 없이 사용할 수 있는 내장 모듈 builtin modules의 이름을 나열한다.

```
>>> dir(str)                           ← str 네임스페이스 확인
    ['__add__', '__class__', '__contains__', '__delattr__', '__dir__', '__
    doc__', '__eq__', '__format__', '__ge__', '__getattrib
    ... 생략 ...
    'rstrip', 'split', 'splitlines', 'startswith', 'strip', 'swapcase',
    'title', 'translate', 'upper', 'zfill']
```

프로그램 설명

dir(str)는 내장 클래스 str 클래스에서 정의하는 이름을 나열한다.

```
>>> import math
>>> dir(math)                          ← math 모듈의 네임스페이스 확인
    ['__doc__', '__loader__', '__name__', '__package__', '__spec__', 'acos',
    'acosh', 'asin', 'asinh', 'atan', 'atan2', 'atanh', 'ceil
    ... 생략 ...
    'sin', 'sinh', 'sqrt', 'tan', 'tanh', 'tau', 'trunc', 'ulp']
```

프로그램 설명

import math는 math 모듈을 임포트하고, math 모듈에서 정의하는 이름을 나열한다.

CHAPTER 2 자료형과 연산

파이썬의 자료형과 연산에 대해 설명한다. 파이썬의 자료형에는 논리 True, False, 정수 int, 실수 float, 복소수 complex, 문자열 str, 리스트 list, 튜플 tuple, 범위 range, 집합 set과 사전 dict 자료형이 있다.

Step 04
자료형 · 상수 · 변수 · 지정문

[표 4.1]은 파이썬의 주요 자료형 data type이다. 논리형 bool은 True 참/False 거짓을 표현하는 자료형이다. 정수 int, 실수 float, 복소수 complex 등의 숫자 관련 자료형과 문자열 str, 바이트 bytes 문자열 등의 문자 관련 자료형이 있다.

자료 항목에서 순서가 있는 자료형을 시퀀스 sequence라고 한다. 시퀀스 자료형은 문자열 str, 바이트 bytes, 리스트 list, 튜플 tuple, 범위 range 등이 있다. 집합 set과 사전 dict 자료형은 항목의 순서가 없다.

리스트 list, 사전 dict, 집합 set은 항목 변경이 가능 mutable한 자료형이다.

시퀀스, 집합, 사전을 컬렉션 collection 데이터라고 한다.

각각의 자료형은 상수 constant value와 변수 variable가 있다. 상수는 변하지 않는 값이다. 변수는 이름 name을 가지며 값이 변할 수 있다. 변수의 값은 대입연산자 =, +=, -=, *=, /= 등를 사용하여 변경할 수 있다.

type() 함수는 개체 상수, 변수, 함수, 클래스 이름 등의 자료형을 확인한다. id() 함수는 고유번호 identity를 확인한다. CPython에서 고유번호는 메모리 주소이다.

[표 4.1] 주요 자료형

구분	자료형	상수 예
논리형 boolean	bool	False, True

숫자형 numeric	int	10, 0x10, 0o10, 0b10
	float	10.0, 3.14, 314e-2
	complex	2j, 1+2j
시퀀스 sequence	str	'apple', '짝수!', 'apple', '짝수!'
	bytes	b'apple', b'1\xea\xb0\x80a'
	list	[1, 2, 3], ['ab', 'cd', 'ef']
	tuple	(1, 2, 3), ('ab', 'cd', 'ef')
	range	range(10), range(0, 10), range(0, 10, 2)
집합 set	set	{1, 2, 3}
맵핑 mapping	dict	{'apple':10, 'grapes': 20}

1. 변수

변수 variable는 수학에서와 같은 의미로 값이 변할 수 있는 이름 name이다. 변수의 이름은 사용자가 만들 수 있다. 파이썬에는 변수 이름, 함수 이름, 클래스 이름 등과 같이 프로그램에서 사용할 이름 명칭을 만드는 규칙이 있다.

파이썬에서 이름 만드는 규칙

- 영문 대문자 A-Z, 소문자 a-z, 밑줄(_), 숫자(0~9)를 사용한다.
- 숫자(0~9)로 이름을 시작할 수 없다.
- 파이썬 문법을 표현하기 위한 키워드는 사용할 수 없다.
- 이름의 길이는 제한이 없다.
- 영문 소문자와 대문자는 서로 다른 것으로 구분한다.
- 한글 이름도 사용할 수 있지만, 보통 프로그래밍에서 한글 이름은 사용하지 않는다.

예제 0401 파이썬 키워드

```
>>> import keyword
>>> keyword.kwlist
```

```
     ['False', 'None', 'True', 'and', 'as', 'assert', 'async', 'await', 'break',
     'class', 'continue', 'def', 'del', 'elif', 'else', 'except', 'finally',
     'for', 'from', 'global', 'if', 'import', 'in', 'is', 'lambda', 'nonlocal',
     'not', 'or', 'pass', 'raise', 'return', 'try', 'while', 'with', 'yield']
>>>  keyword.iskeyword('if')
     True
```

프로그램 설명

① import 문장으로 파이썬의 keyword 모듈을 가져오고, keyword.kwlist 멤버 변수로 키워드 문자열의 목록을 표시한다. 키워드는 변수의 이름으로 사용할 수 없다.

② keyword.iskeyword()는 인수로 주어진 단어가 키워드 리스트에 있으면 True 참을 반환한다.

2. 기본 자료형과 대입연산자

여기서는 논리형, 정수, 실수, 복소수, 문자열, 바이트 등의 기본 자료형과 대입연산자를 설명한다. '변수 = 수식'은 변수의 속성을 수식의 자료형과 값으로 결정하는 바인딩 binding을 한다. 단순하게는 오른쪽 수식의 결과값을 왼쪽 변수에 저장한다고 생각할 수 있다. 이때 왼쪽 변수의 자료형이 결정된다. 대입연산자('=')의 왼쪽은 반드시 변수이어야 한다.

예제 0402 정수형 자료와 명칭 이름

```
>>>  type(10)
     <class 'int'>
>>>  x = 10
>>>  type(x)
     <class 'int'>
>>>  y1 = int(3.14)
>>>  y1
     3
>>>  1x = 1
     SyntaxError: invalid syntax
>>>  x@ = 1
     SyntaxError: invalid syntax
>>>  1 = x
     SyntaxError: can't assign to literal
>>>  if = 10
     SyntaxError: invalid syntax
```

프로그램 설명

① type(10)은 상수 10이 정수 int인 것을 알려준다. type(x)는 변수 x가 정수 int인 것을 알려준다.

② y1 = int(3.14)는 실수 상수 3.14를 정수로 변환하여 변수 y1에 저장한다.

③ '=' 연산자 왼쪽에 있는 1x, x@, 1, if는 변수 이름으로 사용할 수 없기 때문에 오류가 발생한다.

예제 0403 논리형 자료

```
>>> type(True)     # type(False)
    <class 'bool'>
>>> x = True       # x = False
>>> type(x)
    <class 'bool'>
>>> y = bool(0)
>>> y
    False
>>> y = bool(1)
>>> y
    True
```

프로그램 설명

① True, False는 참/거짓에 대한 논리형 bool 상수이다. 변수 x에 논리형 상수 True를 대입하여 x는 논리형 bool 변수이다.

② y = bool(0)는 정수 0을 논리형 상수 False로 변경하여 변수 y에 저장한다. y = bool(1)은 정수 1을 논리형 상수 True로 변경하여 변수 y에 저장한다. 대화형 모드에서는 파이썬 프롬프트(>>>)에서 변수 이름만 적고 엔터를 누르면 변수의 값을 출력할 수 있지만, 프로그래밍 모드에서는 print() 함수를 사용하여 변수의 값을 출력해야 한다.

예제 0404 실수형 자료

```
>>> type(3.14)
    <class 'float'>
>>> x = 3.14
>>> type(x)
    <class 'float'>
>>> y = float(1)
>>> y
    1.0
```

>>>	pi = 314e-2
>>>	pi
	3.14

프로그램 설명

① 상수 3.14가 실수 float인 것을 알려준다. float는 실수의 이진수 표현과 관련된 단어이다. type(x)는 변수 x가 실수 float인 것을 알려준다.

② y = float(1)는 정수 상수 1을 실수로 변경하여 변수 y에 저장한다.

③ 314e-2는 의 과학 계산 실수 표현이다.

예제 0405 복소수형 자료

>>>	x = 1 + 2j
>>>	type(x)
	<class 'complex'>
>>>	x.real
	1.0
>>>	x.imag
	2.0
>>>	x.conjugate()
	(1-2j)
>>>	y = complex(1, 2)
>>>	type(y)
	<class 'complex'>
>>>	y
	(1+2j)

프로그램 설명

① 변수 x에 복소수 상수 1 + 2j를 저장한다. type(x)는 변수 x가 복소수 complex인 것을 알려준다.

② x.real은 복소수 x의 실수부, x.imag는 허수부, x.conjugate()는 켤레 복소수를 반환한다.

③ y = complex(1, 2)는 정수 상수 1과 2를 사용하여 복소수 1 + 2j를 생성하여 변수 y에 저장한다.

예제 0406 문자열 1

>>>	x = 'Python is simple' # "Python is simple"
>>>	type(x)
	<class 'str'>

```
>>> y = str(123)
>>> y
'123'
>>> z = str(3.14)
>>> z
'3.14'
```

프로그램 설명

① 'Python is simple.'와 "Python is simple."는 같은 문자열 str 상수이다.

② type(x)는 변수 x가 문자열 변수인 것을 알려준다.

③ y = str(123)는 정수 123을 문자열로 변환하여 변수 y에 저장한다.

④ z = str(3.14)는 실수 3.14를 문자열로 변환하여 변수 z에 저장한다.

예제 0407 문자열 2: 이스케이프 시퀀스 제어문자

```
>>> print('AB\tCD')
>>> AB      CD
>>> print('C:\name')
C:
ame
>>> print(r'C:\name')
C:\name
>>> print('\x41')
A
>>> print('\u2460')        # 16 bits Unicode
①
>>> print('\U00002460')    # 32 bits Unicode
①
```

프로그램 설명

① 문자열에서 역슬래시('\') 문자는 이스케이프 시퀀스 제어문자를 나타낸다. '\t', '\n', '\\', '\x', '\u', '\U' 등의 제어문자가 있다.

② '\t'는 Tab 키, '\n'은 줄 바꿈 new line, 즉 Enter 키이다.

③ 접두어 'r'은 raw 문자열을 의미한다. r'C:\name'에서 접두어 r에 의해 제어문자 '\n'이 줄 바꿈으로 동작하지 않고 문자열 그대로 출력한다.

④ '\x41'은 16진수 아스키 문자 'A'를 의미한다.

⑤ '\u2460'은 16비트 유니코드 문자 '①'이다.

⑥ '\U00002460'은 32비트 유니코드 문자 '①'이다.

예제 0408 문자열 3: 이중 따옴표와 삼중 따옴표

```
>>> x = "kim's book"
>>> x
kim's book
>>> x = 'kim"s book'
>>> x
kim"s book
>>>
>>> x = '''Python
... is
... simple'''
...
>>> x
'Python\nis\nsimple'
>>> x = """Python
... is
... simple"""
...
>>> x
'Python\nis\nsimple'
```

프로그램 설명

① "kim's book"과 'kim"s book'과 같이 이중 따옴표 안에 단일 따옴표, 단일 따옴표 안에 이중 따옴표를 사용할 수 있다.

② 단일 따옴표 또는 이중 따옴표를 3번 연속 사용하는 3중 따옴표를 사용하여 여러 행에 걸쳐 문자열 상수를 표현할 수 있다. 값을 출력한 결과에는 Enter 키 위치에 줄 바꿈 new line 제어 문자 '\n'이 포함된다.

프

예제 0409 바이트 문자열: bytes

```
>>> x = b'Python is simple'      # b"Python is simple"
>>> type(x)
<class 'bytes'>
>>> bytes([97, 98, 99])          # (97, 98, 99)
b'abc'
>>> bytes(5)
b'\x00\x00\x00\x00\x00'
>>> bytes('abc', encoding = 'ascii')
>>> # 'cp949', 'utf-8', 'utf = 16', 'utf-32'
b'abc'
```

```
>>> bytes('1가a', encoding = 'cp949')  # '1가a'.encode('cp949')
    b'1\xb0\xa1a'
>>> b'1\xb0\xa1a'.decode('cp949')
    '1가a'
>>> bytes('1가a', encoding = 'utf-8')  # '1가a'.encode('utf-8')
    b'1\xea\xb0\x80a'
>>> b'1\xea\xb0\x80a'.decode()
    '1가a'
```

프로그램 설명

① 바이트 문자열 bytes은 정수 0에서 255의 ASCII 문자를 표현할 수 있는 시퀀스 자료형이다. str 자료형과 매우 비슷하다. 문자열 상수에서 접두어 b는 bytes 자료형을 의미한다.

② type(x)는 변수 x가 bytes 변수임을 나타낸다.

③ bytes([97, 98, 99])는 b'abc' 바이트 문자열을 생성한다. 97은 문자 'a', 98은 문자 'b', 99는 문자 'c'의 ASCII 코드의 정수이다.

④ bytes(5)는 0으로 초기화된 문자열의 길이가 5인 바이트 문자열을 생성한다.

⑤ bytes('abc', encoding = 'ascii')는 문자열 'abc'를 'ascii' 인코딩으로 바이트 문자열을 생성한다.

⑥ bytes('1가a', encoding = 'cp949')는 문자열 '1가a'를 'cp949'로 인코딩한 바이트 문자열을 생성한다. 'cp949'는 아스키 문자는 1바이트, 한글은 2 바이트 완성형으로 인코딩한다. b'1\xb0\xa1a'.decode('cp949')는 바이트 문자열을 'cp949'로 디코드한다.

⑦ bytes('1가a', encoding = 'utf-8')는 문자열 '1가a'를 'utf-8'로 인코딩한 바이트 문자열을 생성한다. b'1\xea\xb0\x80a'.decode()는 바이트 문자열을 'utf-8'로 디코드한다.

예제 0410 변수의 자료형 변경

```
>>> x = 1
>>> type(x)
    <class 'int'>
>>> x = 1.0
>>> type(x)
    <class 'float'>
>>> x = '파이썬'
>>> type(x)
    <class 'str'>
```

프로그램 설명

① x = 1을 실행하면 변수 x는 정수 int이다. x = 1.0을 실행하면 변수 x는 실수 float가 된다. x = '파이썬'을 실행하면 변수 x는 문자열 str이 된다.

② 파이썬은 변수의 자료형이 '=' 연산자에 의해 저장되는 순간에 저장되는 값에 따라서 변수의 자료형이 결정된다. 즉, 변수의 자료형은 변경될 수 있다(동적 바인딩 dynamic binding). 이러한 동적 바인딩은 C, C++, JAVA 등의 컴파일러 언어 static binding와 다른 파이썬의 특징 중 하나이다.

예제 0411 변수의 자료형과 isinstance() 함수 사용하기

>>>	`x = 1`
>>>	`type(x) == int`
	`True`
>>>	`type(x) == int or type(x) == float`
	`True`
>>>	`isinstance(x, int)`
	`True`
>>>	`isinstance(x, (int, float)`
	`True`

프로그램 설명

① type() 함수를 사용하여 변수의 자료형을 확인하기 위해 사용한다. 변수의 자료형을 확인하기 위해서는 type() 함수보다는 isinstance() 함수를 사용하는 것이 효과적이다.

② isinstance(x, (int, float))는 변수 x가 주어진 튜플 (int, float)의 자료형 중 하나이므로 True이다.

예제 0412 콤마 연산자와 지정문

>>>	`x, y = 1, 2`
>>>	`x`
	`1`
>>>	`y`
	`2`
>>>	`x, y = y, x`
>>>	`x`
	`2`
>>>	`y`
	`1`

프로그램 설명

① x, y = 1, 2는 x = 1, y = 2를 저장한다. 내부적으로는 지정문 오른쪽의 1, 2를 먼저 실행하여 튜플 (1, 2)을 생성하고, 튜플 (1, 2)를 언팩킹 unpacking하여 x = 1, y = 2를 저장한다.

② x, y = y, x는 두 변수 x, y의 값을 교환한다. 내부적으로는 지정문 오른쪽 y, x를 먼저 실행하여 y, x의 값으로 튜플 (2, 1)을 생성하고, 튜플 (2, 1)을 언팩킹 unpacking하여 x = 2, y = 1을 저장한다.

Step 05
산술 · 관계 · 논리 연산

이 단계에서는 자료형의 산술연산, 관계연산, 논리연산에 대하여 설명한다. 그리고 산술 연산자와 결합한 대입연산자를 설명한다. //, **, <=, >=, ==, !=, <=, >= 등과 같이 2개 문자로 이루어진 연산자는 반드시 공백 없이 붙여서 사용해야 한다.

1. 산술연산

산술연산자는 숫자 자료형을 이용하는 덧셈 +, 뺄셈 -, 곱셈 *, 실수 나눗셈 /, 정수 나눗셈 //, 나머지 %, 거듭제곱 ** 등이 있다.

하나의 수식에 여러 개의 연산자가 있는 경우에 연산자의 계산순서는 [표 5.4]의 연산자 우선순위에 따라 결정된다. 산술연산자는 숫자의 부호 기호인 단항연산자 +, -, 거듭제곱 **, 곱셈과 나눗셈 *, /, //, %, 덧셈과 뺄셈 +, - 순서로 계산한다. 같은 연산 순서를 갖는 연산자는 왼쪽에서 오른쪽 순서로 계산한다. 거듭제곱 **은 오른쪽 연산자를 먼저 계산한다. 괄호 ()를 사용하면 연산순서를 변경할 수 있다.

예제 0501 산술연산

```
>>> 1 + 2 * 3 ** 2      # (1 + (2 * (3 ** 2)))
19
>>> 1 + 2 - 3           # (1 + 2) - 3
0
>>> 1 * 2 // 2          # (1 * 2) // 2
1
>>> 2 ** 3 ** 2         # 2 ** (3 ** 2)
512
```

```
>>> x = 1 + 2 * 3
>>> x
7
```

프로그램 설명

① 수식 1 + 2 * 3 ** 2는 괄호를 사용한 수식 (1 + (2 * (3 ** 2)))과 같다. 거듭제곱 **을 가장 먼저 계산하고, 곱셈 *을 계산한 뒤에 덧셈 + 순서로 계산한다.

② 수식 1 + 2 - 3은 괄호를 사용한 수식 (1 + 2) - 3과 같다.

③ 수식 1 * 2 // 2는 (1 * 2) // 2와 같다.

④ 수식 2 ** 3 ** 2는 2 ** (3 ** 2)와 같다.

⑤ x = 1 + 2 * 3은 1 + (2 * 3)을 계산한 결과 7을 변수 x에 저장한다.

2. 관계연산

[표 5.1]은 관계연산자이다. 관계연산자의 결과는 논리형 상수 True 또는 False이다. 파이썬에서 뿐만 아니라 컴퓨터 프로그래밍 언어에서 <=, >=, ==, !=와 같이 2개의 기호가 하나의 의미를 갖는 연산자는 반드시 공백 없이 붙여서 사용해야 한다.

복소수는 크기 비교(< , <=, >, >=)를 할 수 없고, 같은지 또는 다른지를 판단하는 등가 비교(==, !=)만 가능하다. 문자열에 대해서도 관계연산자를 적용할 수 있다. 문자열의 크기 비교는 사전순서 알파벳 순서로 결정된다.

is 연산자는 id() 함수의 값인 고유번호가 같은지 비교한다. ==는 **Step 30 연산자 메서드**의 __eq__() 연산자 메서드를 구현하여 값을 비교한다. is는 변수 또는 객체의 id() 함수의 값인 고유번호를 비교하기 때문에 변수의 내용, 즉 값을 비교하고 싶으면 ==, != 연산자를 사용해야 한다.

[표 5.1] 관계연산자

관계연산자	의미
<	작다 less than
<=	작거나 같다 less than or equal

〉	크다 greater than
〉=	크거나 같다 greater than or equal
==	같다 equal **Step 30 연산자 메서드**의 __eq__() 연산자 메서드
!=	같지 않다 not equal **Step 30 연산자 메서드**의 __ne__() 연산자 메서드
is	객체가 같다 object identity, id() 비교
is not	객체가 같지 않다 negated object identify

예제 0502 관계연산 1

```
>>> 1 < 2
True
>>> 2 >= 2
True
>>> 1 == 2
False
>>> 1 != 2
True
>>> (1 + 2j) == ( 1 + 3j)
False
>>> 'abc' < 'abcd'
True
>>> 'abc' == 'abd'
False
```

프로그램 설명

① 1 〈 2, 2 〉= 2, 1 != 2, 'abc' 〈 'abd'의 결과는 참 True이다.

② 1 == 2, (1 + 2j) == (1 + 3j), 'abc' == 'abd'의 결과는 거짓 False이다.

예제 0503 관계연산 2: is 연산자

```
>>> #1
>>> a = 1.0
>>> b = 1.0
>>> a == b
True
>>> a is b                # id(a) == id(b)
False
>>> id(a)
1655674560080
```

```
>>> id(b)
    1655674560048
>>>
>>> #2
>>> a = 1.0; b = 1.0    # a = b = 1.0
>>> a is b              # id(a) == id(b)
    True
```

프로그램 설명

① #1에서 두 줄로 입력된 a = 1.0, b = 1.0인 실수 a, b에 대해 a == b는 True이다. id(a)와 id(b)가 다르기 때문에 a is b는 False가 된다.

② #2에서 한 줄로 입력된 a = 1.0; b = 1.0의 경우 a is b는 True이다. id(a)와 id(b)가 같다. 파이썬은 예에서와 같이 한 줄로 두 변수에 같은 값을 할당하는 경우는 같은 고유번호를 부여한다. 또한, a = b = 1.0과 같이 하나의 값을 두 변수에 연속적으로 할당하는 경우에도 두 변수는 같은 고유번호를 부여한다. 하지만, a = 1.0; b = 2.0과 같이 한 줄로 두 변수에 다른 값을 할당하는 경우에는 다른 고유번호가 부여된다.

③ == 연산자는 자료형의 **Step 30 연산자 메서드**의 __eq__() 메서드를 구현하여 값을 비교하고, is 연산자는 id() 함수의 값인 고유번호를 비교한다. 일반적으로 변수의 내용인 값을 비교할 때는 ==, != 연산자를 사용해야 한다.

3. 논리연산

[표 5.2]는 논리연산자 and, or, not을 설명한다. 논리연산자의 결과는 논리형 상수 True 또는 False이다.

[표 5.2] 논리연산자

논리연산자	의미
X and Y	X와 Y가 모두 참이면 참 True
X or Y	X와 Y가 모두 거짓일 때만 거짓 False
not X	X가 참이면 거짓 False, X가 거짓이면 참 True

예제 0504 논리연산

```
>>> 1 < 2 or 2 > 3      # True or False
True
>>> 1 < 2 and 2 < 3
True
>>> 1 < 2 < 3
True
>>> not 1 < 2
False
```

프로그램 설명

① 1 〈 2 or 2 〉 3은 True or False이므로 식의 결과는 참이다.

② 1 〈 2 and 2 〈 3은 True and True이므로 식의 결과는 참이다.

③ 1 〈 2 〈 3은 1 〈 2 and 2 〈 3과 같은 의미이다. 따라서 식의 결과는 참이다.

④ not 1 〈 2는 not True이므로 식의 결과는 거짓이다.

4. 산술연산자와 결합한 대입연산자

대입연산자 '='는 변수의 값을 변경한다. [표 5.3]은 산술연산자와 결합한 +=, −=, *=, /=, //=, %=, **= 등의 다양한 대입연산자를 설명한다. 예를 들어, x += 1은 변수 x의 값을 1 증가시킨 결과를 x에 저장하는 x = x + 1과 같다.

[표 5.3] 산술연산자와 결합한 대입연산자

대입연산자	의미
x += y	x = x + 1
x −= y	x = x − y
x *= y	x = x * y
x /= y	x = x / y
x //= y	x = x // y
x %= y	x = x % y
x **= y	x = x ** y

예제 0505 산술연산자와 결합한 대입연산자

```
>>> x = 1
>>> x += 10          # x = x + 10
>>> x
11
>>> x -= 10          # x = x - 10
>>> x
1
>>> x *= 10          # x = x * 10
>>> x
10
>>> x %= 2           # x = x % 10
>>> x
0
```

프로그램 설명

① x = 1은 변수 x에 1을 저장한다.

② x += 10은 x = x + 10과 같은 의미로 x = 11이다.

③ x -= 10의 결과는 x = 1이다.

④ x *= 10의 결과는 x = 10이다.

⑤ x %= 2의 결과는 나머지를 계산하기 때문에 x = 0이다.

5. 연산자 우선순위

모든 연산자는 우선순위 precedence와 결합규칙 associativity rule에 따라 계산순서가 정해져 있다. [표 5.4]는 주요 연산자의 우선순위를 높은 순서부터 낮은 순서로 나열한 것이다. 먼저 계산해야 하는 연산이 있는 경우 우선순위가 가장 높은 괄호를 사용하면 효과적이다.

결합규칙은 같은 우선순위의 연산자 사이에 먼저 계산할 규칙을 결정한다. 제곱 연산자 **의 결합규칙은 오른쪽을 먼저 계산하고, 나머지 모든 연산자는 왼쪽을 먼저 계산한다.

단축 회로 short-circuiting에 의해 and, or 연산자는 왼쪽 피연산자 left operand를 먼저 평가하여 최종 결과를 알 수 있으면 오른쪽 피연산자 right operand를 평가하지 않는다.

[표 5.4] 연산자 우선순위

연산자	설명
(expressions ...), [expressions ...], {key:value, ...}, {expressions ...}	괄호(바인딩, tuple), list, dictionary, set
x[index], x{index1:index2], x(arguments ...), x.attribute	인덱싱(subscription), 슬라이싱, 함수 호출, 속성 참조
**	제곱
+x, -x, ~x	단항 양수, 단항 음수, 비트별 NOT
*, @, /, //, %	곱셈, 나눗셈, 나머지
+, -	이항 덧셈, 이항 뺄셈
<<, >>	비트 이동
&	비트 AND
^	비트 XOR
|	비트 OR
in, not in, is, is not, <, <=, >, >=, !=, ==	멤버 확인, identity 확인, 비교
not x	논리 NOT
and	논리 AND
or	논리 OR
if ~ else	조건 수식
lambda	람다 수식

예제 0506 연산자 우선순위

```
>>> # 우선순위 변경
>>> (1 + 2) * 3
9
>>>
>>> # 단축 회로 short-circuiting
>>> a = -1
>>> b = 0
>>> a > 0 and a / b
False
>>>
```

```
>>> a < 0 and a / b
    Traceback (most recent call last):
      File '<pyshell#6>', line 1, in <module>
        a > 0 and a / b
    ZeroDivisionError: division by zero
>>>
>>> # 윤년 판단
>>> year = 2022
>>> year % 4 == 0 and year % 100 != 0 or year % 400 == 0
    False
>>> year = 2024
>>> year % 4 == 0 and year % 100 != 0 or year % 400 == 0
    True
```

프로그램 설명

① (1 + 2)을 먼저 계산하고, 3 * 3을 계산한 결과 9이다.

② a 〉 0을 평가하면 False이므로 and 연산자의 오른쪽 a / b는 연산하지 않고 False를 반환한다.

③ a 〈 0을 평가하면 True이고, a / b를 평가하면 ZeroDivisionError 예외가 발생한다.

④ year의 윤년을 판단한다. year의 값이 4의 배수이면 윤년이고, 100의 배수는 윤년이 아니고, 400의 배수는 윤년이다. 계산순서는 ((year % 4 == 0) and (year % 100 != 0)) or (year % 400 == 0)와 같다. 2022년은 평년으로 False이고, 2024년은 2월 29일이 있는 윤년이므로 True이다.

예제 0507 수식 예제 1

```
>>> mean_year = (97 * 366 + 303 * 365) / 400
>>> mean_year
    365.2425
```

프로그램 설명

① 1년은 지구가 태양을 한번 공전하는 시간으로 약 365.2422일이다.

② 현재 우리가 사용하는 그레고리력 Gregorian Calendar은 400년 중에서 97년이 윤년이고, 303년이 평년이다. 윤년인 해는 2월을 29일로 하여 1년이 366일이고, 평년인 해는 2월을 28일로 하여 1년이 365일이다. 그레고리력에서 평균 1년은 다음 식으로 계산하면, mean_year = 365.2425로 지구의 공전주기에 근사한다.

$$mean\_year = \frac{97 \times 366 + 303 \times 365}{400}$$

예제 0508 수식 예제 2

```
>>> x = 2
>>> y = x ** 4 - 3 * x ** 3 + 2       # y = f(x)
>>> y                                 # priint(y)
-6
>>> z = 4 * x ** 3 - 9 * x ** 2       # z = f(x)´
>>> z
-4
```

프로그램 설명

① $y = x^4 - 3x^3 + 2$를 계산한다. x = 2에서 y = −6이다.

② $z = 4x^3 - 9x$를 계산한다. x = 2에서 y = −4이다.

예제 0509 수식 예제 3: 근의 공식

```
>>> a = 1; b = 10; c = -11
>>> x = (-b + (b ** 2 - 4 * a * c) ** 0.5) / (2 * a)
>>> x         # print(x)
1.0
>>> import math
>>> x = (-b - math.sqrt(b ** 2 - 4 * a * c)) / (2 * a)
>>> x         # print(x)
-11.0
```

프로그램 설명

① $x^2 + 10x - 11 = 0$의 2차 방정식을 근의 공식을 이용하여 계산한다. 수학에서와 달리 프로그래밍할 때 변수와 변수, 변수와 상수 사이의 곱셈 기호는 생략할 수 없다. 예를 들어 $10x$는 10 * x로 표현해야 한다.

② 다음 수식은 근의 공식이다.

$$x = \frac{-b \pm \sqrt{b^2 - 4ac}}{2a}$$

③ $\sqrt{x} = x^{0.5}$와 같다. 제곱근은 math 모듈을 임포트하여 math.sqrt(b ** 2 - 4 * a * c)로 계산할 수 있다. 모듈 임포트는 **8장 모듈**편 에서 자세히 설명한다.

예제 0510 내장함수: power, abs, round, bin, oct, hex, ord, chr

```
>>> #1
>>> pow(2, 3)          # 2 ** 3
8
>>> abs(-10)
10
>>> abs(-3.14)
3.14
>>> abs(3 + 4j)
5.0
>>> round(3.141592, 3)    # round(number, ndigits = None)
3.142
>>>
>>> #2
>>> bin(10)
'0b1010'
>>> int('0b1010', base = 2)
10
>>> oct(10)
'0o12'
>>> int('0o12', base = 8)
10
>>>
>>> hex(255)
'0xff'
>>> int('0xff', base = 16)
255
>>>
>>> #3
>>> ord('A')
65
>>> chr(65)
'A'
```

프로그램 설명

① #1에서 pow(2, 3)은 2 ** 3과 같다. abs() 함수는 절대값을 반환한다. 따라서 정수와 실수에서 양수는 그대로 값을 반환하고, 음수는 양수로 변환하여 결과를 반환한다. 복소수는 크기 magnitude를 반환한다. abs(3 + 4j)는 pow(3 ** 2 + 4 ** 2, 0.5)을 반환한다.

round(3.141592, 3)는 소숫점 이하 4자리에서 반올림하여 ndigits = 3 자리까지 표시한다. ndigits = None이면 소숫점 아래 첫 번째 자리에서 반올림하여 정수를 반환한다.

② #2에서 bin(), oct(), hex() 함수는 정수를 각각 2진수, 8진수, 16진수 문자열로 변환한다. int() 함수에서 진법 base를 지정하여 10진수 정수로 변환할 수 있다.

③ #3에서 ord() 함수는 문자의 유니코드를 반환한다. chr()은 유니코드 값에 대한 문자를 반환한다. ord('A')는 65이고, chr(65)는 'A'이다.

Step 06
문자열

파이썬의 문자열 str은 한글을 포함한 유니코드로 표현되는 모든 문자를 표현할 수 있으며, 순서를 갖는 시퀀스 sequence 자료형이다.

1. 문자열

문자열 str, 리스트 list, 튜플 tuple, 범위 range 등의 시퀀스는 대괄호 [ ]와 정수 인덱스 첨자로 각 항목을 선택할 수 있다. 인덱스는 시퀀스의 시작 위치를 기준으로는 할 때는 0부터 증가하는 인덱스를 사용하고, 마지막 위치를 기준으로 하면 −1부터 감소하는 인덱스를 사용한다.

[그림 6.1]은 s = 'abcd' 문자열에서 s[0]과 s[−4]는 'a', s[1]과 s[−3]은 'b', s[2]와 s[−2]는 'c', s[3]과 s[−1]은 'd'이다.

s = 'abcd'	'a'	'b'	'c'	'd'
인덱스	0	1	2	3
	−4	−3	−2	−1

그림 6.1 • s = 'abcd'에서 인덱싱

예제 0601 문자열에서 인덱싱

```
>>> s = 'abcd'
>>> s[0]          # s[-4]
'a'
>>> s[1]          # s[-3]
'b'
>>> s[2]          # s[-2]
'c'
>>> s[3]          # s[-1]
'd'
>>> s[4]
Traceback (most recent call last):
  File '<pyshell#36>', line 1, in <module>
    s[4]
IndexError: string index out of range
>>>
>>> s[0] = 'A'
Traceback (most recent call last):
  File '<pyshell#34>', line 1, in <module>
    s[0] = 'A'
TypeError: 'str' object does not support item assignment
```

프로그램 설명

① s = 'abcd'은 변수 s에 문자열 'abcd'를 저장한다.

② s[0]은 'a', s[1]은 'b', s[2]는 'c', s[3]은 'd'이다.

③ s[4]와 같이 인덱스가 범위를 벗어나면 IndexError 예외가 발생한다.

④ s[0] = 'A'와 같이 문자열의 한 문자를 대입연산자로 변경할 수 없다. TypeError 예외가 발생한다.

2. 슬라이싱 slicing

문자열 str, 리스트 list, 튜플 tuple, 범위 range 등의 시퀀스는 슬라이싱으로 시퀀스의 일부분 slice을 선택하여 부분 시퀀스를 생성, 변경, 삭제할 수 있다.

시퀀스 자료에 대해 다음과 같은 규칙을 사용하여 슬라이싱할 수 있다.

- 시퀀스 자료형 s의 슬라이싱은 s[start : stop : step]와 같이 대괄호 안에 콜론 : 문자와 start, stop, step에 정수를 이용하여 부분 시퀀스를 생성한다.
- start는 시작 인덱스, stop은 종료 인덱스, step은 간격이다.
- $start \leq i < stop,\ i \mathrel{+}= step$ 의 s[i]로 이루어진 시퀀스를 생성한다. start와 stop은 [그림 6.1]과 같이 시퀀스의 시작 위치를 기준으로는 할 때는 0부터 증가하고, 마지막 위치를 기준으로 하면 -1부터 감소한다.
- start, stop, step은 공백 None일 수 있다. step = None이면 step = 1이 된다. step 〉 0인 조건에서 start = None은 start = 0이 되고, stop = None은 stop = len(s)이다. step 〈 0인 조건에서 start = None은 start = -1이 되고, stop = None은 stop = -(len(s) + 1)이 된다.
- slice(stop), slice(start, stop[, step]) 형식에서 처럼 slice() 함수를 인수로 이용하여 슬라이싱할 수도 있다. start, stop이 None이면 해당 항목을 포함한다. step = None은 step = 1이다.

예제 0602 문자열에서 슬라이싱

```
>>> s = 'abcdefg'
>>> s[:2]                # s[None : 2], s[None : 2 : None],
>>>                      # s[0 : 2], s[0 : 2 : 1], s[ : 2 : 1]
'ab'
>>> s[2:]                # s[2 : None], s[2 : None : None], s[2 :: 1]
'cdefg'
>>> s[:]                 # s[None : None], s[None : None : None], s[ : : 1]
'abcdefg'
>>> s[::2]               # s[None : None: 2]
'aceg'
>>> s[::-1]              # s[None : None : -1],  s[-1 : -8 : -1]
'gfedcba'
>>> s[-3:]               # s[-3 : None], s[-3 : None : None], s[-3 : None : 1]
'efg'
>>> s[slice(2)]          # s[:2], s[slice(None, 2)], s[slice(None, 2, None)]
'ab'
>>> s[slice(2, None)]    # s[2:], s[slice(2, None, None)]
'cdefg'
>>> a = slice(2)
>>> s[a]
'ab'
```

프로그램 설명

① s[:2]는 start = 0, stop = 2, step = 1에 의해 s[0], s[1]의 문자열 'ab'를 생성한다. 처음 두 문자의 문자열이다.

② s[2:]는 start = 2, stop = len(s) = 7, step = 1에 의해 s[2], s[3], s[4], s[5], s[6]의 문자열 'cdefg'이다. 즉, 인덱스 2부터 끝까지의 문자열이다.

③ s[:], s[::], s[::1]은 모두 전체 문자열 s이다.

④ s[::2]는 start = 0, stop = len(s) = 7, step = 2에 의해 s[0], s[2], s[4], s[6]의 문자열 'aceg'를 생성한다.

⑤ s[::-1]은 s의 역순 문자열이다. start = -1, stop = -(len(s) - 1) = -8, step = -1에 의해 s[-1], s[-2], s[-3], s[-4], s[-5], s[-6], s[-7]의 문자열 'gfedcba'이다.

⑥ s[-3:]은 start = -3, stop = len(s) = 7, step = 1에 의해 s[-3], s[-2], s[-1]로 이루어진 문자열 'efg'를 생성한다. 문자열 s의 마지막 세 문자의 문자열이다.

⑦ s[slice(2)]는 s[:2]와 같고, 결과는 문자열 'ab'이다.

⑧ s[slice(2, None)]는 s[2:]와 같고, 결과는 문자열 'cdefg'이다.

⑨ a = slice(2)에 의해 s[a]의 결과는 문자열 'ab'이다. 함수를 변수에 할당해서 사용한 것이다.

3. 시퀀스 연산자

문자열 str, 리스트 list, 튜플 tuple, 범위 range 등의 시퀀스에서 연결연산자 concatenation +, 반복연산자 repetition *, 포함연산자 contain in, 크기 비교, 동등 비교연산자를 사용할 수 있다. 내장함수 len()을 사용하면 시퀀스 자료의 길이를 알 수 있다.

예제 0603 시퀀스 연산

```
>>> 'ab' + 'cd'
'abcd'
>>> 'ab' * 5
'ababababab'
>>>
>>> 'ell' in 'hello'
True
>>> 'ell' not in 'hello'
False
```

```
>>> 'abcd' < 'abce'
True
>>> 'abcd' > 'abce'
False
>>> 'abcd' == 'abcd'
True
>>> 'abcd' != 'abcd'
False
>>> len('abcd')
4
>>> x, y, z = 'abc'    # unpack, x = 'a', y = 'b', z = 'c'
>>> x, y, z
('a', 'b', 'c')
```

프로그램 설명

① 'ab' + 'cd'는 두 문자열을 연결하여 하나의 문자열 'abcd'를 생성한다.

② 'ab' * 5는 'ab'을 5회 반복하여 문자열 'ababababab'을 생성한다.

③ 'ell' in 'hello'은 'ell'이 'hello'에 있으므로 True이다. 'ell' not in 'hello'은 False이다.

④ 'abcd' < 'abce'는 참, 'abcd' > 'abce'는 거짓이다.

⑤ 'abcd' == 'abcd'는 참, 'abcd' != 'abcd'는 거짓이다.

⑥ 내장함수 len()는 시퀀스 자료를 구성하는 항목의 개수를 반환한다. len('abcd')은 4이다.

⑦ x, y, z = 'abc'는 문자열을 언팩 unpack하여 x = 'a', y = 'b', z = 'c'이다.

4. str 메서드

파이썬에는 문자열 str과 관련된 많은 메서드 method가 있다. 여기서는 알파벳, 숫자, 아스키 문자, 문자열의 좌우 공백을 제거, 문자열 삽입, 분리, 문자열 양식 출력 등의 메서드와 f-string을 예제로 설명한다.

예제 0604 str.isalpha(), str.isalnum(), str.isascii(), str.isdigit(), isnumeric()

```
>>> 'abCD'.isalpha(), 'ab12'.isalpha()
>>> # str.isalpha('abCD'), str.isalpha('ab12')
(True, False)
```

```
>>> '파이썬'.isalpha(), '파이썬'.isalnum()
(True, True)
>>> 'abcd'.islower(), 'ABCD'.isupper()
(True, True)
>>> 'ab12'.isalnum(), 'ab12*'.isalnum()
(True, False)
>>> 'ab12'.isascii(), '\u0041'.isascii()
(True, True)
>>> '\u2460'.isascii()     # '①'
False
>>> '1234'.isdigit(), '1234'.isnumeric()
(True, True)
>>> '\u0031'.isdigit(), '\u0031'.isnumeric()
(True, True)
>>> '\u00BD'.isdigit(), '\u00BD'.isnumeric()
(False, True)
>>> print('\u00BD')
½
```

프로그램 설명

① str.isalpha()는 문자열의 모든 문자가 알파벳 영문, 한글이면 True이다. '파이썬'.isalpha()는 True이다.

② str.isalnum()은 문자열의 모든 문자가 알파벳 영문, 한글 또는 숫자이면 True이다. 'ab12*'.isalnum()은 '*' 문자 때문에 False이다. '파이썬'.isalnum()은 True이다.

③ str.islower()는 문자열이 영문 소문자로만 구성되어 있으면 True이고, str.isupper()는 문자열이 영문 대문자로만 구성되어 있을 때 True이다.

④ str.isascii()는 ASCII 문자열이면 True이다. '\u2460'는 원문자 '①'의 유니코드이기 때문에 '\u2460'.isascii()는 False이다.

⑤ 문자열의 각 문자가 숫자인지 확인하는 str.isdigit(), str.isnumeric()은 일반적인 숫자에서는 같지만, 숫자 특수문자에서 차이가 있다. 예를 들어 '\u00BD'는 특수문자 '½'의 유니코드이다. '\u00BD'.isdigit()는 False이고, '\u00BD'.isnumeric()는 True이다.

예제 0605 str.strip(), str.lstrip(), str.rstrip()

```
>>> s = ' apple '        # 문자열의 앞과 뒤에 빈칸
>>> s.lstrip()
'apple '
```

>>>	s.rstrip()
	' apple'
>>>	s.strip()
	'apple'

프로그램 설명

① s.lstrip()은 문자열 s의 왼쪽 left 공백을 제거한다.

② s.rstrip()은 문자열 s의 오른쪽 right 공백을 제거한다.

③ s.strip()은 문자열 s의 왼쪽과 오른쪽 공백을 제거한다. 문자열 중간에 포함된 공백은 제거되지 않는다.

예제 0606 str.join()

>>>	''.join(['1', '2', '3', '4']) # ''.join(('1', '2', '3', '4'))
	'1234'
>>>	','.join(['1', '2', '3', '4']) # ','.join(('1', '2', '3', '4'))
	'1,2,3,4'

프로그램 설명

① ''.join(['1', '2', '3', '4'])은 리스트 ['1', '2', '3', '4']의 각 항목 사이에 공백을 추가하지 않고 하나의 문자열 '1234'를 생성한다. 합성하려는 리스트의 항목은 반드시 문자 또는 문자열이어야 한다.

② ','.join(['1', '2', '3', '4'])은 리스트 ['1', '2', '3', '4']의 각 항목 사이에 ','를 추가하여 하나의 문자열 '1,2,3,4'를 생성한다.

예제 0607 str.split(), str.splitlines()

>>>	fruit = 'apple banana grapes orange'
>>>	fruit.split() # 공백을 기준으로 문자열 분리
	['apple', 'banana', 'grapes', 'orange']
>>>	'apple,banana,grapes,orange'.split(',') # 콤마를 기준으로 문자열 분리
	['apple', 'banana', 'grapes', 'orange']
>>>	'Hello world\n Hello Kim\n'.splitlines() # 행 바꿈 문자 기준으로 분리
	['Hello world', ' Hello Kim']

프로그램 설명

① fruit.split()는 공백을 기준으로 fruit에 저장된 문자열을 분리하여 리스트 ['apple', 'banana', 'grapes', 'orange']를 생성한다.

② 'apple,banana,grapes,orange'.split(',')은 ','를 기준으로 문자열을 분리하여 리스트 ['apple', 'banana', 'grapes', 'orange']를 생성한다. 콤마 뒤에 띄어쓰기 공백가 되면, 띄어쓰기한 공백은 다음 요소의 문자열에 포함된다.

③ 'Hello world\n Hello Kim\n'.splitlines()는 행 바꿈 제어문자('\n')를 기준으로 문자열을 분리하여 리스트 ['Hello world', ' Hello Kim']를 생성한다.

예제 0608 str.format()

```
>>> x = 10; y = 20; z = 30
>>> '{} , {} , {}'.format(x, y, z)
'10 , 20 , 30'
>>> '{0} , {1} , {2}'.format(x, y, z)
'10 , 20 , 30'
>>> '{2} , {1} , {0}'.format(x, y, z)
'30 , 20 , 10'
>>> '{1} , {0}, {0}'.format(x, y, z)
'20 , 10, 10'
>>> 'x={} , y={} , z={}'.format(x, y, z)
'x=10 , y=20 , z=30'
```

프로그램 설명

① '{} , {} , {}'.format(x, y, z)는 {}, {}, {}에 str.format()의 인수 x, y, z의 값을 차례로 대응시켜 문자열 '10 , 20 , 30'을 생성한다. {} 이외의 공백과 문자는 그대로 문자열에 출력된다.

② '{0} , {1} , {2}'.format(x, y, z)은 {0}에 x, {1}에 y, {2}에 z의 값을 대응시켜 문자열을 생성한다. 인수의 순서를 출력된 형식에 지정한 것이다.

③ '{2} , {1} , {0}'.format(x, y, z)는 인수의 순서를 변경하여 문자열을 생성한다.

④ '{1} , {0}, {0}'.format(x, y, z)는 {1}에 y, {0}에 x의 값을 대응시켜 문자열을 생성한다.

⑤ 'x={} , y={} , z={}'.format(x, y, z)는 문자열 'x=10 , y=20 , z=30'을 생성한다. {} 이외의 공백과 문자는 그대로 결과 문자열에 출력된다.

예제 0609 f-string f-문자열

```
>>> x = 10; y = 20; z = 30
>>> f'{x} , {y} , {z}'
'10 , 20 , 30'
>>> f'x={x} , y={y} , z={z}'
'x=10 , y=20 , z=30'
```

프로그램 설명

① f-문자열은 문자열 앞에 접두어 f를 사용하여 표시한다. str.format()과 비슷하다. 변수의 값을 대응시켜 문자열을 생성할 때 편리하다.

② f'{x} , {y} , {z}'은 {x}, {y}, {z}에 변수 x, y, z의 값을 대응시켜 문자열 '10 , 20 , 30'을 생성한다.

③ f'x={x} , y={y} , z={z}'은 {x}, {y}, {z}에 변수 x, y, z의 값을 대응시켜 문자열 'x=10 , y=20 , z=30'을 생성한다. f-문자열의 {} 안에는 변수 또는 식이 사용되어 변수의 값 또는 식의 결과가 대응되고, {} 바깥의 공백과 문자는 그대로 결과 문자열에 출력된다.

예제 0610 바이트 문자열

```
>>> x = '1가a'.encode()        # encoding = 'utf-8'
>>> x
b'1\xea\xb0\x80a'
>>> len(x)
5
>>> x[0]
49
>>> x[1 : -1]                  # '가'
b'\xea\xb0\x80'
>>> x[-1]
97
>>> x[0] = 50
Traceback (most recent call last):
  File '<pyshell#137>', line 1, in <module>
    x[0] = 50
TypeError: 'bytes' object does not support item assignment
>>> bytes.fromhex('fff0 f1f2')
b'\xff\xf0\xf1\xf2'
>>>
>>> s = b' apple '
>>> s.strip()
b'apple'
>>> s.isalpha()
False
>>> x= b'apple,banana,grapes,orange'
>>> x.split(b',')
[b'apple', b'banana', b'grapes', b'orange']
```

프로그램 설명

① x = '1가a'.encode()는 문자열 '1가a'를 'utf-8'로 인코딩한 바이트 문자열을 변수 x에 저장한다. 바이트 문자열의 연산자와 메서드는 일반 문자열과 비슷하다.

② len(x)은 문자열의 길이로 한글 한 글자는 3바이트이기 때문에 5이고, x[0]은 문자 '1'의 코드 49, x[1 : -1] 슬라이싱은 문자 '가'에 해당하는 바이트 문자열 b'\xea\xb0\x80', x[-1]은 문자 'a'의 코드 97이다.

③ x[0] = 50에서 변수 x에 저장된 bytes 문자열은 일반 문자열과 같이 항목변경을 허용하지 않아 오류가 발생한다.

④ bytes.fromhex('fff0 f1f2')는 주어진 문자열에서 공백을 무시하고 주어진 16진수를 이용하여 바이트 문자열을 생성한다.

⑤ s.strip()은 바이트 문자열 s의 양쪽 공백을 제거한다. s.isalpha()는 문자열에 공백이 포함되어 있기 때문에 False가 된다. x.split(b',')는 콤마를 기준으로 바이트 문자열을 리스트 항목으로 분리한다.

Step 07
리스트 list

리스트 list는 대괄호 [] 안에서 콤마로 항목을 구분하며, 대입연산자로 항목을 변경할 수 있는 시퀀스 자료형이다. 리스트의 항목은 서로 다른 자료형의 항목도 가능하다. 리스트는 파이썬에서 아주 많이 사용되는 자료형이다.

예제 0701 리스트 list

```
>>> a = []                    # a = list() 공백 리스트
>>> b = [1, 2, 3]
>>> c = [True, 10, 3.14, 'a']
>>> A = [[1, 2], [3, 4, 5], [6, 7, 8, 9, 10]]
>>> A[0]                      # 인덱싱
    [1, 2]
>>> A[0][0]                   # 인덱싱
    1
>>> A[2][0]                   # 인덱싱
    6
>>> B = [10, 20, 30, 40, 50]
>>> B[1 : 4]                  # 슬라이싱
    [20, 30, 40]
>>> B[: : 2]                  # 슬라이싱
    [10, 30, 50]
>>> B[: : -1]                 # 슬라이싱
    [50, 40, 30, 20, 10]
>>> list(str(1234))
    ['1', '2', '3', '4']
>>> [x for x in 'abcd']
    ['a', 'b', 'c', 'd']
>>> x, y, z = [1, 2, 3]       # unpack으로 x = 1, y = 2, z = 3
>>> x, y, z
    (1, 2, 3)
```

프로그램 설명

① a = [ ]와 a = list()는 공백 리스트 a를 생성한다.

② 리스트 c와 같이 서로 다른 자료형의 항목을 가질 수 있다.

③ 리스트 A와 같이 항목의 길이가 다를 수 있다.

④ A[0]은 [1, 2]이고, A[0][0]는 1이다. A[2]는 [6, 7, 8, 9, 10]이고 A[2][0]은 6이다.

⑤ B[1:4]는 리스트 B를 슬라이싱하여 리스트 [20, 30, 40]을 생성한다.

⑥ B[::2]는 리스트 B를 슬라이싱하여 리스트 [10, 30, 50]을 생성한다.

⑦ B[::-1]은 리스트 B를 역순 reverse order한 리스트 [50, 40, 30, 20, 10]을 생성한다.

⑧ str(1234)는 '1234'이고, list('1234')는 리스트 ['1', '2', '3', '4']를 생성한다.

⑨ [x for x in 'abcd']는 문자열 'abcd'의 각 문자를 반복하며 리스트의 항목으로 생성한다.

⑩ x, y, z = [1, 2, 3]은 리스트를 언팩 unpack하여 x = 1, y = 2, z = 3이 된다.

예제 0702 리스트에서 언팩 unpack: *

```
>>> A = [1, 2, 3]
>>> [*A, *[4, 5, 6]]                          # list
[1, 2, 3, 4, 5, 6]
>>> [*'abcd']                                 # str
['a', 'b', 'c', 'd']
>>> [*(1, 2, 3)]                              # tuple
[1, 2, 3]
>>> [*range(1, 4)]                            # range
[1, 2, 3]
>>> [*{1, 2, 3}]                              # set
[1, 2, 3]
>>> [*{'one':1, 'two':2, 'three':3}]          # dict
['one', 'two', 'three']
```

프로그램 설명

① 리스트 안에서 '*'를 이용하여 str, list, tuple, range, set, dict 자료형의 항목을 언팩 unpack하여 리스트를 생성한다.

② [*A, *[4, 5, 6]]은 [1, 2, 3, 4, 5, 6]을 생성한다.

③ [*'abcd']는 ['a', 'b', 'c', 'd']를 생성한다.

④ [*(1, 2, 3)], [*{1, 2, 3}], [*range(1, 4)]는 모두 리스트 [1, 2, 3]을 생성한다.

⑤ [*{'one':1, 'two':2, 'three':3}]은 dict 자료형에서 키 항목의 값으로 이루어진 리스트 ['one', 'two', 'three']를 생성한다.

예제 0703 리스트에서 연산

>>>	`10 in [10, 20, 30]`
	`True`
>>>	`10 not in [10, 20, 30]`
	`False`
>>>	
>>>	`[1, 2, 3] + [4, 5, 6]                # 리스트 연결`
	`[1, 2, 3, 4, 5, 6]`
>>>	
>>>	`[0, 1, 2] * 3                        # 3번 반복`
	`[0, 1, 2, 0, 1, 2, 0, 1, 2]`
>>>	`A = [10, 20, 30]`
>>>	`len(A), min(A), max(A), sum(A)       # 길이, 최소값, 최대값, 합계`
	`(3, 10, 30, 60)`

프로그램 설명

① 10 in [10, 20, 30]은 10이 리스트 [10, 20, 30]에 있으므로 참 True이다.

② [1, 2, 3] + [4, 5, 6]은 두 리스트를 연결하여 [1, 2, 3, 4, 5, 6]을 생성한다.

③ [0, 1, 2] * 3은 리스트를 3번 반복하여 리스트를 생성한다.

④ len(), min(), max(), sum()은 내장함수이다. len(A)은 리스트 A의 항목 개수 3, min(A)는 리스트 A를 구성하는 값 중 최소값 10, max(A)은 최대값 30, sum(A)은 리스트 A를 구성하는 값의 합계 60을 계산한다.

예제 0704 리스트에서 항목변경

>>>	`A = [1, 2, 3]`
>>>	`A[0] = 10                    # 항목변경`
>>>	`A`
	`[10, 2, 3]`
>>>	`A = [0, 1, 2, 3, 4, 5]`
>>>	`A[1:4] = [10, 20, 30]        # 부분 리스트 변경`
>>>	`A`
	`[0, 10, 20, 30, 4, 5]`
>>>	
>>>	`A = [0, 1, 2, 3, 4, 5]`
>>>	`A[1:4] = []                  # 부분 항목삭제: del A[1:4]`
>>>	`A`
	`[0, 4, 5]`

프로그램 설명

① A[0] = 10은 리스트 A의 A[0] 항목을 10으로 변경한다.

② A[1:4] = [10, 20, 30]은 A[1:4]를 리스트 [10, 20, 30]으로 변경한다.

③ A[1:4] = []은 A[1:4]를 삭제한다.

예제 0705 리스트 메서드 1: list.append(), list.clear()

```
>>> A = [0, 1, 2, 3, 4, 5]
>>> A.append(6); A
    [0, 1, 2, 3, 4, 5, 6]
>>> A.append([1, 2, 3]); A
    [0, 1, 2, 3, 4, 5, 6, [1, 2, 3]]
>>> A.clear()            # 리스트의 항목 전체 삭제
>>> A
    []
```

프로그램 설명

① A.append(6)는 리스트 A의 마지막 항목에 6을 추가한다.

② A.append([1, 2, 3])는 리스트 A의 마지막 항목에 리스트 [1, 2, 3]을 추가한다.

③ A.clear()는 리스트를 구성하는 항목 전체를 삭제하여 리스트 A는 공백 리스트가 된다.

예제 0706 리스트 메서드 2: list.extend(), list.insert(), list.pop(), list.reverse(), list.sort()

```
>>> A = [1, 2, 3]
>>> A.extend([4, 5, 6])            # 리스트 확장
>>> A
    [1, 2, 3, 4, 5, 6]
>>>
>>> A = [0, 1, 2, 3]
>>> A.insert(1, 10)                # 항목 삽입
>>> A
    [0, 10, 1, 2, 3]
>>>
>>> A.pop()                        # 마지막 항목을 반환하고 삭제
    3
>>> A
    [0, 10, 1, 2]
>>>
>>> A.pop(1)                       # A[1] 항목을 반환하고 삭제
    10
```

```
>>> A
    [0, 1, 2]
>>>
>>> A = [0, 10, 20, 30, 20]
>>> A.remove(20)              # 처음 나오는 항목을 삭제
>>> A
    [0, 10, 30, 20]
>>>
>>> A = [0, 1, 2, 3]
>>> A.reverse()               # 리스트 뒤집기
>>> A
    [3, 2, 1, 0]
>>>
>>> A = [2, 3, 5, 1, 0]
>>> A.sort()                  # 리스트의 항목을 오름차순으로 정렬
>>> A
    [0, 1, 2, 3, 5]
>>> A.sort(reverse = True)    # 리스트의 항목을 내림차순으로 정렬
>>> A
    [5, 3, 2, 1, 0]
```

프로그램 설명

① A.extend([4, 5, 6])는 [4, 5, 6]의 각 항목을 리스트 A의 뒤에 추가한다.

② A.insert(1, 10)는 A[1]에 항목 10을 삽입한다.

③ A.pop()는 리스트 A의 마지막 항목 3을 반환하고 리스트에서 삭제한다.

④ A.pop(1)는 A[1] 항목 10을 반환하고 리스트에서 삭제한다.

⑤ A.remove(20) 리스트 A에서 처음 나오는 20을 삭제한다.

⑥ A.reverse()는 리스트 A의 항목 순서를 역순으로 뒤집는다.

⑦ A.sort()는 리스트 A의 항목을 오름차순으로 정렬한다.

⑧ A.sort(reverse = True)는 리스트 A의 항목을 내림차순으로 정렬한다.

예제 0707 리스트 메서드 3: id(), list.copy(), import copy

```
>>> #1
>>> A = B = []                # 같은 id, CPython에서는 같은 메모리 주소
>>> id(A)
    2172633004288
>>> id(B)
    2172633004288
```

```
>>> A.append(1); A.append(2)
>>> A
[1, 2]
>>> B
[1, 2]
>>>
>>> #2 얕은 복사; shallow copy
>>> A = [0, [1, 2]]
>>> B = A.copy()                 # 얕은 복사(shallow copy), B = A[:]
>>> A[0] = 10                    # A[0]을 변경
>>> A
[10, [1, 2]]
>>> B                            # B[0]은 변경 안됨
[0, [1, 2]]
>>> A[1][0] = 20                 # A[1][0]을 변경
>>> A
[10, [20, 2]]
>>> B                            # B[1][0] 변경됨
[0, [20, 2]]
>>>
>>> #3 깊은 복사; deep copy
>>> A = [0, [1, 2]]
>>> import copy
>>> B = copy.deepcopy(A)
>>> A
[0, [1, 2]]
>>> A[1][0] = 20                 # A[1][0]을 변경
>>> A
[0, [20, 2]]
>>> B                            # B[1][0]은 변경 안됨
[0, [1, 2]]
```

프로그램 설명

① #1에서 A = B = []는 A와 B를 공백 리스트로 초기화한다. 이때 주의할 점은 리스트 A와 B는 같은 개체를 의미한다. 즉, 리스트 변수 A와 B는 같은 주소의 서로 다른 이름이 된다. 내장 함수 id()를 사용하면 개체의 고유번호 CPython에서는 주소를 확인할 수 있다. id(A)와 id(B)는 같다. A.append(1); A.append(2)에 의해 리스트 A에 1, 2를 추가한 뒤에, 리스트 A와 B의 항목이 같은 것을 확인할 수 있다. 서로 다른 리스트가 필요하면 A = [], B = []와 같이 각각 초기화해야 한다.

② #2에서 B = A.copy()는 리스트 A를 얕은 복사 shallow copy하여 리스트 B에 저장한다.

A[0] = 10으로 리스트 A의 A[0] 항목을 변경하면 리스트 A는 [10, [1, 2]]이 되지만, 리스트

B[0]은 영향을 받지 않는다. 그러나 A[1][0] = 20에 의해 변경하면, B[1][0]의 값 또한 20으로 변경된다. 이것은 list.copy()가 얕은 복사를 수행하기 때문이다. id(A[1][0])와 id(B[1][0])는 같다. 즉, 얕은 복사에서 리스트 내부의 리스트는 id만 복사되고, 값은 복사하지 않는다.

③ #3에서 import copy에 의한 B = copy.deepcopy(A)는 A를 완전히 다른 메모리에 복사하는 깊은 복사를 수행하여 A[1][0] = 20으로 변경해도, B[1][0]은 변경되지 않는다. 즉, 얕은 복사와 달리 깊은 복사는 리스트 내부의 리스트까지 값을 복사하는 것이다.

Step 08
튜플 tuple

튜플 tuple은 소괄호 () 안에 콤마로 구분된 항목들을 나열하여 표현하는 시퀀스 자료형이다. 서로 다른 자료형의 항목이 가능하다. 튜플 자료형은 대입연산자로 튜플의 항목을 변경할 수 없다. 튜플은 시퀀스 자료형이므로 앞서 설명한 인덱싱, 슬라이싱, 연결, 반복, 포함 등의 모든 시퀀스 연산이 가능하다.

예제 0801 튜플 생성

```
>>> A = tuple()          # A = ()
>>> B = (1, 2, 3)        # B = 1, 2, 3
>>> B
    (1, 2, 3)
>>> C = 1,               # C = (1, ), 1개의 항목을 갖는 튜플
>>> C
    (1,)
>>> D = tuple([1, 2, 3]); D
    (1, 2, 3)
>>> x, y, z = D          # unpack; x= 1, y = 2, z = 3
```

프로그램 설명

① A = tuple() 또는 A = ()는 공백 튜플을 생성한다.

② B = (1, 2, 3)과 B = 1, 2, 3은 같은 튜플을 생성한다. 값을 나열할 때 사용되는 콤마 연산자는 튜플을 생성하는 것이다.

③ C = 1,는 1개의 항목을 갖는 튜플 C를 생성한다. 끝에 콤마에 주의한다. C = 1과 다르다. C = (1,) 역시 1개의 항목을 갖는 튜플 C를 생성한다. C = (1)과 다르다. C = 1과 C = (1)에서 C는 정수형 변수가 된다.

④ D = tuple([1, 2, 3])는 리스트 [1, 2, 3]을 튜플로 변경하여 D에 저장한다.

⑤ x, y, z = D는 튜플 D를 언팩하여 x = 1, y = 2, z = 3이 된다.

예제 0802 튜플 연산

```
>>> A = (10, 20, 30, 40, 50)
>>> A[0]                    # 인덱싱
10
>>> A[-1]                   # 인덱싱
50
>>> A[1:4]                  # 슬라이싱
(20, 30, 40)
>>> A[0] = 1                # 튜플은 항목 변경 불가능
Traceback (most recent call last):
  File '<pyshell#139>', line 1, in <module>
    A[0] = 1
TypeError: 'tuple' object does not support item assignment
>>>
>>> 10 in (10, 20, 30)
True
>>> 10 not in (10, 20, 30)
False
>>>
>>> (1, 2, 3) + (4, 5, 6)   # 연결
(1, 2, 3, 4, 5, 6)
>>> (0, 1, 2) * 3           # 3번 반복
(0, 1, 2, 0, 1, 2, 0, 1, 2)
>>>
>>> A = 10, 20, 30          # (10, 20, 30)
>>> len(A), min(A), max(A), sum(A)     # 튜플 길이, 최소값, 최대값, 합계
(3, 10, 30, 60)
```

프로그램 설명

① A[0]은 튜플 A의 첫 번째 항목이고, A[−1]은 튜플 A의 마지막 항목이다.

② A[1:4]는 슬라이싱에 의해 (20, 30, 40) 튜플을 생성한다.

③ A[0] = 1과 같이 튜플은 항목을 변경할 수 없다. 튜플의 항목이 리스트인 경우는 리스트 항목의 값은 변경할 수 있다.

④ 10 in (10, 20, 30)은 참이다.

⑤ (1, 2, 3) + (4, 5, 6)은 튜플을 연결하여 (1, 2, 3, 4, 5, 6) 튜플을 생성한다.

⑥ (0, 1, 2) * 3은 3번 반복하여 (0, 1, 2, 0, 1, 2, 0, 1, 2) 튜플을 생성한다.

⑦ len(A)는 튜플 A의 길이로 3, min(A)은 튜플 A의 항목 중 최소값으로 10, max(A)는 최대값으로 30, sum(A)는 튜플 A의 항목을 모두 합한 값으로 60이다.

Step 09
범위 range

범위 range는 range(start, stop[, step])에 의해 범위의 정수 숫자를 표현하는 시퀀스이다. 범위는 인덱싱, 슬라이싱, in 연산자는 사용할 수 있지만, 시퀀스 연결 +과 반복 * 연산자는 사용할 수 없다. 범위는 리스트, 튜플, for 반복문과 함께 많이 사용된다.

예제 0901 범위를 이용한 리스트와 튜플 생성

```
>>> list(range(10))          # list(range(0, 10)), list(range(0, 10, 1))
    [0, 1, 2, 3, 4, 5, 6, 7, 8, 9]
>>>
>>> tuple(range(10))
    (0, 1, 2, 3, 4, 5, 6, 7, 8, 9)
>>>
>>> list(range(10, 0, -2))
    [10, 8, 6, 4, 2]
>>>
>>> [(x, x * 2) for x in range(5)]
    [(0, 0), (1, 2), (2, 4), (3, 6), (4, 8)]
>>>
>>> # 2차원 배열(행렬) 만들기
>>> A = [[i * 3 + j for j in range(2)] for i in range(3)]
>>> A
    [[0, 1], [3, 4], [6, 7]]
>>> x, y, z = range(3)         # unpack으로 x = 0, y = 1, z = 2
>>> x, y, z
    (0, 1, 2)
```

프로그램 설명

① list(range(10))는 0에서 9까지의 정수 항목을 갖는 리스트를 생성한다.

② tuple(range(10))은 0에서 9까지의 정수 항목을 갖는 튜플을 생성한다.

③ list(range(10, 0, −2))는 10에서 0 이전까지 −2씩 감소하여 리스트를 생성한다.

④ [(x, x * 2) for x in range(5)]는 x in range(5)로 0에서 4까지의 각 x에 대해 (x, x * 2) 튜플 항목을 갖는 리스트를 생성한다.

⑤ A = [[i * 3 + j for j in range(2)] for i in range(3)]은 2차원 배열(행렬) A를 생성한다.

⑥ x, y, z = range(3) 은 range()의 결과를 언팩하여 x = 0, y = 1, z = 2이다.

예제 0902 범위 연산

```
>>> A = range(11, 20); A
    range(11, 20)
>>> len(A)                # A의 요소 개수
    9
>>> min(A), max(A)        # A에서 최소값, 최대값
    (11, 19)
>>> 11 in A               # A에 11이 있음, True
    True
>>> 20 not in A           # A에 20이 없음, True
    True
>>> A.start, A.stop, A.step
    (11, 20, 1)
>>> A[0]                  # 인덱싱
    11
>>> A[-1]
    19
>>> A[:3]                 # 슬라이싱
    range(11, 14)
>>>
>>> range(10) == range(0, 10)
    True
>>> for x in range(3):      # for 문에서 반복을 위해 range() 사용
...     print(x)
...
    0
    1
    2
```

프로그램 설명

① len(A)은 A의 범위에 포함되는 숫자의 개수이다.

② min(A), max(A)는 A의 범위에 포함된 자료 중 최소값과 최대값이다.

③ 11 in A는 11이 A의 범위에 있으므로 참이다. 20 not in A는 20이 A의 범위에 없으므로 참이다.

④ A.start, A.stop, A.step는 범위 A의 start, stop, step 속성이다.

⑤ A[0]은 A의 범위에 있는 시작 항목으로 11, A[-1]은 마지막 항목으로 19이다.

⑥ 슬라이싱 A[:3]은 부분 범위 range(11, 14)를 생성한다.

⑦ range(10) == range(0, 10)는 범위가 같으므로 참이 된다.

⑧ for 반복문과 함께 사용하여 변수 x를 0에서 2까지 반복한다.

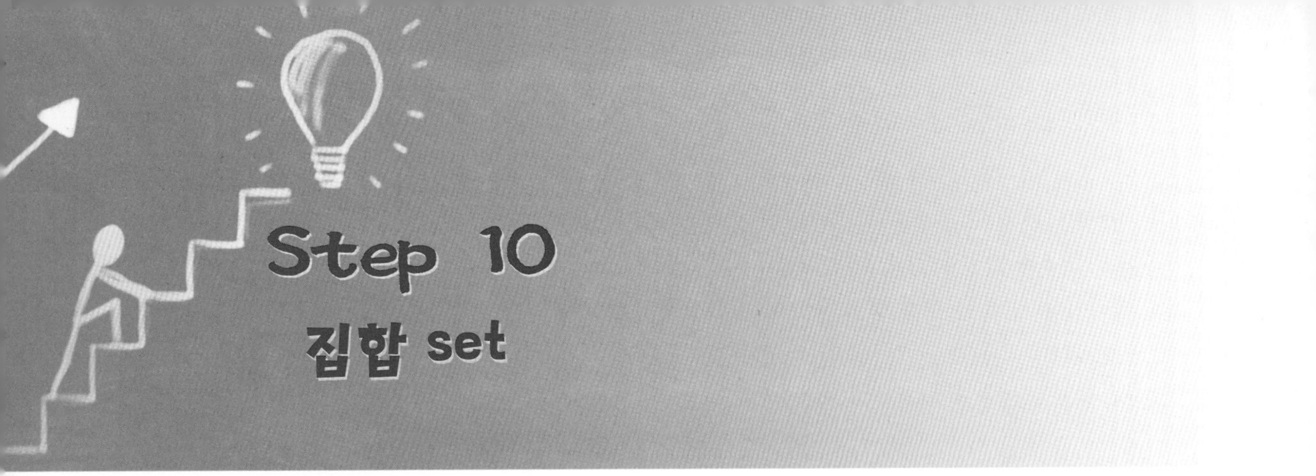

Step 10
집합 set

집합 set은 중괄호 {} 안에 콤마로 항목을 구분하며 항목의 순서가 없고, 중복되지 않는 자료형이다. set 자료형은 add()와 remove() 메서드를 사용하여 항목을 변경할 수 있다. frozenset 자료형은 항목을 변경할 수 없는 집합이다. 집합은 멤버 확인, 시퀀스의 중복 항목 제거, 교집합 intersection, 합집합 union, 차집합 difference 등의 집합연산을 위해 사용한다. 집합을 구성하는 항목에는 순서가 없기 때문에 인덱싱과 슬라이싱 시퀀스 연산을 허용하지 않는다. 공집합은 set()으로 생성한다.

예제 1001 집합 생성

```
>>> A = {1, 2, 3}                 # A = set([1, 2, 3])
>>> A
    {1, 2, 3}
>>> set('abca')                   # str로부터 집합 생성, 중복은 제거됨
    {'c', 'a', 'b'}
>>> set([1, 2, 3, 1, 2])          # list로부터 집합 생성, 중복은 제거됨
    {1, 2, 3}
>>> set((1, 2, 3, 1, 2))          # tuple로부터 집합 생성, 중복은 제거됨
    {1, 2, 3}
>>> set(range(5))                 # range로부터 집합 생성
    {0, 1, 2, 3, 4}
>>> x, y, z = {1, 2, 3}           # unpack; x = 1, y = 2, z = 3
>>> x, y, z
    (1, 2, 3)
```

프로그램 설명

① A = {1, 2, 3}과 A = set([1, 2, 3])은 집합 A를 생성한다.

② set('abca'), set([1, 2, 3, 1, 2]), set((1, 2, 3, 1, 2))은 문자열, 리스트, 튜플에서 중복된 항목을 제거하여 집합을 생성한다.

③ set(range(5))은 범위를 사용하여 집합을 생성한다.

④ x, y, x = {1, 2, 3}은 집합을 언팩하여 x = 1, y = 2, z = 3이 된다.

예제 1002 집합 연산

```
>>> S = {1, 2, 3, 1, 2}          # S = {1, 2, 3}
>>> len(S)
3
>>> 1 in S
True
>>> S.isdisjoint([4, 5])
True
>>> S.issubset([1, 2, 3, 4])
True
>>>
>>> S | set([1, 2, 3, 4])        # S.union([1, 2, 3, 4])
{1, 2, 3, 4}
>>> S & set([1, 2, 3, 4])        # S.intersection([1, 2, 3, 4])
{1, 2, 3}
>>> S - set([1, 2])              # S.difference([1, 2])
{3}
>>> S ^ set([1, 2, 3, 4])        # S.symmetric_difference([1, 2, 3, 4])
{4}
>>>
>>> S.add(4)
>>> S
{1, 2, 3, 4}
>>> S.remove(3)
>>> S
{1, 2, 4}
>>> S.pop()
1
>>> S
{2, 4}
>>> S.clear(); S
set()
```

프로그램 설명

① len(S)은 S의 원소 개수 3이다. 1 in S는 참이다.

② S.isdisjoint([4, 5])는 집합 S와 리스트 [4, 5]는 같은 원소를 가지지 않으므로 참이다.

③ S.issubset([1, 2, 3, 4])는 S가 set([1, 2, 3, 4])의 부분집합이므로 참이다.

④ S | set([1, 2, 3, 4])는 합집합, S & set([1, 2, 3, 4])는 교집합, S - set([1, 2])는 차집합, S ^ set([1, 2, 3, 4])는 대칭차집합을 계산한다.

⑤ S.add(4)는 집합 S에 4를 추가한다. S.remove(3)는 집합 S에서 3을 제거한다. S.pop()은 집합 S에서 임의로 하나의 항목을 삭제하고 집합 S를 갱신한다. 파이썬 셸 프롬프트(>>>)에서 S.pop()은 집합 S에서 삭제하는 원소를 출력하고 집합 S를 갱신한다. S.clear()는 집합 S의 모든 원소를 삭제하여 공집합이 된다.

Step 11
사전 dict

사전 dict은 중괄호 {} 안에 콤마로 구분된 key:value 쌍으로 이루어진 자료형이다. key는 int, str 등의 자료형으로 중복이 허용되지 않는다. value는 제약이 없다. 사전은 항목의 key를 사용하여 value를 변경할 수 있다. 사전은 인덱싱, 슬라이싱 같은 시퀀스 연산을 사용할 수 없다. 현재 파이썬 버전은 항목의 입력순서를 보장한다. 사전을 구성하는 항목의 순서에 관계없이 같은 항목을 가지면 id() 값은 달라도 같은 사전이 된다.

예제 1101 사전 dict 생성

```
>>> A = {'one':1, 'two':2, 'three':3}      # key에 문자열
>>> A
    {'one': 1, 'two': 2, 'three': 3}
>>> B = dict(two = 2, one = 1, three = 3)
    {'two': 2, 'one': 1, 'three': 3}
>>> C = dict([('one', 1), ('three', 3), ('two', 2)])
>>> C
    {'one': 1, 'three': 3, 'two': 2}
>>> A == B == C
    True
>>> A.keys()
    dict_keys(['one', 'two', 'three'])
>>> A.values()
    dict_values([1, 2, 3])
```

프로그램 설명

① A, B, C 모두 키 key가 'one', 'two', 'three'이고, 값 value이 1, 2, 3인 사전을 생성한다. 각 사전에 항목을 입력한 순서는 유지된다.

② A == B == C는 A, B, C에서 항목의 순서는 다르지만, 모두 같은 항목을 갖는 사전이기 때문에 True이다. A와 B의 항목 순서가 다르지만, 같은 항목을 가지고 있기 때문에 같은 사전이다.

예제 1102 사전 dict 연산

```
>>> fruits = {'apple':100, 'peach':400}
>>> fruits
{'apple': 100, 'peach': 400}
>>> len(fruits)
2
>>> fruits['apple']
100
>>> fruits['apple'] = 150
>>> fruits
{'apple': 150, 'peach': 400}
>>> 'apple' in fruits
True
>>> fruits['orange'] = 300
>>> fruits['grapes'] = 200
>>> fruits
{'apple': 150, 'peach': 400, 'orange': 300, 'grapes': 200}
>>> a, b, c, d = fruits        # unpack
>>> a, b, c, d
('apple', 'peach', 'orange', 'grapes')
```

프로그램 설명

① fruits = {'apple':100, 'peach':400}은 나열된 순서대로 사전을 생성한다.
len(fruits)은 항목의 개수 2이다.

② fruits['apple']은 key = 'apple' 항목을 통해 value = 100에 접근한다.

③ fruits['apple'] = 150은 key = 'apple'의 값을 value = 150으로 변경한다.

④ 'apple' in fruits는 주어진 키 'apple'이 사전 fruits에 있기 때문에 True이다.

⑤ fruits['orange'] = 300, fruits['grapes'] = 200은 key = 'orange', key = 'grapes'인 항목이 없기 때문에 사전 fruits에 순서대로 항목을 추가한다. 현재 파이썬 버전은 fruits 사전의 항목의 순서는 입력한 순서를 유지하여 fruits = {'apple': 150, 'peach': 400, 'orange': 300, 'grapes': 200}이 된다.

⑥ a, b, c, d = fruits는 fruits의 키를 a, b, c, d에 언팩하여 a = 'apple', b = 'peach', c = 'orange', d = 'grapes'에 저장한다. 언팩이 실행될 때는 항상 '=' 연산자의 왼쪽에 있는 변수의 개수와 오른쪽에 있는 값의 개수가 같아야 한다.

예제 1103 문자열의 숫자 인코드와 디코드

```
>>> text = "it's easy to learn and use Python."
>>> chars = tuple(set(text))
>>> chars
('n', 's', "'", '.', 'u', 'd', 'h', 'a', ' ', 'o', 't', 'i', 'P', 'y', 'l',
'r', 'e')
>>> char2index = dict([(chars[i], i) for i in range(len(chars))])
>>> char2index
{'n': 0, 's': 1, "'": 2, '.': 3, 'u': 4, 'd': 5, 'h': 6, 'a': 7, ' ': 8,
'o': 9, 't': 10, 'i': 11, 'P': 12, 'y': 13, 'l': 14, 'r': 15, 'e': 16}
>>> index2char = dict([(i, chars[i]) for i in range(len(chars))])
>>> index2char
{0: 'n', 1: 's', 2: "'", 3: '.', 4: 'u', 5: 'd', 6: 'h', 7: 'a', 8: ' ', 9:
'o', 10: 't', 11: 'i', 12: 'P', 13: 'y', 14: 'l', 15: 'r', 16: 'e'}
>>>
>>> num_code = [char2index[c] for c in text]
>>> num_code
[11, 10, 2, 1, 8, 16, 7, 1, 13, 8, 10, 9, 8, 14, 16, 7, 15, 0, 8, 7, 0,
5, 8, 4, 1, 16, 8, 12, 13, 10, 6, 9, 0, 3]
>>>
>>> decode_text = ''.join([index2char[n] for n in num_code])
>>> decode_text
"it's easy to learn and use Python."
```

프로그램 설명

① chars = tuple(set(text))는 변수 text에 저장된 문자열에서 set(text)로 중복을 제거하여 튜플 chars를 생성한다.

② char2index = dict([(chars[i], i) for i in range(len(chars))])는 chars의 각 문자에 대해 (문자: 인덱스) 항목을 갖는 사전 char2index를 생성한다.

③ index2char = dict([(i, chars[i]) for i in range(len(chars))])는 chars의 각 문자에 대해 (인덱스: 문자) 항목을 갖는 사전 index2char을 생성한다.

④ num_code = [char2index[c] for c in text]는 text의 각 문자 c를 char2index[c] 정수로 변경한 리스트 num_code를 생성한다.

⑤ decode_text = ''.join([index2char[n] for n in num_code])은 num_code의 각 정수 n을 index2char[n] 문자로 변경하여 문자 항목을 갖는 리스트를 생성하고, 결합하여 text와 같은 decode_text 문자열을 생성한다.

⑥ 예제 2307에서는 enumerate() 함수를 사용하여 char2index, index2char를 생성한다.

CHAPTER 3
입출력 함수

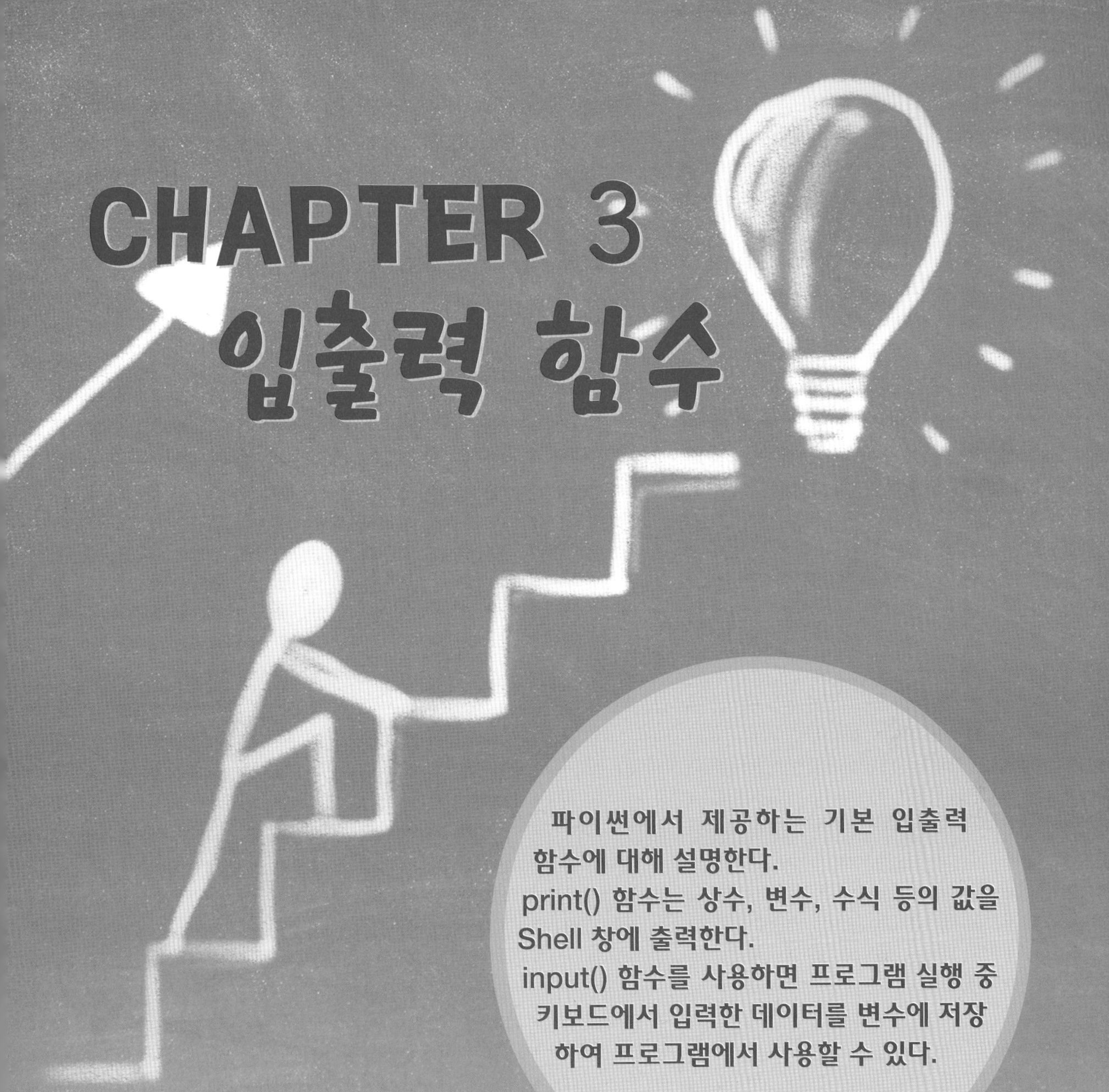

파이썬에서 제공하는 기본 입출력 함수에 대해 설명한다.
print() 함수는 상수, 변수, 수식 등의 값을 Shell 창에 출력한다.
input() 함수를 사용하면 프로그램 실행 중 키보드에서 입력한 데이터를 변수에 저장하여 프로그램에서 사용할 수 있다.

Step 12
print() 함수로 출력하기

print() 함수를 사용하여 상수, 변수, 수식 등의 값을 출력할 수 있다. print() 함수는 출력 양식을 지정하지 않거나 출력 양식을 지정하여 상수, 변수, 수식 등의 값을 출력할 수 있다. 출력 양식을 지정할 때는 출력 양식 문자로 '%s', '%r', '%d', '%f' 등을 사용하여 C-언어 스타일 old style로 출력하거나 str.format() 메서드 또는 f-문자열을 사용하여 출력할 수 있다(Step 06 참조).

예제 1201 print() 함수 1: sep, end 인수 사용

```
>>> # 1201.py
>>> print(1, 2, 3)        # sep = ' ' , end = '\n'
1 2 3
>>> print(1, 2, 3, sep = ',')
1,2,3
>>> print(1, 2, 3, sep = ',', end = '?'); \
...    print(1, 2, 3, sep = ',', end = '!')
...
1,2,3?1,2,3!
>>> print(1, 2, 3, sep = ',', end = '\n'); \
...    print(1, 2, 3, sep = ',', end = '!')
...
1,2,3
1,2,3!
```

프로그램 설명

① sep 인수는 출력값 사이의 구분문자를 지정한다. 기본은 공백 ' ' 문자이다.

② end 인수는 마지막, 즉 출력 행의 끝에 출력할 문자를 지정한다. 기본은 줄 바꿈 문자 '\n'이다.

③ print(1, 2, 3)는 1, 2, 3을 공백으로 구분하여 출력한 뒤에 행을 변경한다.

④ print(1, 2, 3, sep = ',')는 출력하는 **값을 콤마로 구분**하여 출력한 뒤에 행을 변경한다.

⑤ print(1, 2, 3, sep = ',', end = '?')는 출력하는 값을 콤마로 구분하여 출력한 뒤에 행의 끝에 '?'를 출력하고 행은 변경하지 않는다.

⑥ print(1, 2, 3, sep = ',', end = '\n')는 출력하는 값을 콤마로 구분하여 출력하고 마지막에 행을 변경한다.

예제 1202 print() 함수 2: 양식을 사용한 출력

```
>>> # 1202.py
>>> a, b = 0x41, 0x42          # a, b = 65, 66
>>> 'a = %d'%a
    'a = 65'
>>> print('a = %d'%a)
    a = 65
>>> print('a = %d, b = %f'%(a, b))
    a = 65, b = 66.000000
>>> print('a = %c, b = %s'%(a, b))
    a = A, b = 66
>>>
>>> print('a = {}, b = {}'.format(a, b))
    a = 65, b = 66
>>> print('a = {0}, b = {1}'.format(a, b))
    a = 65, b = 66
>>> print('a = {1}, b = {0}'.format(b, a))
    a = 65, b = 66
>>> print(f'a = {a}, b = {b}')
    a = 65, b = 66
```

프로그램 설명

① a, b = 0x41, 0x42는 변수 a에 16진수 0x41 10진수 65을 저장하고, 변수 b에 16진수 0x42 10진수 66를 저장한다.

② 'a = %d'%a는 [그림 12.1]과 같이 변수 a를 %d 위치에 10진수 정수로 출력하여 출력 결과는 문자열 'a = 65'를 나타낸다. %c 문자, %x 16진수 정수, %f 실수, %s 문자열 등의 출력 양식을 지정하는 문자가 있다.

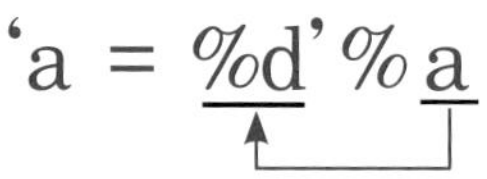

그림 12.1 • 'a = %d' %a의 문자

③ print('a = %d'%a)는 a = 65를 출력한다.

④ print('a = %d, b = %f'%(a, b))는 [그림 12.2]와 같이 %d 위치에 변수 a를 10진수로 출력하고, %f 위치에 변수 b를 실수로 출력하여 'a = 65, b = 66.000000' 문자열을 만들어 출력한다. 2개 이상의 변수를 출력 지정 문자로 출력할 때는 출력 양식을 나타내는 문자열 뒤의 '%' 기호 뒤에 (a, b)와 같이 값을 출력할 변수를 튜플로 나열해야 한다.

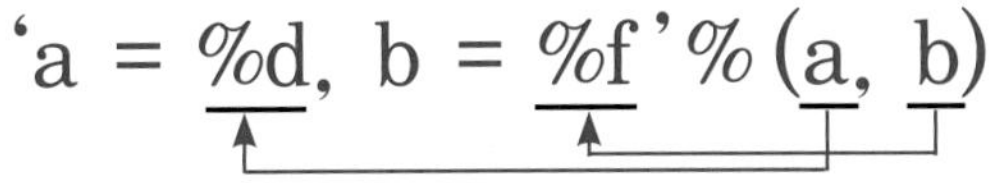

그림 12.2 • 'a = %d, b = %f'%(a, b)의 문자

⑤ print('a = %c, b = %s'%(a, b))는 %c 위치에 변수 a를 문자 'A'로 출력하고, %s 위치에 변수 b를 문자열 '66'으로 출력하여 a = A, b = 66을 출력한다. 정수 또는 실수의 경우에 '%d' 또는 '%f'를 사용하지 않고, '%s'를 사용해도 올바른 문자열로 출력된다.

⑥ print('a = {}, b = {}'.format(a, b))는 {} 위치에 str.format() 메서드의 인수 a, b를 차례로 대응시켜 출력한다.

⑦ print('a = {0}, b = {1}'.format(a, b))는 {0} 위치에 str.format() 메서드의 0번 인수인 a를 출력하고, {1} 위치에 1번 인수인 b를 출력한다.

⑧ print(f'a = {a}, b = {b}')는 f-문자열을 사용하여 출력한다. f-문자열 내부에 {a}는 변수 a의 값을 출력하는 것을 의미한다.

예제 1203 print() 함수 3: 양식을 사용한 출력

```
# 1203.py
pi = 3.141592653589793

print('\n#1: %s')
print('|%s|'%pi)
print('|%20s|'%pi)
print('|%-20s|'%pi)                # left(-), width(20)

print('\n#2: %f, %e')
print('|%f|'%pi)
print('|%e|'%pi)                   # scientific notation(e, E)
print('|%.4f|'%pi)                 # precision(4)
print('|%.4e|'%pi)
print('|%20.4f|'%pi)               # width(20)
print('|%-20.4f|'%pi)              # left(-)
```

```

#format_spec ::=[[fill]align][sign][#][0][width][,][.precision][type]
print('\n#3: str.format()')
print('|{:<.4}|'.format(pi))
print('|{:<.4f}|'.format(pi))
print('|{:<.4e}|'.format(pi))
print('|{:<20.4f}|'.format(pi))     # left(<), width(20), precision(4)
print('|{:>20.4f}|'.format(pi))     # right(>)
print('|{:^20.4f}|'.format(pi))     # center(^)
print('|{:^+20.4f}|'.format(pi))    # sign(+), fill 0
print('|{:^020.4f}|'.format(pi))    # fill 0, width(20)
print('|{:*^20.4f}|'.format(pi))    # fill *, width(20)


print('\n#4: f-string')
print(f'|{pi:<.4}|')
print(f'|{pi:<.4f}|')
print(f'|{pi:<.4e}|')
print(f'|{pi:<20.4f}|')
print(f'|{pi:>20.4f}|')
print(f'|{pi:^20.4f}|')
print(f'|{pi:^+20.4f}|')
print(f'|{pi:^020.4f}|')
print(f'|{pi:*^20.4f}|')
```

실행 결과

```
#1: %s
|3.141592653589793|
|   3.141592653589793|
|3.141592653589793   |

#2: %f, %e
|3.141593|
|3.141593e+00|
|3.1416|
|3.1416e+00|
|              3.1416|
|3.1416              |

#3: str.format()
|3.142|
|3.1416|
|3.1416e+00|
|3.1416              |
```

```
|              3.1416|
|       3.1416       |
|      +3.1416       |
|00000003.14160000000|
|*******3.1416*******|

#4: f-string
|3.142|
|3.1416|
|3.1416e+00|
|3.1416              |
|              3.1416|
|       3.1416       |
|      +3.1416       |
|00000003.14160000000|
|*******3.1416*******|
```

프로그램 설명

① 실수 pi를 양식 문자를 사용하여 출력한다. '|'는 출력하는 문자열의 경계 표시를 위한 문자이다.

#1은 문자열 %s로 출력한다. '%20s'는 출력 크기 width = 20에 오른쪽 정렬하여 출력한다. '%-20s'는 width = 20에 왼쪽 정렬하여 출력한다.

② #2는 실수 '%f', 과학표현 '%e'로 출력한다. '%20.4f'는 width = 20, 소수점 이하의 정밀도 precision를 4자리 5자리에서 반올림까지 표시한다. '-%20.4f'는 width = 20, precision = 4, 왼쪽 정렬 '-'하여 출력한다.

③ #3은 str.format()을 이용하여 양식 출력한다.

출력 양식은 {:format_spec}의 format_spec에 지정한다.

format_spec ::= [[fill]align][sign][#][0][width][,][.precision][type]

fill은 채울 문자이고, align은 정렬 기능으로 '<'는 왼쪽, '>'는 오른쪽, '^'는 가운데 정렬한다. sign은 부호이고, '#'은 정수에서 '0x', '0o', '0b' 등이 있으며, '0'은 빈 곳을 0으로 채운다. width는 출력 크기, precision은 소수점 이하 자릿수, type은 출력할 자료형식으로 문자열은 s, 정수는 b, c, d, o, x, 실수는 e, f 등이 있다.

④ #4는 f-string을 이용하여 양식 출력한다. 출력 양식은 format_spec과 같다.

Step 13
input() 함수로 입력하기

input() 함수를 사용하면 키보드에서 데이터를 입력할 수 있다. input() 함수는 문자열로 데이터를 입력한다. 따라서 필요에 따라 int(), float() 함수로 자료형을 변경하여 사용해야 한다. 하나의 행에 두 개 이상의 데이터를 입력하는 경우 문자열 분리를 위해 str.split()가 필요하고, map() 함수를 사용하여 여러 문자열을 동시에 정수 또는 실수로 변경할 수 있다.

예제 1301 input() 함수로 키보드 입력 1

```
>>> # 1301.py
>>> a = input('---> ')                # 문자열 입력
    ---> 10                  ←  키보드에서 10 입력
>>> a
    '10'
>>>
>>> b = int(input('---> '))           # 정수 입력
    ---> 10                  ←  키보드에서 10 입력
>>> b
    10
>>>
>>> c = float(input('---> '))         # 실수 입력
    ---> 10                  ←  키보드에서 10 입력
>>> c
    10.0
```

프로그램 설명

① a = input('---> ')는 프롬프트 '---> '를 출력하고, 10을 입력한 뒤에 Enter 키를 누르면 변수 a에 문자열 '10'이 입력된다.

② b = int(input('---> '))는 int() 함수를 이용하여 입력된 문자열을 정수 int로 변환하여 변수 b = 10이 입력된다.

③ c = float(input('---> '))는 float() 함수를 이용하여 입력된 문자열을 실수 float로 변환하여 c = 10.0이 입력된다.

예제 1302 input() 함수로 키보드 입력 2: str.split()

```
>>> # 1302.py
>>> s = input('---> ').split()      # 문자열 리스트로 입력
    ---> 10 20                      ← 키보드에서 10 20 입력
>>> s
    ['10', '20']
>>>
>>> x, y = [int(a) for a in s]      # 리스트 항목을 정수로 변경
>>> x, y
    (10, 20)
>>>
>>> x, y = [int(a) for a in input('---> ').split()]
    ---> 10 20                      ← 키보드에서 10 20 입력
>>> x, y
    (10, 20)
```

프로그램 설명

① s = input('---> ').split()는 입력된 문자열을 공백을 기준으로 분리하여, ['10', '20']과 같이 리스트 s에 입력한다.

② x, y = [int(a) for a in s]는 for, in을 사용하여 리스트 s의 각 문자열 a에 할당하면서 int(a)로 정수로 변환하여 변환된 결과를 변수 x, y에 저장한다.

③ x, y = [int(a) for a in input('---> ').split()]는 위의 두 과정을 한 번에 처리하여 키보드에서 공백을 기준으로 입력한 두 정수를 x, y에 저장한다.

예제 1303 input() 함수로 키보드 입력 3: map()

```
>>> # 1303.py
>>> #1
    x, y = map(input('---> ').split())
    ---> 10 20
>>> print(f'x = {x}, y = {y}')
    x = 10, y = 20
>>>
```

```
>>> #2
>>> arr = list(map(int, input('---> ').split()))
    ---> 1 2 3 4
>>> print('arr = ', arr)
    arr = [1, 2, 3, 4]
>>>
>>> #3
>>> def f(x):              # 함수 f 정의: 5장 참조
...     if x.isdigit():
...         return int(x)
...     return x
...
>>> name, age = map(f, input('---> ').split())
    ---> kim 20
    print(f'name = {name}, age = {age}')
    name = kim, age = 20
```

프로그램 설명

① #1에서 x, y = map(int, input('---> ').split())는 공백으로 구분된 두 정수를 변수 x와 y에 입력한다. input('---> ')에 의해 문자열을 입력하고 split() 메서드로 공백을 기준으로 입력된 문자열을 분리한 뒤에 map() 함수에 의해 입력된 각 항목에 int() 함수를 적용하여 변환된 정수값을 변수 x와 y에 저장한다. 변수 x와 y에 값을 저장할 때 언팩이 실행되기 때문에 키보드에서 정확히 2개의 정수를 입력해야 한다.

② #2에서 arr = list(map(int, input('---> ').split()))는 공백으로 구분된 정수 목록을 리스트 자료형으로 변환하여 arr에 저장한다. 입력하는 모든 값이 리스트 자료형을 구성하는 항목이 되기 때문에 입력하는 정수의 개수에는 제한이 없다.

③ #3에서 def f(x)는 함수 f를 정의한다(**5장 함수** 참조). 함수 f는 x.isdigit()에 의해 x가 숫자로 구성된 문자열이면 int(x)를 반환하고, 그렇지 않으면 x를 반환한다.

④ name, age = map(f, input('---> ').split())는 키보드에서 입력하는 두 개의 값 중 첫 번째 값을 문자열 변수 name에 저장하고 두 번째 입력된 값을 변수 age에 저장한다. name과 age에 값을 저장할 때 언팩이 실행되기 때문에 정확히 공백으로 구분된 두 개의 값으로 앞에는 문자열 뒤에는 숫자를 입력해야 한다.

CHAPTER 4
제어문

if, for, while, match ~ case 등은 파이썬 프로그램의 실행순서를 변경할 수 있다.

if 문은 수식의 참 True, 거짓 False에 따라 실행하는 문장을 선택할 수 있다.

for 문과 while 문은 문장 묶음을 반복하여 처리할 수 있다.

Step 14
단순 if 문

단순 if 문은 [그림 14.1]과 같이 〈수식〉이 참 True일 때 만 콜론 : 뒤의 〈문장 묶음〉을 실행하는 분기문 branch statement이다. 〈문장 묶음〉은 세미콜론 ; 을 사용하여 한 줄에 나열하거나, 들여쓰기를 사용하거나 또는 세미콜론과 들여쓰기를 혼합하여 문장을 나열한다.

형식 if 〈수식〉: 〈문장 묶음〉

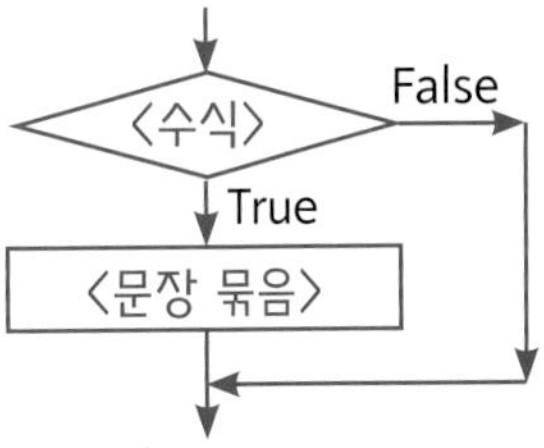

그림 14.1 • 단순 if 문

예제 1401 입력한 정수의 홀수 • 짝수 판단하기

```
# 1401.py

x = int(input('---> '))
if x % 2 == 0:
    print(f'{x}은 짝수!')       # print('%s은 짝수!'%x)
if x % 2:  # x % 2 == 1
    print(f'{x}은 홀수!')       # print('%s은 홀수!'%x)
```

실행 결과 1

```
---> 10            ← 키보드에서 10 입력
10은 짝수!
```

실행 결과 2

```
---> 11            ← 키보드에서 11 입력
11은 홀수!
```

프로그램 설명

① 입력한 정수 x를 2로 나눈 나머지가 0이면 짝수, 1이면 홀수이다.

② x % 2 == 0이 참 True이면, print(f'{x}은 짝수!')를 실행한다.

③ x % 2이 참 True이면, print(f'{x}은 홀수!')를 실행한다. 수식 x % 2와 x % 2 == 1은 같은 표현이다.

④ 예에서는 정수 x에 대하여 항상 2개의 if 문의 수식을 계산하여 짝수와 홀수를 판단한다. if ~ else 문을 사용하면 보다 효율적으로 프로그램을 작성할 수 있다.

예제 1402 두 변수의 값을 교환하기

```python
# 1402.py
x, y = map(int, input('---> ').split())
if x > y:                          # if x > y: t = x; x = y; y = t
    t = x
    x = y
    y = t
print(f'x = {x}, y = {y}')         # print('x = %s, y = %s'%(x, y))
```

실행 결과 1

```
---> 10 20         ← 키보드에서 10 20 입력
x = 10, y = 20
```

실행 결과 2

```
---> 20 10         ← 키보드에서 20 10 입력
x = 10, y = 20
```

프로그램 설명

① x > y가 참 True이면, t = x; x = y; y = t 문장에서 임시 변수 t를 이용하여 x, y의 값을 교환한다. 콜론 : 다음 행의 들여쓰기를 맞추어 문장을 나열해야 한다. 콜론 : 뒤에서 줄을 바꾸지 않고 한 줄에 세미콜론 ;으로 구분된 문장을 나열할 수도 있다.

② 프롬프트 --->에서 10 20을 입력하면, x = 10, y = 20이 저장된다. 입력된 값에 의하면 x > y이 거짓이므로 바로 print(f'x = {x}, y = {y}')를 실행한다.

③ 프롬프트 --->에서 20 10을 입력하면, x = 20, y = 10이 저장된다. 입력된 값에 의하면 x > y이 참이므로 들여쓰기한 블록 문장 t = x; x = y; y = t를 실행하여 변수 x와 y의 값을 교환하고 print(f'x = {x}, y = {y}')를 실행한다.

④ 파이썬에서는 두 변수의 값을 교환할 때, x, y = y, x 처럼 한 문장으로 편리하게 교환할 수도 있다. C, C++, JAVA 같은 언어는 한 문장으로 두 변수를 교환할 수는 없다.

Step 15
if ~ else 문

if ~ else 문은 [그림 15.1]과 같이 〈수식〉이 참 True이면 〈문장 묶음 1〉을 실행하고, 거짓 False이면 〈문장 묶음 2〉를 실행하는 두 갈래로 실행흐름을 갖는 분기문이다. 〈문장 묶음 1〉과 〈문장 묶음 2〉는 세미콜론 ; 을 사용하여 한 줄에 나열하거나, 들여쓰기를 사용하거나 또는 세미콜론 ; 과 들여쓰기를 혼합하여 문장을 나열한다.

형식

if 〈수식〉: 〈문장 묶음 1〉
else: 〈문장 묶음 2〉

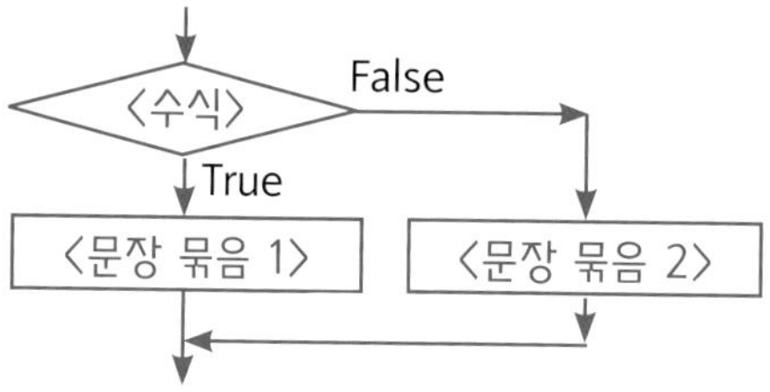

그림 15.1 • if ~ else 문

예제 1501 입력한 정수의 홀수 • 짝수 판단하기 1

```
# 1501.py
x = int(input('---> '))
if x % 2:  # x % 2 == 1
    print(f'{x}은 홀수!')  # print('%s은 홀수!'%x)
else:
    print(f'{x}은 짝수!')  # print('%s은 짝수!'%x)
```

실행 결과 1

```
---> 10          ← 키보드에서 10 입력
10은 짝수!
```

실행 결과 2

```
---> 11          ← 키보드에서 11 입력
11은 홀수!
```

프로그램 설명

① x % 2가 참 True이면, print(f'{x}은 홀수!')를 실행하고, x % 2가 거짓 False이면 else 뒤의 print(f'{x}은 짝수!')를 실행한다.

② 예제는 정수 x에 대하여 if 문의 수식을 한 번만 계산하여 짝수와 홀수를 판단한다. 예제 1401 보다는 효율적인 프로그램이다.

예제 1502 입력한 정수의 홀수 • 짝수 판단하기 2: 한 줄 if ~ else

```
# 1502.py
x = int(input('---> '))
ret = '홀수' if x % 2 else '짝수'
print(f'{x}은 {ret}!')
```

실행 결과 1

```
---> 10          ← 키보드에서 10 입력
10은 짝수!
```

실행 결과 2

```
---> 11          ← 키보드에서 11 입력
11은 홀수!
```

프로그램 설명

① if ~ else 문을 한 줄에 사용할 수 있다.

② ret = '홀수' if x % 2 else '짝수'는 x % 2 조건이 참 True이면 '홀수', 거짓 False이면 '짝수'를 ret에 저장한다.

예제 1503 두 변수에서 큰 값과 작은 값 구분하기

```
# 1503.py

#1
x, y = map(int, input('---> ').split())
print(f'x = {x}, y = {y}')
```

```

#2: if~else 블록
if x > y:
    Max = x
    Min = y
else:
    Max = y
    Min = x

#3: 한 줄 if~else
##Max = x if x > y else y
##Min = x if x < y else y

print(f'Min = {Min}, Max = {Max}')
```

실행 결과 1

```
---> 10 20        ← 키보드에서 10 20 입력
x = 10, y = 20
Min = 10, Max = 20
```

실행 결과 2

```
---> 20 10        ← 키보드에서 20 10 입력
x = 20, y = 10
Min = 10, Max = 20
```

프로그램 설명

① #1에서는 두 정수 x, y를 키보드로부터 입력받는다.

② #2에서는 #1에서 입력한 두 수의 큰 값과 작은 값을 찾는다. if 문의 조건 x 〉 y이 True이면 Max = x, Min = y이 되고, False이면 Max = y, Min = x가 된다.

③ #3은 한 줄 if~else를 사용하여 Min과 Max를 계산한다.

④ 파이썬의 내장함수 min(x, y), max(x, y), min([x, y]), max([x, y])를 사용하여 큰 값 최대값과 작은 값 최소값을 찾을 수 있다.

예제 1504 세 변수에서 최대값과 최소값 찾기

```
# 1504.py

#1
x, y, z = map(int, input('---> ').split())
print(f'x = {x}, y = {y}, z = {z}')

```

```
#2: x와 y 비교
if x > y:
    Max = x
    Min = y
else:
    Max = y
    Min = x

#3: z를 Min, Max와 비교
if z < Min:
    Min = z
if z > Max:
    Max = z

#4: 한 줄 if~else
##Min = x if x < y else y
##if z < Min: Min = z
##Max = x if x > y else y
##if z > Max: Max = z

print(f'Min = {Min}, Max = {Max}')
```

실행 결과 1

```
---> 20 30 10
x = 20, y = 30, z = 10
Min = 10, Max = 30
```

(키보드에서 20 30 10입력)

프로그램 설명

① #1에서 3개의 정수를 입력하여 변수 x, y, z에 저장한다.

② #2는 최대값과 최소값을 찾기 위한 첫 번째 과정으로 변수 x와 y를 비교하여 최소값 Min, 최대값 Max에 계산한다.

③ #3은 최대값과 최소값을 찾기 위한 다음 과정으로 변수 z를 Min, Max와 비교한다. z 〈 Min이 참이면 Min = z이고, z 〉 Max이면 Max = z이다.

④ #4는 한 줄 if ~ else를 사용하여 Min과 Max를 계산한다.

⑤ 파이썬의 내장함수 min(x, y, z), max(x, y, z), min([x, y, z]), max([x, y, z])로 최소값과 최대값을 계산할 수 있다.

Step 16
if ~ elif ~ else 다중 분기문

if ~ elif ~ else 문은 [그림 16.1]과 같이 〈수식 1〉이 참이면, 〈문장 묶음 1〉을 실행하고, 〈수식 2〉가 참이면, 〈문장 묶음 2〉를 실행하고, 〈수식 n〉이 참이면, 〈문장 묶음 n〉을 실행하고, 위의 모든 조건이 거짓이면 〈문장 묶음 n+1〉을 실행하는 다중 분기문이다. 〈문장 묶음 1〉, … , 〈문장 묶음 n+1〉은 세미콜론을 사용하여 한 줄에 나열하거나, 들여쓰기를 사용하거나 또는 세미콜론과 들여쓰기를 혼합하여 문장을 나열한다.

형식

if 〈수식〉: 〈문장 묶음 1〉
elif 〈수식 2〉: 〈문장 묶음 2〉
　…
elif 〈수식 n〉: 〈문장 묶음 n〉
else: 〈문장 묶음 n+1〉

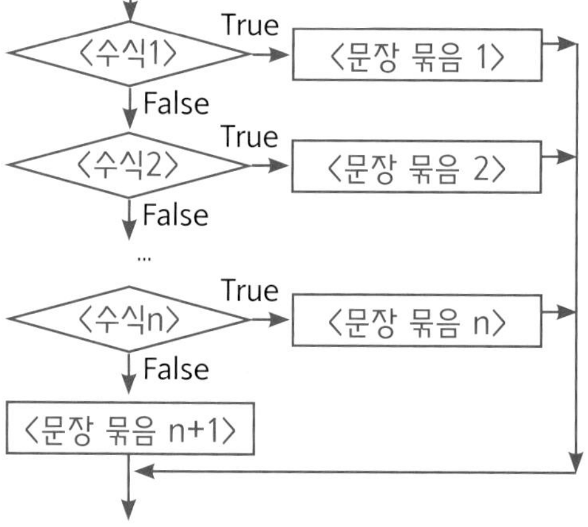

그림 16.1 • if ~ elif ~ else 다중 분기 if 문

예제 1601 입력한 두 정수 비교하기

```
# 1601.py

x, y = map(int, input('---> ').split())
if x == y:
    print(f'{x} is equal to {y}')
elif x < y:
    print(f'{x} is less than {y}')
else:
    print(f'{x} is greater than {y}')
```

실행 결과 1

```
---> 10 10        ← 키보드에서 10 10 입력
10 is equal to 10
```

실행 결과 2

```
---> 10 20        ← 키보드에서 10 20 입력
10 is less than 20
```

실행 결과 3

```
---> 20 10        ← 키보드에서 20 10 입력
20 is greater than 10
```

프로그램 설명

① 입력한 두 정수 x, y의 대소 관계를 비교하기 위한 예제이다.

② 조건 x == y가 참이면 print(f'{x} is equal to {y}')를 실행한다. 그렇지 않고 조건 x 〈 y가 참이면 print(f'{x} is less than {y}')를 실행한다. 그렇지 않으면 print(f'{x} is greater than {y}')를 실행한다.

③ x, y가 같은 경우는 x == y이 True이므로 한 번 비교한다.

④ x가 y보다 작은 경우는 x == y이 False 이므로 x 〈 y이 True인 두 번 비교한다.

⑤ x가 y보다 큰 경우는 x == y이 False 이므로 x 〈 y이 False인 두 번 비교하고 else 부분을 실행한다.

예제 1602 점수 score 입력과 학점 grade 출력하기

```
# 1602.py

score = int(input('---> '))
if 0 > score or score > 100:
    print('Incorrect score! Try again!')
```

```
else:
    if 90 <= score:
        grade = 'A'
    elif 80 <= score:
        grade = 'B'
    elif 70 <= score:
        grade = 'C'
    elif 60 <= score:
        grade = 'D'
    else:
        grade = 'F'
    print(f'score = {score}, grade = {grade}')
    #print('score = %d, grade = %s' % (score, grade))
```

실행 결과 1

```
---> 110          ← 키보드에서 110 입력
Incorrect score! Try again!
```

실행 결과 2

```
---> 95          ← 키보드에서 95 입력
score = 95, grade = A
```

실행 결과 3

```
---> 85          ← 키보드에서 85 입력
score = 85, grade = B
```

실행 결과 4

```
---> 55          ← 키보드에서 55 입력
score = 55, grade = F
```

프로그램 설명

① 0에서 100까지의 점수를 변수 score에 입력하여 grade 학점을 계산하는 예제이다.

② score가 범위를 벗어난 경우, 즉 조건 0 〉 score or score 〉 100이 참인 경우 print('Incorrect score! Try again!')를 실행한다.

③ score가 0에서 100 사이의 범위이면 if ~ elif ~ else 문에 의해서 grade에 학점 문자를 저장하고 print(f'score = {score}, grade = {grade}')를 실행한다.

예제 1603 윤년 leaf year 판단하기

```
# 1603.py
year = int(input('---> '))
if not year % 400:          # year % 400 == 0
    bLeapYear = True
```

```
elif not year % 100:
    bLeapYear = False
elif not year % 4:
    bLeapYear = True
else:
    bLeapYear = False

if bLeapYear:
    print('윤년 :', year)
else:
    print('평년 :', year)
```

실행 결과 1

```
---> 2022        ← 키보드에서 2022 입력
평년 : 2022
```

실행 결과 2

```
---> 2024        ← 키보드에서 2024 입력
윤년 : 2024
```

프로그램 설명

① 입력한 연도 year가 윤년 leap year인지를 판단하는 프로그램 예제이다. 1년은 지구가 태양을 한 번 공전하는 시간으로 약 365.2422일이 된다. 그러므로 1년을 365일로하면 오차가 발생하게 된다. 이러한 오차를 보정하기 위한 것이 윤년 leap year이다. 현재 우리가 사용하는 그레고리력 Gregorian Calendar은 400년 중에서 97년이 윤년 2월 29일이고, 303년이 평년 2월 28일이다. 평년인 해는 1년이 365일, 윤년인 해는 1년을 366일로 보정하여 1년의 평균을 지구의 공전주기에 근사하게 한다.

② 연도 year가 4의 배수이면 윤년이고, 4의 배수 중에서 100의 배수는 윤년이 아니고, 그중에 400의 배수는 윤년이다. 예를 들어, 2022년은 평년이고 2024년은 윤년이다.

③ year % 4 == 0 and year % 100 != 0 or year % 400 == 0의 한 문장으로 윤년을 판단할 수 있다.

Step 17
while 문

while 문은 [그림 17.1]과 같이 〈수식〉이 참 True인 동안 〈문장 묶음 1〉을 반복적으로 실행한다. 만약 else 절이 있으면 〈문장 묶음 2〉를 실행하고 반복을 종료한다. 〈문장 묶음 1〉과 〈문장 묶음 2〉는 세미콜론을 사용하여 한 줄에 나열하거나, 들여쓰기 또는 세미콜론과 들여쓰기를 혼합하여 문장을 나열한다.

〈문장 묶음 1〉의 내부에서 break 또는 continue 문을 사용할 수 있다. break 문은 즉시 반복을 종료하고, while 문장 블록 다음으로 실행 순서를 이동한다. break 문으로 반복이 종료되면 else 절은 실행되지 않는다. continue 문은 continue 문 이후의 문장을 실행하지 않고, while 문의 시작으로 이동하여 〈수식〉을 계산하고 계속 반복할지를 결정한다.

형식

while 〈수식〉: 〈문장 묶음 1〉
[else: 〈문장 묶음 2〉]

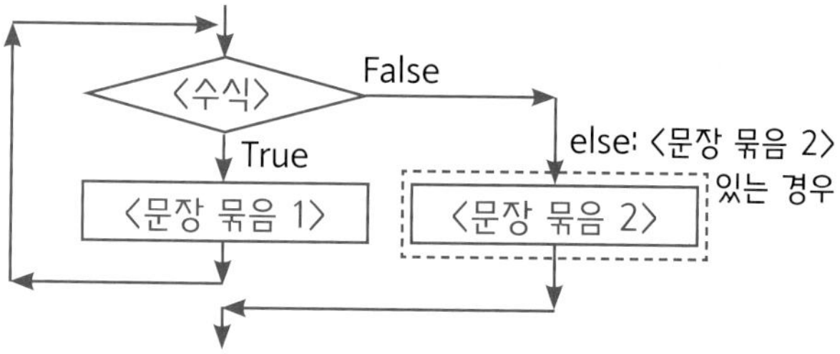

그림 17.1 • while 문

예제 1701 0에서 4까지 반복하기

```
# 1701.py

i = 0
while i < 5:
    print('i = ', i)
    i += 1              # i = i + 1
```

실행 결과

```
i = 0
i = 1
i = 2
i = 3
i = 4
```

프로그램 설명

① 변수 i = 0으로 초기화한다.

② while 문은 i 〈 5 조건이 참 True인 동안, 콜론 : 아래의 들여쓰기한 블록에 있는 두 문장에서 print('i = ', i)로 변수 i의 값을 출력하고, i += 1로 i의 값을 1씩 증가한다.

③ i = 5일 때 while 문의 i 〈 5 조건이 거짓 False이 되어 반복을 종료한다.

예제 1702 4에서 0까지 반복하기

```
# 1702.py
i = 4
while i >= 0:
    print('i = ', i)
    i -= 1              # i = i - 1
```

실행 결과

```
i = 4
i = 3
i = 2
i = 1
i = 0
```

프로그램 설명

① 변수 i = 4로 초기화한다.

② while 문은 i 〉= 0 조건이 참 True인 동안, 콜론 : 아래의 들여쓰기한 블록에 있는 두 문장에서 print('i = ', i)로 변수 i의 값을 출력하고, i −= 1로 i의 값을 1씩 감소한다.

③ i = −1일 때 while 문의 i 〉= 0 조건이 거짓 False이 되어 반복을 종료한다.

예제 1703 1에서 10까지의 합계 구하기

```
# 1703.py
i = 1
nSum = 0
while i <= 10:
    nSum += i          # nSum = nSum + i
    i += 1             # i = i + 1

print(‘nSum = ’, nSum)
```

실행 결과

```
nSUM = 55
```

프로그램 설명

① nSum = 1 + 2 + 3 + … + 10을 계산한다.

② 변수 i = 1, nSum = 0으로 초기화한다.

③ while 문은 i <= 10 조건이 참 True인 동안, nSum += i, i += 1 블록을 실행하여 i를 1에서 10까지 1씩 증가하며 nSum에 덧셈한다.

④ 변수 i = 10, nSum = 0으로 초기화하고, while 문의 i > 0의 조건이 참인동안 nSum += i, i -= 1 블록을 실행해도 같은 결과를 얻을 수 있다.

예제 1704 1에서 n까지의 합계 구하기

```
# 1704.py
n = int(input(‘양의 정수(n) ---> ’))

i= 1
nSum = 0
while i <= n:
    nSum += i
    i += 1
print(f‘n = {n}, nSum = {nSum}’)
```

실행 결과 1

```
양의 정수(n) ---> 10
n = 10, nSum = 55
```

실행 결과 2

```
양의 정수(n) ---> 100
n = 100, nSum = 5050
```

프로그램 설명

① input() 함수로 정수 n을 입력하여 nSum = 1 + 2 + 3+ … + n을 계산한다.

② 변수 i = 1, nSum = 0으로 초기화한다.

③ while 문은 i <= n이 True인 동안, nSum += i, i += 1 블록을 실행하여 i를 1에서 n까지 1씩 증가하며 nSum에 덧셈한다.

예제 1705 n! factorial 계산하기

```
# 1705.py
n = int(input('---> '))
i = n
nFact = 1
while i > 0:
    nFact *= i        # nFact = nFact * i
    i -= 1
print(f'{n}! = {nFact}')
```

실행 결과

```
---> 4
4! = 24
```

프로그램 설명

① 정수 n을 입력하여 n!, 계승 factorial인 nFact = n * (n − 1) * … * 2 * 1을 계산한다.

② 변수 i = n, nFact = 1로 초기화한다. while 문에서 nFact에 i를 곱하기 때문에 변수 nFact는 반드시 1로 초기화해야 한다.

③ while 문은 i > 0이 True인 동안, nFact *= i, i −= 1 블록을 실행하여 i를 1씩 감소하며 nFact에 곱셈한다.

예제 1706 키보드에서 입력한 정수 목록의 합계 계산하기 1

```
# 1706.py
nSum = 0
arr = []              # 공백 리스트
n = int(input('n ---> '))
while n != 0:
    nSum += n
    arr.append(n)
    n = int(input('n ---> '))

print(f'arr = {arr}, nSum = {nSum}, sum(arr) = {sum(arr)}')
```

실행 결과

```
n ---> 1
n ---> 2
n ---> 3
n ---> 4
n ---> 0
arr = [1, 2, 3, 4], nSum = 10, sum(arr) = 10
```

프로그램 설명

① 키보드에서 반복 입력한 정수 n의 합계를 계산한다. 입력한 정수가 0이면 반복을 종료한다.

② nSum = 0, arr = []로 초기화한다. arr은 키보드에서 입력한 정수를 저장할 리스트이다. n = int(input('n ---> '))는 키보드에 의해 변수 n에 정수를 입력한다.

③ while 문에서 n != 0 조건이 True인 동안 블록의 문장을 반복한다. nSum += n은 n을 nSum에 더하고, arr.append(n)는 리스트 arr에 변수 n의 값을 추가한다. 다음 반복을 위해 변수 n에 다시 정수를 입력한다. n = 0일 때 while 문의 n != 0 조건이 거짓 False이 되어 반복을 종료한다.

④ print() 함수로 리스트 arr, nSum, sum(arr)을 출력한다.

예제 1707 키보드에서 입력한 정수 목록의 합계 계산하기 2: break 사용

```
# 1707.py
nSum = 0
arr = []              # 공백 리스트
while True:
    n = int(input('n--->'))
    if n != 0:
        nSum += n
        arr.append(n)
    else:
        break

print(f'arr = {arr}, nSum = {nSum}, sum(arr) = {sum(arr)}')
```

실행 결과

```
n ---> 1
n ---> 2
n ---> 3
n ---> 4
n ---> 0
arr = [1, 2, 3, 4], nSum = 10, sum(arr) = 10
```

프로그램 설명

① 반복문에서 break을 사용하여 반복을 종료하고 while 블록의 다음 문장으로 실행 순서를 이동한다.

② while True는 무한루프 무한반복이다. break로 무한루프를 종료한다.

③ 키보드에서 정수를 n에 입력하고, if 문에서 n != 0 조건이 True이면 nSum += n, arr.append(n) 문장을 실행한다. if 문에서 n != 0 조건이 False, 즉 n = 0이면, break 문에 의해서 while 문을 종료하고, print() 함수로 필요한 변수의 값을 출력한다.

예제 1708 리스트의 항목 중 양의 정수 합계구하기 1

```
# 1708.py
#arr= [1, -2, 3, -4]
arr= list(map(int, input('---> ').split()))

i = 0
nSum = 0
while i < len(arr):
    if arr[i] > 0:
        nSum += arr[i]
    i += 1

print(f'arr = {arr}, nSum = {nSum}')
```

실행 결과

```
---> 1 -2 3 -4
arr = [1, -2, 3, -4], nSum = 4
```

프로그램 설명

① 리스트 arr의 항목 중에서 양의 정수의 합계를 계산한다.

② arr = list(map(int, input('--->').split()))는 한 줄에 공백으로 구분된 정수를 리스트 arr에 입력한다.

③ 변수 i는 while 반복문에서 사용할 리스트 arr의 인덱스이다.

④ while 문에서 i < len(arr) 조건이 True인 동안 블록을 반복한다. if 문에서 arr[i] > 0 조건이 True이면 nSum += arr[i] 문장을 실행한다. 리스트 arr의 다음 항목을 처리하기 위해 i를 1씩 증가한다.

예제 1709 리스트의 항목 중 양의 정수 합계구하기 2: continue

```
# 1709.py
#arr= [1, -2, 3, -4]
arr= list(map(int, input('---> ').split()))

i = 0
nSum = 0
while i < len(arr):
    if arr[i] <= 0:
        i += 1
        continue
    nSum += arr[i]            # arr[i] > 0
    i += 1

print(f'arr = {arr}, nSum = {nSum}')
```

실행 결과

```
---> 1 -2 3 -4
arr = [1, -2, 3, -4], nSum = 4
```

프로그램 설명

① 리스트 arr의 항목 중 양의 정수의 합계를 계산하는 예제 1708을 continue 문을 사용하여 다시 작성한다.

② while 문의 반복 블록에서 if 문의 arr[i] <= 0 조건이 True이면 i를 1 증가하고, continue 문으로 블록의 나머지 문장은 실행하지 않고 while 문의 조건으로 이동한다. nSum += arr[i], i += 1 문장을 실행하는 경우는 arr[i] > 0이 참인 경우이다.

예제 1710 문자열에 포함된 정수의 합계 구하기

```
# 1710.py

#s = '12ab34'
s = input('---> ')
i = 0
nSum = 0

while i < len(s):
    if s[i].isdigit():      # s[i].isnumeric(), '0' <= s[i] <= '9'
        nSum += int(s[i])
    i += 1

print(f's = {repr(s)}, nSum = {nSum}')
```

실행 결과

```
---> 12ab34
s = '12ab34', nSum = 10
```

프로그램 설명

① 문자열 s에서 문자열에 포함된 숫자 문자의 합계를 계산한다.

② 변수 i는 while 반복문에서 사용할 문자열 s의 인덱스이다.

③ while 문에서 i < len(s) 조건이 True인 동안 블록을 반복한다. if 문에서 s[i].isdigit()의 숫자 문자 조건이 True이면 int(s[i])로 정수로 변경하여 nSum에 덧셈한다.

④ 출력하는 문자열에 '12ab34'와 같이 따옴표를 붙여 출력하기 위하여 repr() 함수를 사용한다.

예제 1711 소수 prime number와 while 문

```
# 1711.py
n = int(input('양의 정수 ---> '))
i = 2
bPrime = True
while i < n:
    if not n % i:
        bPrime = False
        break
    i += 1

if bPrime:
    print(f'{n}은 소수입니다.')
else:
    print(f'{n}은 소수가 아닙니다.')
```

실행 결과 1

```
양의 정수 ---> 7
7은 소수입니다.
```

실행 결과 2

```
양의 정수 ---> 10
10은 소수가 아닙니다.
```

프로그램 설명

① while 문을 사용하여 입력한 정수 n이 소수 prime number인지 판단한다. n이 소수이면 1과 n 이외에는 나누어지지 않아야 한다. 즉, 2에서부터 (n − 1)까지의 정수로 입력한 정수 n을 나누었을 때 모두에서 나머지가 0이 아니면 입력한 정수 n은 소수이다.

② 변수 i = 2로 초기화하고, 먼저 bPrime = True로 설정하여 소수라고 가정한다.

③ while 문에서 i 〈 n 조건이 True인 동안 블록을 반복한다.

if 문의 not n % i 조건이 True이면, 즉 입력한 정수 n을 i로 나눈 나머지가 0이면 소수가 아니므로 bPrime = False로 변경하고 break로 while 문을 종료한다.

④ while 문의 i 〈 n 조건이 False로서 반복을 중단하면, 처음 초기화한 bPrime = True는 변경되지 않는다.

⑤ while 반복을 종료하고 if 문으로 bPrime을 확인하면 소수인지 아닌지를 알 수 있다. 문자열 s에서 문자열에 포함된 숫자 문자의 합계를 계산한다.

예제 1712 소수 prime number와 while ~ else 문

```
# 1712.py
n = int(input('양의 정수 ---> '))
i = 2
while i < n:
    if not n % i:
        bPrime = False
        break
    i += 1
else:
    bPrime = True

if bPrime:
    print(f'{n}은 소수입니다.')
else:
    print(f'{n}은 소수가 아닙니다.')
```

실행 결과 1

```
양의 정수 ---> 7
7은 소수입니다.
```

실행 결과 2

```
양의 정수 ---> 10
10은 소수가 아닙니다.
```

프로그램 설명

① while ~ else 문을 사용하여 입력한 정수 n이 소수인지 판단한다.

② while 문의 i 〈 n 조건이 False이면 else 절을 실행하고 반복을 중단한다.

③ break는 else 절을 실행하지 않는다. 실행 결과는 예제 1711과 같다.

Step 18
for 문

파이썬에서 for 문은 반복이 가능한 객체 iterable object인 시퀀스 str, tuple, list, range, 집합 set, 사전 dict, 열거형 enumerate, 제너레이터 generator 등의 자료형에서 각 항목에 대해 반복을 실행한다.

형식	for 〈목표 리스트〉 in 〈수식 리스트〉: 〈문장 묶음 1〉 [else: 〈문장 묶음 2〉]

for 문의 형식에서 〈수식 리스트〉는 반복 가능 객체이며, 〈수식 리스트〉의 각 항목을 〈목표 리스트〉의 변수에 저장하고 〈문장 묶음 1〉을 실행한다. 반복할 항목이 더 없으면 반복을 종료한다. 만약 else 절이 있으면 〈문장 묶음 2〉를 실행하고 반복을 종료한다.

〈문장 묶음 1〉과 〈문장 묶음 2〉는 세미콜론을 사용하여 한 줄에 나열하거나, 들여쓰기를 사용하거나 또는 세미콜론과 들여쓰기를 혼합하여 문장을 나열한다.

〈문장 묶음 1〉에서 break 또는 continue 문을 사용할 수 있다. break 문은 즉시 반복을 종료한다. break 문에 의한 반복 종료는 else 절을 실행하지 않는다. continue 문은 continue 문 이후의 문장을 실행하지 않고 for 문의 시작으로 이동하여 다음 반복을 진행한다.

1. range()를 사용한 숫자 반복

for 문에서 range() 함수를 사용하면 범위의 정수를 반복할 수 있다.

예제 1801 range()를 사용한 for 반복 사용하기

```
# 1801.py
#1
print('#1')
for i in range(5):
    print('i = ', i)
print()

#2
print('#2')
for i in range(5, 0, -1):
    print('i = ', i)
```

실행 결과 1

```
#1
i =  0
i =  1
i =  2
i =  3
i =  4

#2
i =  5
i =  4
i =  3
i =  2
i =  1
```

프로그램 설명

① for i in range(5)는 0에서 4까지의 정수를 1씩 증가하며 변수 i에 저장하고 콜론 : 다음의 문장 print('i = ', i)를 실행한다. i = 0, 1, 2, 3, 4이다.

② for i in range(5, 0, -1)는 변수 i에 5에서 1까지의 정수를 1씩 감소하며 반복한다.

예제 1802 1부터 입력한 정수 n까지의 합계 구하기

```
# 1802.py
n = int(input('---> '))
nSum = 0
for i in range(1, n + 1):
    nSum += i

# nSum = sum(range(1, n + 1))
print(f'n = {n}, nSum = {nSum}')
```

실행 결과

```
---> 10
n = 10, Sum = 55
```

프로그램 설명

① 1부터 입력한 정수 n까지의 합계인 nSum = 1 + 2 + 3+ … + n을 계산한다. nSum = 0으로 초기화한다.

② for i in range(1, n + 1)는 1에서 n까지 범위의 정수를 하나씩 변수 i에 저장하여 콜론 : 다음의 들여쓰기된 문장 nSum += i를 반복한다. 반복을 종료하면 print() 함수로 변수 n과 nSum을 출력한다.

③ 내장함수 sum()을 사용하여 sum(range(1, n + 1))로 계산한 결과와 같다.

예제 1803 입력한 정수 n부터 m까지의 합계 구하기

```
# 1803.py
#1
m, n = map(int, input('---> ').split())
if m > n: m, n = n, m

#2
nSum = 0
for i in range(m, n + 1):
    nSum += i

#3
# nSum = sum(range(m, n + 1))
print(f'm = {m}, n = {n}, nSum = {nSum}')
```

실행 결과 1

```
---> 1 3
m = 1, n = 3, nSum = 6
```

실행 결과 2

```
---> 3 1
m = 1, n = 3, nSum = 6
```

프로그램 설명

① #1은 두 정수를 m, n 변수에 입력한다. m 〉 n이면 m, n = n, m로 교환하여 항상 m 〈= n 조건을 만족하게 한다.

② #2는 for 문으로 range(m, n + 1) 범위의 정수 i를 nSum에 덧셈한다.

③ #3은 print() 함수로 변수 m, n, nSum의 값을 출력한다.

예제 1804 n! 계산하기

```
# 1804.py
n = int(input('---> '))

nFact = 1
for i in range(n, 0, -1):
    nFact *= i

print(f'{n}! = {nFact}')
```

실행 결과

```
---> 4
4! = 24
```

프로그램 설명

① 정수를 변수 n에 입력하여 n!, 즉 계승 factorial을 계산한다.

② for i in range(n, 0, −1)은 변수 i를 n부터 1까지 −1씩 감소하며 콜론 다음 문장 nFact *= i를 실행하여 nFact = n * (n − 1) * ... * 2 * 1을 곱셈한다. 곱셈 때문에, nFact = 1 초기화가 필요하다.

③ range(n, 0, −1) 범위를 사용하면, for 문에서 변수 i에 n, n − 1, ... , 1의 값이 할당된다.

2. 문자열 • 리스트 • 튜플 • 집합 • 사전에서 반복

문자열 str, 리스트 list, 튜플 tuple, 집합 set, 사전 dict 등의 자료형에서 for 문으로 항목을 반복하며 사용할 수 있다.

예제 1805 문자열에 포함된 숫자 합계 계산하기 1

```
# 1805.py

s = 'ab34'
#s = input('---> ')
nSum = 0
for i in range(len(s)):
    if s[i].isdigit():
        nSum += int(s[i])

print(f's = {repr(s)}, nSum = {nSum}')
```

실행 결과

```
s = 'ab34', nSum = 7
```

프로그램 설명

① 문자열 s에서 문자열에 포함된 숫자 문자의 합계를 계산한다.

② for 문에서 range(len(s))로 i를 문자열의 길이만큼 반복한다. if 문에서 s[i].isdigit()의 숫자 문자 조건이 True이면 int(s[i])를 Sum에 덧셈한다.

예제 1806 문자열에 포함된 숫자 합계 계산하기 2: enumerate()

```
# 1806.py

str_input = 'ab34'
#str_input = input('---> ')
nSum = 0
for (i, s) in enumerate(str_input):
    if s.isdigit():
        nSum += int(s)

print(f'str_input = {repr(str_input)}, nSum = {nSum}')
```

실행 결과

```
str_input = 'ab34', nSum = 7
```

프로그램 설명

① 내장함수 enumerate()는 반복 가능한 객체 str, bytes, list, tuple, range, set, dict 등에 대해 (index, 항목)을 나열한 객체를 반환한다.

② for 문에서 문자열 str_input = 'ab34'를 enumerate(str_input)로 나열하면, (i, s)에 (0, 'a'), (1, 'b'), (2, '3'), (3, '4')로 반복한다.

예제 1807 문자열에 포함된 숫자 합계 계산하기 3

```
# 1807.py
str_input = ‘ab34’
#str_input = input(‘---> ’)
nSum = 0
for s in str_input:
    if s.isdigit():
        nSum += int(s)

print(f‘str_input = {repr(str_input)}, nSum = {nSum}’)
```

실행 결과

```
str_input = ‘ab34’, nSum = 7
```

프로그램 설명

① 문자열 str_input에서 문자열에 포함된 숫자 문자의 합계를 계산한다.

② for 문은 문자열 str_input의 각 문자를 s에 반복한다. if 문에서 s.isdigit()의 숫자문자 조건이 True이면 int(s)를 nSum에 덧셈한다.

예제 1808 문자열에 포함된 숫자 합계 계산하기 4

```
# 1808.py
str_input = ‘ab34’
#str_input = input(‘---> ’)
nSum = 0
for s in str_input:
    if not s.isdigit():
        continue
    nSum += int(s)
print(f‘str_input = {repr(str_input)}, nSum = {nSum}’)
```

실행 결과

```
str_input = ‘ab34’, nSum = 7
```

프로그램 설명

① for 문에서 continue 문을 사용하여 문자열 str_input에에 포함된 숫자 문자의 합계를 계산한다.

② for 문은 문자열 str_input의 각 문자를 s에 반복한다. if 문에서 not s.isnumeric()의 숫자 문자가 아닌 조건이 True이면 continue 문으로 다음 문자를 처리하기 위해 for 문의 시작으로 이동한다. 숫자형인 경우는 int(s)를 nSum에 덧셈한다.

예제 1809 문자열에 포함된 영문자 • 한글 • 기타 글자 개수 확인하기

```
# 1809.py

str_input = ‘Python?파이썬!’
#str_input = input(‘---> ’)

nAlphabet = nHanGul = nOthers = 0
for s in str_input:
    #print(s)
    if s.isupper() or s.islower():   # ‘A’ <= s <= ‘Z’ or ‘a’ <= s <= ‘z’:
        print(‘Alphabet = ’, s)
        nAlphabet += 1
    elif ‘가’ <= s <= ‘힣’:           # ord(‘가’) <= ord(s) <= ord(‘힣’)
        print(‘HanGul = ’, s)
        nHanGul += 1
    else:
        print(‘Others = ’, s)
        nOthers += 1

print(f‘\nnAlphabet = {nAlphabet}, nHanGul = {nHanGul}, nOthers = {nOthers}’)
```

실행 결과

```
Alphabet =  P
Alphabet =  y
Alphabet =  t
Alphabet =  h
Alphabet =  o
Alphabet =  n
Others =  ?
HanGul =  파
HanGul =  이
HanGul =  썬
Others =  !
nAlphabet = 6, nHanGul = 3, nOthers = 2
```

프로그램 설명

① str_input의 문자열에서 영문, 한글, 기타 글자의 개수를 카운트한다.

② nAlphabet, nHanGul, nOthers 변수를 0으로 초기화한다.

③ for 문은 str_input 문자열의 각 문자를 s로 반복한다.

④ s.isupper() or s.islower()이면 영문 알파벳이므로 nAlphabet을 1 증가한다.

⑤ 유니코드에서 한글의 첫 글자는 ‘가’이고, 마지막 글자는 ‘힣’이다. 즉, ‘가’ 〈= s 〈= ‘힣’ 또는 ord(‘가’) 〈= ord(s) 〈= ord(‘힣’)이 True이면 nHanGul을 1 증가한다.

⑥ 영문 알파벳도 아니고, 한글도 아니면 nOthers를 1 증가한다.

예제 1810 리스트의 항목 중 양의 정수 합계 계산하기

```
# 1810.py

arr = [1, -2, 3, -4]
#arr = list(map(int, input('---> ').split()))

#1
nSum = 0
for i in range(len(arr)):
    if arr[i] > 0:
        nSum += arr[i]
print(f'#1: arr = {arr}, nSum = {nSum}')

#2
nSum = 0
for n in arr:
    if n > 0:
        nSum += n
print(f'#1: arr = {arr}, nSum = {nSum}')

#3
nSum = 0
for n in arr:
    if n <= 0:
        continue
    nSum += n
print(f'#3: arr = {arr}, nSum = {nSum}')
```

실행 결과

```
#1: arr = [1, -2, 3, -4], nSum = 4
#1: arr = [1, -2, 3, -4], nSum = 4
#3: arr = [1, -2, 3, -4], nSum = 4
```

프로그램 설명

① 리스트 arr을 구성하는 항목 중 양의 정수의 합계를 3가지 방법으로 계산한다. 세 가지 방법의 for 문을 실행하기 전에 nSum = 0으로 초기화해야 한다.

② #1은 range(len(arr))로 변수 i에 0에서 len(arr) − 1까지의 인덱스를 반복한다. if 문에서 arr[i] 〉 0의 양수 조건이 True이면 nSum += arr[i]를 실행하여 합계를 계산한다.

③ #2는 리스트 arr의 각 항목을 변수 n에 반복한다. if 문에서 n 〉 0의 양수 조건이 True이면 nSum += n를 실행하여 합계를 계산한다.

④ #3은 리스트 arr의 각 항목을 변수 n에 반복한다. if 문에서 n 〈= 0의 조건이 True이면 continue 문을 실행하고, 양수이면 nSum += n을 실행하여 합계를 계산한다.

예제 1811 리스트의 항목 중 홀수・짝수 구분하기

```
# 1811.py
arr = [2, 3, 5, 4, 6]
#arr = list(map(int, input('---> ').split()))

#1
A = []                  # 홀수 목록을 만들 공백 리스트
B = []                  # 짝수 목록을 만들 공백 리스트
for i in range(len(arr)):
    if arr[i] % 2:      # 홀수 판단
        A.append(arr[i])
    else:
        B.append(arr[i])
print(f'#1: A = {A}, B = {B}')

#2
A = []                  # 홀수 목록을 만들 공백 리스트
B = []                  # 짝수 목록을 만들 공백 리스트
for n in arr:
    if n % 2:           # 홀수 판단
        A.append(n)
    else:
        B.append(n)
print(f'#2: A = {A}, B = {B}')
```

실행 결과

```
#1: A = [3, 5], B = [2, 4, 6]
#2: A = [3, 5], B = [2, 4, 6]
```

프로그램 설명

① 리스트 arr에서 각 항목의 홀・짝수를 구분하여 홀수는 리스트 A, 짝수는 B에 구분하여 추가한다. 각 for 문 실행 전에 홀수와 짝수 리스트를 만들기 위한 리스트 A와 B는 A = [], B = []로 초기화한다.

② #1은 range(len(arr))로 변수 i에 0에서 len(arr) - 1까지의 인덱스를 반복한다. arr[i] % 2 조건이 True이면 arr[i]를 A에 추가하고, False이면 B에 추가한다. 2로 나눈 나머지가 1이면 홀수 0이면 짝수이다. if 문에서 arr[i] % 2 == 1 조건을 사용할 수 있다.

③ #2는 리스트 arr의 각 항목을 n에 반복한다. n%2 조건이 True이면 n을 A에 추가하고, False이면 B에 추가한다.

예제 1812 리스트의 항목에서 중복을 제거한 합계 구하기

```
# 1812.py
A = [1, 2, 3, 1, 1, 2, 3]
setA = set(A)
print(‘setA = ’, setA)

nSum = 0
for a in setA:
    nSum += a

print(‘nSum = ’, nSum)
```

실행 결과

```
setA = {1, 2, 3}
nSum = 6
```

프로그램 설명

① setA = set(A)는 리스트 A에서 중복을 제거하여 집합 setA를 생성한다.

② for 문은 집합 setA의 각 항목을 a로 반복하여 합계 nSum을 계산한다.

예제 1813 사전 dict 항목으로 반복하기

```
# 1813.py

D = {‘one’:1,’two’:2,’three’:3}

#1
for key in D:                # for key in D.keys():
    print(‘key = ’, key)

#2
for value in D.values():
    print(‘value =’, value)

#3
for item in D.items():       # type(item): tuple
    print(‘item =’, item)

#4
for key, value in D.items():
    print(f‘key = {key}, value = {value}’)
```

실행 결과

```
key = one
key = two
key = three
value = 1
value = 2
value = 3
item = ('one', 1)
item = ('two', 2)
item = ('three', 3)
key = one, value = 1
key = two, value = 2
key = three, value = 3
```

프로그램 설명

① #1은 사전 D의 키 key를 반복한다.

② #2는 사전 D의 값 value을 반복한다.

③ #3은 사전 D의 항목 item을 반복한다. type(item)은 튜플이다.

④ #4는 사전 D의 항목 item을 (key, value)에 저장하여 반복한다.

예제 1814 소수 prime number와 for 반복문

```
# 1814.py

n = int(input('양의 정수 ---> '))

for i in range(2, n):
    if not n % i:
        bPrime = False
        break
else:
    bPrime = True

if bPrime:
    print(f'{n}은 소수입니다.')
else:
    print(f'{n}은 소수가 아닙니다.')
```

실행 결과 1

```
양의 정수 ---> 7
7은 소수입니다.
```

실행 결과 2

```
양의 정수 ---> 10
10은 소수가 아닙니다.
```

프로그램 설명

① 입력한 정수 n이 소수인지 판단한다.

② for 문에서 i를 2부터 n - 1까지 반복하며 not n % i 조건이 True이면, 소수가 아니므로 bPrime = False로 저장하고 break 문으로 즉시 for 문을 종료한다. break 문에 의해 반복이 종료되는 경우 else 절을 실행하지 않는다.

③ for 문의 else 절을 실행하는 경우는 반복에서 break 문을 실행하지 않고 range(2, n)의 반복을 모두 마친 경우이다. 즉, n이 2부터 n-1까지의 i로 나눈 나머지가 0인 경우가 없는 경우로 bPrime = True이다.

예제 1815 요일 계산하기

```python
# 1815.py
#1: 년월일 입력
year, month, day = map(int, input('년 월 일 ---> ').split())
nDays = 0

#2: 전년도까지 날짜 계산
for y in range(1, year):
    if y % 4 == 0 and y % 100 != 0 or y % 400 == 0:
        nDays += 366          # 윤년
    else:
        nDays += 365          # 평년

#3: year년 날짜 계산
#3-1: 월 처리
mDays = (31, 28, 31, 30, 31, 30, 31, 31, 30, 31, 30, 31)   # 월별 날짜

for m in range(month-1):
    nDays += mDays[m]

#3-2: year년도가 윤년인지 판단
if year % 4 == 0 and year % 100 != 0 or year % 400 == 0:
    bLeapYear = True
else:
    bLeapYear = False
if bLeapYear and month>2: # 윤년이고 month가 2월보다 크면
        nDays += 1        # 2월이 29일

```

```
#4: 일 처리
nDays += day
print('nDays =', nDays)

#5
k = nDays%7
sWeek = '일월화수목금토'
print(f'{year}년 {month}월 {day}일은 {sWeek[k]}요일입니다.')
```

실행 결과 1

```
년 월 일 ---> 2023 3 1
nDays = 738580
2023년 3월 1일은 수요일입니다.
```

실행 결과 2

```
년 월 일 ---> 2024 3 1
nDays = 738946
2024년 3월 1일은 금요일입니다.
```

프로그램 설명

① 년도 year, 월 month, 일 day를 입력받아 요일을 계산한다.

② 1년 1월 1일부터 입력한 년, 월, 일까지의 총 날짜 수를 nDays에 계산하고, nDays % 7의 결과가 0이면 '일요일', 1이면 '월요일', 2이면 '화요일', 3이면 '수요일', 4이면 '목요일', 5이면 '금요일', 6이면 '토요일'이다. 입력된 년도가 윤년인 해는 2월을 29일로 계산해야 한다.

③ #2는 nDays에 1년부터 (year − 1) 년까지 윤년은 366일, 평년은 365일을 덧셈한다.

④ #3은 입력된 year 년은 입력된 month 월의 이전 달 (month − 2)까지 mDays에 저장된 달의 날짜를 nDays에 덧셈한다. year 년이 윤년이고 month 〉 2이면 2월이 29일이므로 1일을 nDays에 덧셈한다. #4는 마지막으로 입력된 day를 nDays에 덧셈한다.

⑤ 윤년 판단하는 if 문 부분의 코드가 중복되어 있다. 함수를 사용하면, 중복을 제거하여 보다 효율적인 프로그램을 작성할 수 있다.

3. 중첩된 반복문

for, while의 반복문을 중첩 nested loop하여 사용할 수 있다.

예제 1816 중첩된 반복문: 구구단 출력하기

```
# 1816.py
for i in range(1, 10):
    for j in range(1, 10):
        print(f‘ {i}x{j}={i*j:>3}, ’, end = ‘’)
        #print(‘ {0}x{1}={2:>3}, ’.format(i, j, i*j), end = ‘’)
    print()            # 행 바꿈
```

실행 결과

```
1x1=  1,  1x2=  2,  1x3=  3,  1x4=  4,  1x5=  5,  1x6=  6,  1x7=  7,  1x8=  8,  1x9=  9,
2x1=  2,  2x2=  4,  2x3=  6,  2x4=  8,  2x5= 10,  2x6= 12,  2x7= 14,  2x8= 16,  2x9= 18,
3x1=  3,  3x2=  6,  3x3=  9,  3x4= 12,  3x5= 15,  3x6= 18,  3x7= 21,  3x8= 24,  3x9= 27,
4x1=  4,  4x2=  8,  4x3= 12,  4x4= 16,  4x5= 20,  4x6= 24,  4x7= 28,  4x8= 32,  4x9= 36,
5x1=  5,  5x2= 10,  5x3= 15,  5x4= 20,  5x5= 25,  5x6= 30,  5x7= 35,  5x8= 40,  5x9= 45,
6x1=  6,  6x2= 12,  6x3= 18,  6x4= 24,  6x5= 30,  6x6= 36,  6x7= 42,  6x8= 48,  6x9= 54,
7x1=  7,  7x2= 14,  7x3= 21,  7x4= 28,  7x5= 35,  7x6= 42,  7x7= 49,  7x8= 56,  7x9= 63,
8x1=  8,  8x2= 16,  8x3= 24,  8x4= 32,  8x5= 40,  8x6= 48,  8x7= 56,  8x8= 64,  8x9= 72,
9x1=  9,  9x2= 18,  9x3= 27,  9x4= 36,  9x5= 45,  9x6= 54,  9x7= 63,  9x8= 72,  9x9= 81,
```

프로그램 설명

① for 문을 2개 중첩하여 구구단 출력한다. i는 단에 대한 반복 변수이고, j는 단 내에서 1에서 9까지의 곱셈을 위한 반복 변수이다.

② 범위 range(1, 10)의 각 i에 대하여 for j in range(1, 10)문장이 실행되므로 print(f‘{i}x{j}={i*j:〉3}, ’, end = ‘’) 문장은 9 * 9 = 81번 실행한다.

③ {i*j:〉3}은 (i*j)를 3자리에 오른쪽 정렬하여 출력한다.

④ j의 반복으로 단의 곱셈을 출력한 다음, print()로 새로운 행으로 변경한다.

예제 1817 1부터 키보드에서 입력한 숫자까지의 합계 구하기

```
# 1817.py

while True:
    n = int(input(‘---> ’))
    if n == 0:        # not n
        break
    nSum = 0
    for i in range(1, n + 1):
        nSum += i
    print(f‘n = {n}, nSum = {nSum}’)

print(‘Goodbye’)
```

실행 결과

```
---> 5
n = 5, Sum = 15
---> 10
n = 10, Sum = 55
---> 100
n = 100, Sum = 5050
---> 0
Goodbye
```

프로그램 설명

① 1부터 키보드에서 입력한 정수 n까지 반복하며 합계를 계산한다. 0을 입력하면 종료한다.

② while True:로 무한 반복한다. n = int(input('---> '))로 키보드에서 입력한 정수를 n에 저장한다. if 문에서 n == 0이면 break 문으로 while 문을 종료한다.

③ n이 0이 아니면 for 문을 이용한 n까지의 정수 합계를 nSum에 계산하고 출력한다.

예제 1818 문자열에 포함된 숫자 문자의 합계 구하기

```
# 1818.py
while True:
    str_input = input('---> ')
    if str_input is '':      # str_input == '', not str_input
        break

    nSum = 0
    for s in str_input:
        if s.isdigit():      # s.isnumeric()
            nSum += int(s)
    print(f's = {repr(s)}, nSum = {nSum}')

print('Goodbye')
```

실행 결과

```
---> 12ab
s = 'b', nSum = 3
---> 12ab34
s = '4', nSum = 10
--->            ← 데이터 입력 없이 Enter 키 입력
Goodbye
```

프로그램 설명

① 키보드에서 입력한 문자열에 포함된 숫자 문자의 합계를 계산한다. 공백 문자열을 입력하면 종료한다.

② while True:로 무한 반복한다. 키보드에서 입력한 문자열을 str_input에 저장한다. if 문에서 키보드에서 문자 입력 없이 Enter 키를 눌러 str_input is '' 조건이 True이면 break로 while 문을 종료한다.

③ 키보드에서 문자열을 입력하여 문자열이 공백이 아니면 for 문을 이용한 문자열의 숫자 합계를 변수 nSum에 계산하고 출력한다.

예제 1819 리스트의 항목 합계 구하기

```
# 1819.py

list_arr = [[1, 2], [3, 4, 5]]

nSum = 0
for arr in list_arr:
    print('arr = ', arr)
    for a in arr:
        print('a = ', a)
        nSum += a
print('nSum = ', nSum)
```

실행 결과

```
arr = [1, 2]
a = 1
a = 2
arr = [3, 4, 5]
a = 3
a = 4
a = 5
nSum =  15
```

프로그램 설명

① 리스트의 항목이 리스트인 list_arr를 중첩 for 문으로 반복하며 각 항목과 합계를 출력한다.

② for arr in list_arr 문은 for 문으로 list_arr의 항목을 arr에 저장하여 반복한다. type(arr)으로 타입을 확인하면 list이다.

③ for a in arr 문은 for 문으로 각 arr의 항목을 a에 저장하며 반복하여 nSum에 합계를 계산한다. type(a)로 타입을 확인하면 int이다.

예제 1820 행렬의 행 row 합계 구하기

```
# 1820.py
A = [[1, 2, 3],
     [4, 5, 6]]

for arr in A:
    rSum = 0
    for a in arr:
        rSum += a
    arr.append(rSum)
print(‘A = ’, A)
```

실행 결과

```
A = [[1, 2, 3, 6], [4, 5, 6, 15]]
```

프로그램 설명

① 리스트 A를 2×3 행렬로 사용한다. 리스트 A의 각 행의 합계를 계산하여 계산된 행의 합계를 행의 마지막 항목에 추가한다.

② for 문으로 A의 항목을 arr에 저장하며 반복한다.

③ 안쪽 for 문으로 각 arr의 항목을 a에 저장하여 반복하며 각 행의 합계를 rSum에 계산하고, arr.append(rSum)로 arr의 마지막 항목으로 추가한다. 실행 결과 리스트 A는 2×4 행렬로 변경된다.

예제 1821 행렬의 열 column 합계 구하기

```
# 1821.py

A = [[1, 2, 3],
     [4, 5, 6]]

cSum = [0, 0, 0]

for arr in A:
    for i in range(len(arr)):
        cSum[i] += arr[i]

A.append(cSum)
print(‘A = ’, A)
```

실행 결과

```
A = [[1, 2, 3], [4, 5, 6], [5, 7, 9]]
```

프로그램 설명

① 리스트 A를 2×3 행렬로 사용한다. 리스트 A에서 각 열의 합계를 계산하여 리스트의 마지막 행에 계산된 열의 합계를 리스트의 항목으로 추가한다.

② 각 열의 합계를 계산할 리스트를 cSum = [0, 0, 0]로 초기화한다.

③ for 문으로 A의 항목을 arr에 저장하며 반복한다.

④ 안쪽 for 문에서 range(len(arr))로 반복한 arr의 인덱스 i를 이용하여 arr[i]를 cSum[i]에 덧셈하여 열의 합계를 계산하고, 반복을 모두 마친 다음 A.append(cSum)로 cSum을 리스트 A의 마지막 항목으로 추가한다. 실행 결과 리스트 A는 3×3 행렬로 변경된다.

Step 19
match ~ case 문

Python 3.10 버전은 다중 분기할 수 있는 새로운 match case 문장이 추가되었다. match 문의 〈subject〉를 평가 하여 case 문의 패턴을 위에서부터 아래로 순서대로 매칭하여 매칭되면 〈action〉을 실행하고 매칭되는 패턴이 없으면 마지막의 와일드카드 'case _'에 해당하는 부분을 실행한다.

형식 예

```
match 〈subject〉:
    case 〈pattern_1〉:
        〈action_1〉
    case 〈pattern_2〉:
        〈action_2〉
    case 〈pattern_3〉:
        〈action_3〉
    case _:
        〈action_wildcard〉
```

예제 1901 match ~ case 문 1

```
# 1901.py

x = int(input('---> '))

match x % 2:
    case 0:
        print(f'{x}은 짝수!')
    #case 1:
    case _:
        print(f'{x}은 홀수!')
```

실행 결과 1

```
---> 10
10은 짝수!
```

실행 결과 2

```
---> 11
11은 홀수!
```

프로그램 설명

① match 문에서 x % 2의 값이 0인 경우는 print(f'{x}은 짝수!')를 출력한다.

② m % 2의 결과가 1인 경우는 print(f'{x}은 홀수!')를 출력한다. 예제에서 와일드카드 'case _'는 'case 1'과 같다.

예제 1902 match ~ case 문 2

```
# 1902.py

sGrade = 'A'              # 'A+'

match sGrade:
    case 'A' | 'A+':
        point = 4
    case 'B'| 'B+':
        point = 3
    case 'C'| 'C+':
        point = 2
    case 'D'| 'D+':
        point = 1
    case _:
        point = 0

print(f'sGrade = {sGrade}, point = {point}')
```

실행 결과

```
sGrade = A, point = 4
```

프로그램 설명

① case 문에서 논리합 OR으로 |를 사용할 수 있다.

② sGrade에 따라 point를 계산한다.

예제 1903 match ~ case 문 3

```
# 1903.py

pt = (0, 0)                    # (0, 1), (1, 0), (1, 1), (1, 2, 3)

match pt:
    case (0, 0):
        print(f'pt{pt}: origin')
    case (0, y):
        print(f'pt(0, {y}): on y-axis')
    case (x, 0):
        print(f'pt({x}, 0): on x-axis')
    case (x, y):
        print(f'pt({x},{y}): the other 2-d point')
    case _:
        raise ValueError(f'pt{pt}: not a 2-d point')
```

실행 결과 1

```
pt(0, 0): origin
```

실행 결과 2

```
pt(0, 1): on y-axis
```

실행 결과 3

```
pt(1, 0): on x-axis
```

실행 결과 4

```
pt(1, 1): the other 2-d points
```

실행 결과 5

```
Traceback (most recent call last):
  File "D:/python_example/1903.py", line 14, in <module>
    raise ValueError(f'pt{pt}: not a 2-d point')
ValueError: pt(1, 2, 3): not a 2-d point
```

프로그램 설명

① pt는 튜플이다. case 문에서 튜플 pt를 언팩하여 변수로 사용할 수 있다.

② pt = (0, 0)는 case (0, 0)과 매칭한다.

③ pt = (1, 2, 3)이면 ValueError 예외가 발생한다. pt는 세 개의 요소를 갖는 튜플이고 case에 나열된 비교 대상은 두 개의 요소를 갖는 튜플로 튜플의 길이가 다르기 때문이다.

예제 1904 match ~ case 문 4

```
# 1904.py

msg = (‘error’, 0)
#msg = (‘warning’, 0)
# msg = (‘error’, 1)
# msg = (‘warning’, 1)

match msg:
    case (‘warning’, 0):
        print(‘warning: 0’)
    case (‘error’, 0):
        print(‘error: 0’)
    case (‘error’, _):
        print(f‘msg = {msg}: errors other than 0’)
    case _:
        print(f‘msg = {msg}: the others’)
```

실행 결과 1

```
error: 0
```

실행 결과 2

```
warning: 0
```

실행 결과 3

```
msg = (‘error’, 1): errors other than 0
```

실행 결과 4

```
msg = (‘warning’, 1): the others
```

프로그램 설명

① msg = (‘error’, 0)이면 case (‘error’, 0)인 경우이다.

② msg = (‘warning’, 0)이면 case (‘warning’, 0) 경우이다.

③ msg = (‘error’, 1)이면 case (‘error’, _)이다.

④ msg = (‘warning’, 1)이면 case _인 경우이다.

예제 1905 match ~ case 문 5: guard

```
# 1905.py

pt = (0, 0)       # (0, 1), (1, 0), (1, 1)

```

```
match pt:
    case (x, y) if x == y:
        print(f‘pt(x, y) = {pt}: {x} == {y}’)
    case (x, y) if x > y:
        print(f‘pt(x, y) = {pt}: {x} > {y}’)
    case (x, y):            :
        print(f‘pt(x,y) = {pt}: {x} < {y}’)
```

실행 결과 1

```
pt(x, y) = (0, 0): 0 == 0
```

실행 결과 2

```
pt(x, y) = (0, 1): 0 < 1
```

실행 결과 3

```
pt(x, y) = (1, 0): 1 > 0
```

실행 결과 4

```
pt(x, y) = (1, 1): 1 == 1
```

프로그램 설명

① case 문에서 ‘guard’라 불리는 if 문을 사용할 수 있다. case 문의 if 절이 거짓이면 다음 case로 넘어간다.

② pt = (0, 0)이면 case (x, y) if x == y인 경우이다.

③ pt = (1, 0)이면 case (x, y) if x 〉 y인 경우이다.

④ pt = (0, 1)이면 case (x, y)인 경우이다.

Step 20
예외 Exception 처리

파이썬 프로그램은 실행 중에 비정상적인 예외 exception가 발생하여 실행이 종료될 수 있다. 예를 들면,

없는 변수를 수식에서 사용하는 경우	NameError
자료형이 맞지 않는 연산을 하면	TypeError
숫자를 0으로 나누면	ZeroDivisionError
시퀀스에서 범위를 벗어나는 인덱스를 사용하면	IndexError

등의 예외가 발생하여 프로그램은 강제 종료된다. 파이썬은 이러한 예외가 발생했을 때, try ~ except ~ finally 문을 사용하여 예외를 처리할 수 있다. assert 문을 사용하여 조건에 맞지 않는 경우 사용자가 예외를 발생시킬 수도 있다.

예제 2001 try ~ except ~ finally 예외 처리 1

```
# 2001.py
try:
    z = 10 / 0
except:
    z = 0.1
finally:
    print('Goodbye')
print('z = ', z)
```

실행 결과

```
Goodbye
z =  0.1
```

프로그램 설명

① try와 except 사이의 문장에서 예외가 발생하면, except로 실행 순서를 이동한다. finally 절은 생략할 수 있으며, 예외 발생 여부와 관계없이 마지막에 항상 실행해야 하는 문장을 finally 블록에 기술한다. try, except, finally 뒤에는 콜론 :이 필요하다.

② try 절에서 10 / 0에 의해 ZeroDivisionError 예외가 발생하면, except 절의 z = 0.1을 실행하고 이어서 finally 절의 print() 함수에 의해 'Goodbye'가 출력된다.

예제 2002 try ~ except ~ finally 예외 처리 2

```
# 2002.py
try:
    z = 10/0
except ZeroDivisionError as e:
    print('ZeroDivisionError:', e.args)       # args는 예외 클래스의 속성
```

실행 결과

```
ZeroDivisionError: ('division by zero',)
```

프로그램 설명

① try와 except 사이의 문장에서 발생하는 ZeroDivisionError 예외만을 처리한다.

② e.args에 의해 예외의 내용 'division by zero'을 확인할 수 있다.

③ finally 절은 생략했다.

예제 2003 assert 문에 의한 예외 발생

```
# 2003.py
try:
    x = -10
    assert x > 0, 'need a positive number'
except AssertionError as e:
    print(e.args)
```

실행 결과

```
('need a positive number',)
```

프로그램 설명

① assert 문은 조건식이 False이면 AssertionError 예외를 발생시킨다. 프로그램에서 변수 또는 수식이 조건을 만족하는지 확인할 때 assert 문을 사용한다. try ~ except ~ finally 문과 함께 사용할 수 있다.

② 조건식 x 〉 0이 False이므로 AssertionError 예외가 발생하고, 'need a positive number' 메시지가 except 절의 e.args에 전달된다.

예제 2004 raise 문에 의한 예외 발생

```
# 2004.py
try:
    x = -10
    if x < 0:
        raise ValueError('need a positive number')
except ValueError as e:
    print(e.args)
```

실행 결과

```
('need a positive number',)
```

프로그램 설명

① raise 문은 예외를 발생시킨다. raise 뒤에는 Exception, NameError, ValueError ZeroDivisionError 등의 예외의 종류 Exception class를 명시한다.

② if 문의 조건식 x 〈 0이 True이므로 raise 뒤에 기술된 ValueError 예외가 발생하고, 'need a positive number' 메시지가 except 절의 e.args에 전달된다.

예제 2005 Ctrl+C에 의한 KeyboardInterrupt 예외 발생

```
# 2005.py
while True:
    try:
        n = int(input('---> '))
        if n == 0: break
    #except:
    except KeyboardInterrupt:
        break
    nSum = 0
    for i in range(1, n + 1):
        nSum += i
    print(f'n = {n}, nSum = {nSum}')

print('Goodbye')
```

실행 결과

```
---> 3
n = 3, nSum = 6
---> 4
n = 4, nSum = 10
--->
Goodbye
```

← 프롬프트에서 데이터 입력 없이 Ctrl+C 키 입력

프로그램 설명

① 1부터 키보드에서 입력한 정수 n까지의 합계를 계산하는 예제 1817에 KeyboardInterrupt 예외 처리를 추가한다.

② 키보드 입력을 대기할 때, 즉, 표시된 프롬프트 --->에서 Ctrl + C 키를 누르면 KeyboardInterrupt 예외가 발생하고, 예외 처리를 위해 except 절로 실행순서가 이동되면 break 문에 의해서 무한 반복을 종료하고 프로그램이 정상적으로 종료한다.

CHAPTER 5
함수 정의 및 호출

함수를 사용하면 프로그램을 보다 효과적으로 작성할 수 있다. 함수 정의, 함수 호출, 인수 전달, 지역변수, 전역변수, lambda 함수를 설명한다.

Step 21
함수 정의

[그림 21.1]은 add() 함수의 정의 function definition와 호출 call 사이의 관계를 보여 준다. 함수는 def 키워드를 사용하여 정의한다. 정의된 함수는 함수 이름을 사용하여 호출한다. 함수 이름을 생성하는 규칙은 변수 이름을 생성하는 규칙과 같다(Step 4 참조).

함수 정의에서 매개변수와 함수 호출의 인수 사이에는 '매개변수 = 인수'의 대입문에 의해 내부적으로 함수 정의 부분에서 매개변수를 정의하고 함수 호출에서 위치인수 또는 키워드 인수를 함수호출에서 전달한다.

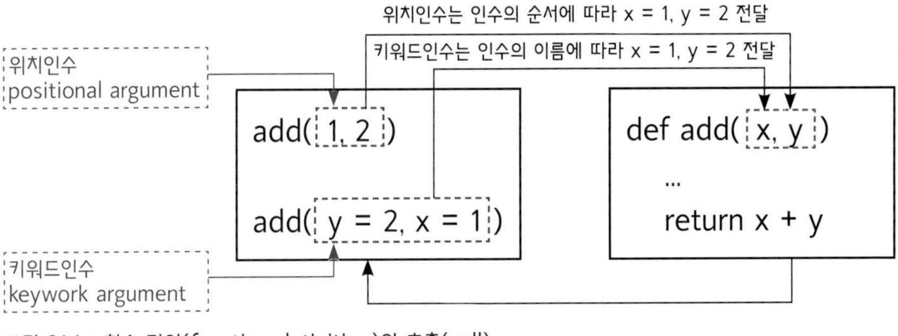

그림 21.1 • 함수 정의(function detinition)와 호출(call)

함수는 정의만으로는 아무 일도 하지 않는다. 함수를 정의하고, 함수 이름과 인수를 이용하여 함수를 호출하면서 인수가 매개변수로 전달되어 함수 정의의 콜론 : 뒤를 따르는 함수 몸체 body 부분의 블록을 실행하고, return 문으로 함수의 실행 결과를 반환한다. return 문이 없으면 함수를 끝까지 실행하고 None을 반환한다. 함수의 몸체 부분에서 return 문은 여러 번 나올 수도 있다.

파이썬은 함수 호출에서 인수를 매개변수에 전달할 때 실행 시간에 매개변수의 자료형이 결정된다. 따라서 서로 다른 자료형에 대하여 같은 일을 하는 함수를 하나만 작성하여 사용할 수도 있다. 다만, 자료형에 대한 연산자를 사용할 수 있어야 한다.

예제 2101 함수 정의 및 호출 1: 대화형 모드

```
>>> # 2101.py
>>> def add(x, y):
...     print(f'x = {x}, y = {y}')
...     return x + y
...
>>> dir()
... ['__annotations__', '__builtins__', '__doc__', '__file__', '__loader__', '__
    name__', '__package__', '__spec__', 'add']
>>>                                        사용자 정의 함수 확인
>>> globals()           # 전역 네임스페이스: Step 25 참조
    { ... 생략 ... 'add': <function add at 0x0000029CD8570040>}
>>>
>>> #1 함수호출 1
>>> add(1, 2)           # 위치 인수(positional argument) 사용
    x = 1, y = 2
    3
>>>
>>> #2 함수호출 2
>>> add(y = 2, x = 3) # 키워드 인수(keyword argument) 사용
    x = 3, y = 2
    5
>>>
>>> #3 함수호출 3
>>> add(2, y = 3)       # 위치인수와 키워드인수 함께 사용
    x = 2, y = 3
    5
>>>
>>> #4 함수호출 4
>>> add(x = 2, 3)       # 키워드인수와 위치인수 함께 사용
    SyntaxError: positional argument follows keyword argument
>>>
>>> #5 함수호출 5
>>> add(2, x = 3)       # 같은 인수 두 번 사용(위치인수와 키워드인수 모두 매개변수 x에 대응
    Traceback (most recent call last):
      File '<pyshell#14>', line 1, in <module>
        add(2, x=3)
    TypeError: add() got multiple values for argument 'x'
```

프로그램 설명

① 대화형 모드에서 def 키워드를 사용하여 add() 함수를 정의한다. add() 함수는 매개변수 인수로 x, y를 전달받아, return 문으로 식 x + y의 결과를 반환, 즉 식의 결과를 가지고 함수를 호출한 곳으로 되돌아간다. 예제의 add() 함수에서는 함수로 전달되는 인수를 x, y를 확인하기 위하여 print() 함수로 출력하였다.

② 내장함수 dir()에서 사용자가 정의한 함수 이름 'add'를 확인할 수 있다.

③ 내장함수 globals()는 전역 네임스페이스에서 정의된 이름과 값의 사전 dict을 반환한다.

④ #1 함수 호출 1에서는 위치인수를 사용한 함수 호출이다. 함수 호출 add(1, 2)는 인수의 위치 순서에 따라 x = 1, y = 2가 전달되어, 함수에서는 전달받은 값을 출력하고 return 문에 의해 x + y의 연산 결과인 3을 반환한다. type(x), type(y)로 전달받은 데이터를 확인하면 정수형 int형이다.

⑤ #2 함수호출 2에서는 키워드인수를 사용한 함수 호출이다. 함수 호출 add(y = 2, x = 3)은 인수의 이름으로 y = 2, x = 3이 전달되어, 함수에서는 전달받은 값을 출력하고 return 문에 의해 x + y의 연산 결과인 5를 반환한다.

⑥ #3 함수 호출 3에서는 위치인수와 키워드인수를 함께 사용한 함수 호출이다. 함수 호출 add(2, y = 3)는 위치인수로 첫 번째 인수인 x에 2가 전달되고, 키워드인수로 y = 3이 전달되어, 함수에서 전달받은 값을 출력하고 return 문에 의해 x + y의 연산 결과인 5를 반환한다.

⑦ #4 함수 호출 4에서는 키워드인수와 위치인수를 함께 사용한 함수 호출이다. 함수 호출 add(x = 2, 3)는 문법 오류인 SyntaxError 예외가 발생한다. 위치인수와 키워드인수를 함께 사용할 때는 반드시 위치인수가 앞에 있어야 한다. 즉, 키워드인수는 위치인수 앞에 있을 수 없다.

⑧ #5 함수 호출 5에서는 키워드인수와 위치인수를 함께 사용한 함수 호출이다. 함수 호출 add(2, x = 3)은 위치인수로 첫 번째 인수인 x에 2 가 전달되고 키워드 인수로 x= 3이 전달되면, 매개변수 x에 이중으로 인수가 전달되어 TypeError 예외가 발생한다.

예제 2102 함수 정의 및 호출 2: 프로그래밍 모드

```
# 2102.py
#1
def add(x, y):
    print(f'x = {x}, y = {y}')
    return x + y

#2
print('add(1, 2) = ',         add(1, 2))
print('add(y = 2, x = 3) = ', add(y = 2, x = 3))
```

```

#3
a = add(1, 2)
b = add(y = 2, x = 3)
print(f‘a = {a}, b = {b}’)
```

실행 결과

```
x = 1, y = 2
add(1, 2) = 3
x = 3, y = 2
add(y = 2, x = 3) = 5
x = 1, y = 2
x = 3, y = 2
a = 3, b = 5
```

프로그램 설명

① 프로그래밍 모드에서 add() 함수를 정의하고 호출한다.

② #1에서 함수 add()가 정의된다. 함수 정의는 def 키워드를 사용한다. 함수를 정의하고 함수를 호출해야 정의된 함수 본체의 문장을 실행한다.

③ #2에서 print(‘add(1, 2) = ’, add(1, 2))를 실행하면 우선순위에 따라 add(1, 2)로 add() 함수를 호출하여 실행하고 반환값 3을 print() 함수로 출력한다.

add(y = 2, x = 3)로 add() 함수를 호출하여 실행하고 반환값 5를 print() 함수로 출력한다.

④ #3은 add(1, 2)로 add() 함수를 호출하여 실행하고 반환값 3을 변수 a에 저장한다.

add(y = 2, x = 3)로 add() 함수를 호출하여 실해하고 반환값 5를 변수 b에 저장한 뒤에 각 변수의 값을 print() 함수에 지정한 형식에 따라 출력한다.

예제 2103 다양한 자료형의 인수 전달하기

```
# 2103.py

def add(x, y):
    print(f‘x = {x}, y = {y}’)
    return x + y
```

예제 2103과 같은 형식의 예는 프로그래밍 모드에서 예제를 작성하고 실행하여 정의된 함수를 메모리에 로드한 뒤에, 대화형 모드에서 메모리에 로드된 함수를 호출하는 형식이다.

실행 결과

```
>>> # 예제 2103의 함수 사용하기
>>> add(1, 2)                  # int + int -> int
x = 1, y = 2
3
>>>
>>> add(1.0, 2.0)              # float + float -> float
x = 1.0, y = 2.0
3.0
>>>
>>> add(1, 2.0)                # int + float -> float
x = 1, y = 2.0
3.0
>>>
>>> add(1 + 2j, 3 + 4j)        # complex + complex -> complex
x = (1+2j), y = (3+4j)
(4+6j)
>>>
>>> add('abc', 'def')          # st r+ str -> str
x = abc, y = def
abcdef
>>>
>>> add([1, 2, 3], [4, 5, 6])  # list + list -> list
x = [1, 2, 3], y = [4, 5, 6]
[1, 2, 3, 4, 5, 6]
>>>
>>> add((1, 2, 3), (4, 5, 6))  # tuple + tuple -> tuple
x = (1, 2, 3), y = (4, 5, 6)
(1, 2, 3, 4, 5, 6)
```

프로그램 설명

① 예제 2101과 예제 2102 그리고 예제 2103에서 작성한 add() 함수를 호출할 때 인수로 int, float, complex, str, list, tuple 등 다양한 자료형의 데이터를 전달하면서 함수를 호출하여 사용할 수 있다.

② return x + y에서 x, y의 자료형에 따라 + 연산하고 결과를 반환한다.

③ add(1, 2)는 정수 x = 1, y = 2를 전달하여 정수 3을 반환한다.

④ add(1.0, 2.0)는 실수 x = 1.0, y = 2.0을 전달하여 실수 3.0을 반환한다.

⑤ add(1, 2.0)는 정수 x = 1, 실수 y = 2.0을 전달하여 실수 3.0을 반환한다.

⑥ add(1 + 2j, 3 + 4j)는 복소수 x = (1 + 2j), y = (3 + 4 j)를 전달하여 복소수 (4 + 6j)를 반환한다.

⑦ add('abc', 'def')는 문자열 x = 'abc', y = 'def'를 전달하여 문자열 'abcdef'를 반환한다.

⑧ add([1, 2, 3], [4, 5, 6])는 리스트 x = [1, 2, 3], y= [4, 5, 6]을 전달하여 리스트 [1, 2, 3, 4, 5, 6]을 반환한다.

⑨ add((1, 2, 3), (4, 5, 6))는 튜플 x = (1, 2, 3), y = (4, 5, 6)를 전달하여 튜플 (1, 2, 3, 4, 5, 6)을 반환한다.

예제 2104 디폴트 매개변수

```
# 2104.py

def add(x, y = 1):              # y는 디폴트 매개변수
    print(f'x = {x}, y = {y}')
    return x + y
```

실행 결과

```
>>> # 예제 2104의 함수 사용하기
>>> add(2)               # add(x = 2)
    x = 2, y = 1
    3
>>>
>>> add(1, 2)
    x = 1, y = 2
    3
```

프로그램 설명

① add() 함수의 매개변수 y는 디폴트 값 1을 갖는 매개변수이다. 디폴트 매개변수는 함수를 호출할 때 값이 전달되지 않으면 함수 정의에서 기술된 디폴트 매개변수의 값을 사용한다.

② add(2)와 add(x = 2)는 x = 2가 전달되고, y는 인수가 없으므로 함수 정의에서 기술된 디폴트 값이 사용되면서 y = 1이 되어 결과 3을 반환한다.

③ add(1, 2)은 x = 1, y = 2가 전달되어 3을 반환한다. 즉, 함수를 호출할 때 인수에 값이 있으면 매개변수에 기술된 디폴트값은 무시된다.

예제 2105 윤년 판단 함수 정의하고 사용하기: isLeapYear(year)

```
# 2105.py

def isLeapYear(year):
    return year % 4 == 0 and year % 100 != 0 or year % 400 == 0
```

실행 결과

```
>>> # 예제 2105의 isLeapYear() 함수 사용하기
>>> isLeapYear(2022)
False
>>>
>>> isLeapYear(2024)
True
```

프로그램 설명

isLeapYear() 함수는 매개변수 year에 전달되는 값이 윤년이면 True를 반환한다.

예제 2106 짝수인지 판단하는 함수 정의하고 사용하기: isEvenNumber(n)

```python
# 2106.py

def isEvenNumber(n):
    if n % 2:
        return False
    else:
        return True
```

실행 결과

```
>>> # 예제 2106의 isEvenNumber() 함수 사용하기
>>> isEvenNumber(5)
False
>>>
>>> isEvenNumber(10)
True
```

프로그램 설명

isEvenNumber() 함수는 매개변수 n에 전달되는 값이 짝수이면 True를 반환하고, 홀수이면 False를 반환한다.

예제 2107 1부터 정수 n까지의 합계 계산하는 함수 정의하고 사용하기: Sum(n)

```python
# 2107.py

def Sum(n):
    nSum = 0
```

```
    for i in range(1, n + 1):
        nSum += i
    return nSum              # nSum = sum(range(1, n + 1))
```

실행 결과

```
>>> # 예제 2107의 Sum() 함수 사용하기
>>> Sum(5)
15
>>>
>>> Sum(10)
55
```

프로그램 설명

Sum() 함수는 1부터 매개변수 n에 전달되는 값까지의 합계를 계산한다.

예제 2108 n!을 계산하는 함수 정의하고 사용하기: fact(n)

```
# 2108.py

def fact(n):
    nFact = 1
    for i in range(n, 0, -1):
        nFact *= i
    return nFact
```

실행 결과

```
>>> # 예제 2108의 fact() 함수 사용하기
>>> fact(4)
24
```

프로그램 설명

① fact(n) 함수는 for 문으로 n!, 즉 계승 factorial을 계산한다.

② n개에서 k개를 뽑아 순서를 구분하여 나열하는 가짓수인 순열 P(n, k) = fact(n) / fact(n – k) 계산에 활용할 수 있다.

③ n개에서 k개를 뽑아 순서 없이 나열하는 조합 C(n, k) = fact(n) / (fact(n – k) * fact(k)) 또는 P(n, k) / fact(k) 계산에 활용할 수있다.

예제 2109 문자열에 포함된 숫자 문자의 합계를 구하는 함수: sumNum(str_input)

```
# 2109.py

def sumNum(str_input):
    nSum = 0
    for s in str_input:
        if not s.isdigit(): # s.isnumeric():
            continue
        nSum += int(s)
    return nSum
```

실행 결과

```
>>> # 예제 2109의 sumNum() 함수 사용하기
>>> sumNum('12ab34')
10
```

프로그램 설명

① sumNum() 함수는 매개변수 str_input에 전달되는 문자열에 포함된 숫자 문자의 합계를 계산한다.

② sumNum('12ab34')은 1 + 2 + 3 + 4의 연산 결과인 10을 반환한다.

예제 2110 문자열에 포함된 영문자 숫자 한글 기타 글자의 개수를 카운트하는 함수: countString(str_input)

```
# 2110.py

def countString(str_input):
    nAlphabet = nHanGul = nOthers = 0
    for s in str_input:
        if s.isupper() or s.islower():  # 'A' <= s <= 'Z' or 'a' <= s <= 'z':
            nAlphabet += 1
        elif '가' <= s <= '힣':          # ord('가') <= ord(s) <= ord('힣'):
            nHanGul += 1
        else:
            nOthers += 1
    return nAlphabet, nHanGul, nOthers
```

실행 결과

```
>>> # 예제 2110의 countString() 함수 사용하기
>>> alphabet, hangul, other = countString('Python?파이썬!')
>>> print(f'\nalphabet = {alphabet}, hangul = {hangul}, nOthers = {other}')
alphabet = 6, hangul = 3, nOthers = 2
```

프로그램 설명

① countString() 함수는 문자열 변수 str_input의 문자열에서 영문자, 한글, 기타 글자의 개수를 카운트한다.

② return nAlphabet, nHanGul, nOthers 문장은 콤마 연산자에 의해 튜플로 반환한다.

③ alphabet, hangul, other = countString('Python?파이썬!')은 함수 호출의 인수로 주어지는 문자열 'Python?파이썬!'에서 alphabet = 6, hangul = 3, nOther = 2를 출력한다.

예제 2111 소수 prime number 확인하는 함수: isPrime(n)

```
# 2111.py

def isPrime(n):
    bPrime = True
    for i in range(2, n):
        if not n % i:
            bPrime = False
            break
    return bPrime
```

실행 결과

```
>>> # 예제 2111의 isPrime() 함수 사용하기
>>> isPrime(10)
True
>>> isPrime(10)
False
```

프로그램 설명

① isPrime() 함수는 정수 n이 소수이면 True를 반환한다.

예제 2112 평균과 표준편차 계산하는 함수 1: calStat(arr)

```
# 2112.py

def calStat(arr):
    nSum  = 0
    nSum2 = 0
    for a in arr:
        nSum += a
        nSum2 += a * a

```

```python
    n = len(arr)
    avg = nSum / n
    var = nSum2 / n - avg ** 2
    std = var ** 0.5            # square root of var
    return avg, std
```

실행 결과

```
>>> # 예제 2112의 calStat() 함수 사용하기
>>> data = [10, 20, 30, 40, 50]      # (10, 20, 30, 40, 50)
>>> avg, std = calStat(data)
>>> print(f'data = {data}, avg = {avg}, std = {std:.4f}')
data = [10, 20, 30, 40, 50], avg = 30.0, std = 14.1421
```

프로그램 설명

① calStat() 함수는 매개변수 arr에 전달되는 리스트 타입 또는 튜플 타입인 데이터의 평균과 표준편차를 계산한다.

평균 avg은 리스트 또는 튜플 항목의 합계 nSum를 데이터의 개수 n으로 나누어 계산한다.

분산 var은 리스트 또는 튜플 항목의 제곱의 합계 nSum2를 데이터의 개수 n으로 나누고, 평균의 제곱을 뺄셈하여 계산한다. 표준편차 std는 분산의 제곱근으로 계산한다.

return avg, std 문은 콤마 연산자에 의해 결과를 튜플로 반환한다.

② avg, std = calStat(data)는 calStat() 함수를 호출하여 인수인 data의 평균 avg과 표준편차 std를 계산한다.

예제 2113 평균과 표준편차 계산하는 함수 2: calStat(arr)

```python
# 2113.py

def calStat(arr):

    nSum  = 0
    nSum2 = 0
    for a in arr:
        nSum += a
        nSum2 += a * a

    n = len(arr)
    avg = nSum / n
    var = nSum2 / n - avg ** 2
    std = var ** 0.5            # square root of var

```

```
    arr.append(avg)             # 리스트에 avg 추가
    arr.append(std)             # 리스트에 std 추가
    # no return value
```

실행 결과

```
>>> # 예제 2113의 calStat() 함수 사용하기
>>> data = [10, 20, 30, 40, 50]      # (10, 20, 30, 40, 50)
>>> calStat(data); avg = data[-2]; std = data[-1]
>>> print(f'data = {data}, avg = {avg}, std = {std:.4f}')
data = [10, 20, 30, 40, 50, 30.0, 14.1421], avg = 30.0, std = 14.1421
```

프로그램 설명

① calStat() 함수는 매개변수 arr에 전달되는 리스트 타입 또는 튜플 타입인 데이터의 평균과 표준편차를 계산한다.

평균 avg, 분산 var, 표준편차 std를 계산하고, arr.append(avg)와 arr.append(std)로 인수로 전달받은 평균 avg과 표준편차 std를 arr에 추가한다.

② 함수 calStat(data) 호출로 함수 내에서 평균 avg과 표준편차 std를 계산하여 리스트 arr에 추가한 것은 곧 리스트 data에 추가한 것이 된다. 리스트 data와 arr이 같은 고유번호 id() 함수의 결과를 사용하기 때문이다.

예제 2114 가변 위치인수 사용하기

```
# 2114.py

def varSum(*args):
    print(f'args = {args}, type(args) = {type(args)}')

    nSum = 0
    for n in args:
        nSum += n
    return nSum
```

실행 결과

```
>>> # 예제 2114의 가변 위치인수를 갖는 varSum() 함수 사용하기
>>> varSum(1, 2)
args = (1, 2), type(args) = <class 'tuple'>
3
>>> varSum(1, 2, 3)       # varSum(*[1, 2, 3])
args = (1, 2, 3), type(args) = <class 'tuple'>
6
```

프로그램 설명

① 매개변수 앞에 ‘*’이 있으면, 인수의 개수가 일정하지 않은 가변 위치인수 var-positional arguments를 전달받는다. 매개변수의 자료형은 tuple이다.

② varSum(*args) 함수는 가변 위치인수를 args에 받아 합계를 계산한다.

③ 함수 호출 varSum(1, 2)은 2개의 인수가 전달되고, 함수 호출 varSum(1, 2, 3)은 3개의 인수를 전달하게 된다.

④ 함수 호출 varSum(*[1, 2, 3])은 *에 의해 리스트의 항목을 언팩 unpack하여 인수로 전달한다. 따라서 varSum(1, 2, 3)과 같다.

예제 2115 가변 키워드인수 사용하기

```
# 2115.py

def info(**kwargs):
    print(f‘kwargs = {kwargs}’)       # type(kwargs) : ‘dict’

    results = []
    for key, value in kwargs.items():
        #print(f‘{key}:{value}’)
        results.append(f‘{key}:{value}’)

    return ‘, ’.join(results)         # repr(‘, ’.join(results))
```

실행 결과

```
>>> # 예제 2115의 가변 키워드인수를 갖는 info() 함수 사용하기
>>> info(name = ‘anne’, age = 20)        # info(**{‘name’:‘anne’, ‘age’:20})
    kwargs = {‘name’: ‘anne’, ‘age’: 20}
    ‘name:anne, age:20’
>>> info(name = ‘anne’, age = 20, phone = ‘123-456’)
    kwargs = {‘name’: ‘anne’, ‘age’: 20, ‘phone’: ‘123-456’}
    ‘name:anne, age:20, phone:123-456’
```

프로그램 설명

① 매개변수 앞에 ‘**’이 있으면, 인수의 개수가 일정하지 않은 가변 키워드인수 var-keyword arguments를 전달받는다. 매개변수의 자료형은 dict이다.

② info(**kwargs) 함수는 가변 키워드인수를 kwargs에 받아 문자열을 생성하여 반환한다.

③ 함수 호출 info(name = ‘anne’, age = 20)은 2개의 키워드인수를 kwargs에 받아 문자열 ‘name:anne, age:20’을 생성한다.

④ 함수 호출 info(name = 'anne', age = 20, phone = '123-456')은 3개의 키워드인수를 kwargs에 받아 문자열 'name:anne, age:20, phone:123-456'을 생성한다.

⑤ 함수 호출 info(**{'name':'anne', 'age':20})은 **에 의해 사전 dict 인수를 언팩 unpack하여 인수로 전달한다. 따라서 info(name = 'anne', age = 20)와 같다.

예제 2116 /, *, 매개변수 사용하기

```
# 2116.py

def func_p(x, /, y, z):        # positional-only: x
    return 3 * x + 2 * y + z

def func_k(x, *, y, z):        # keyword-only: y, z
    return 3 * x + 2 * y + z
```

실행 결과

```
>>> # 예제 2116의 '/' 인수를 사용하는 func_p() 함수 사용하기
>>> func_p(1, 2, 3)        # x = 1, y = 2, z = 3
10
>>> func_p(x = 1, 2, 3)
SyntaxError: positional argument follows keyword argument
>>>
>>> # 예제 2116의 '*' 인수를 사용하는 func_k() 함수 사용하기
>>> func_k(1, y = 2, z = 3)
10
>>> func_k(1, 2, 3)
Traceback (most recent call last):
  File '<pyshell#103>', line 1, in <module>
    func_k(1, 2, 3)
TypeError: func_k() takes 1 positional argument but 3 were given
```

프로그램 설명

① 매개변수 목록에서 '/' 이전의 매개변수는 위치인수만 가능하다. 따라서 func_p(x, /, y, z) 함수에서 첫 번째 인수 x는 위치인수만 가능하다.

② func_p(1, 2, 3)는 x = 1, y = 2, z = 3에 의해 10을 반환한다.

③ func_p(x = 1, 2, 3)은 첫 번째 인수 위치에서 x = 1로 키워드인수를 사용하기 때문에 SyntaxError 예외가 발생한다.

④ 매개변수 목록에서 '*' 이후의 매개변수는 키워드인수만 가능하다. 따라서 func_k(x, *, y, z) 함수에서 두 번째와 세 번째 인수 y, z는 키워드인수만 가능하다. 함수 호출 func_k(1, 2, 3)은 두 번째와 세 번째 인수를 2, 3으로 위치인수를 사용하기 때문에 TypeErrorr 예외가 발생한다.

예제 2117 함수 annotation: type hints

```
# 2117.py

def incr(x:int) -> int:
    return x + 1

def incr2(x:int | float) -> int | float:
    return x + 1

from typing import Union
def incr3(x:Union[int, float]) -> Union[int, float]:
    return x + 1

print(‘incr(1) = ’, incr(1))
print(‘incr2(1) = ’, incr2(1))
print(‘incr2(1.0) = ’, incr2(1.0))

print(‘incr3(1) = ’, incr3(1))
print(‘incr3(1.0) = ’, incr3(1.0))

print(“getattr(incr, ‘__annotations__’) = ”,
       getattr(incr, ‘__annotations__’))
print(‘incr.__annotations__ = ’, incr.__annotations__)
print(‘incr2.__annotations__ = ’,incr2.__annotations__)
print(‘incr3.__annotations__ = ’,incr3.__annotations__)
```

실행 결과

```
incr(1) = 2
incr2(1) = 2
incr2(1.0) = 2.0
incr3(1) = 2
incr3(1.0) = 2.0
getattr(incr, ‘__annotations__’) = {‘x’: <class ‘int’>, ‘return’: <class ‘int’>}
incr.__annotations__ = {‘x’: <class ‘int’>, ‘return’: <class ‘int’>}
incr2.__annotations__ = {‘x’: int | float, ‘return’: int | float}
incr3.__annotations__ = {‘x’: typing.Union[int, float], ‘return’: typing.
Union[int, float]}
```

프로그램 설명

① 함수의 인수와 반환 값에 대한 자료형 힌트에 대한 annotation이 가능하다. 프로그램 읽기가 좋고, 자료형 확인 등에 사용할 수 있다.

② 함수 incr()은 int 자료형의 파라미터 x를 전달받아, 1 증가하여 int 자료형을 반환한다.

③ 함수 incr2()는 int 또는 float 자료형의 파라미터 x를 전달받아, 1 증가하여 int 또는 float 자료형을 반환한다.

④ 함수 incr3()은 typing.Union을 사용하여 int 또는 float 자료형의 파라미터 x를 전달받아, 1 증가하여 int 또는 float 자료형 반환한다.

⑤ 세 가지 함수 incr(), incr2(), incr3()은 모두 __annotations__ 속성이 생성된다.

⑥ 강제사항은 아니므로 incr(1.0)과 같이 위반해도 오류가 발생하지 않는다.

⑦ 일반 변수 또는 클래스 속성에서도 annotation이 가능하다.

Step 22
람다 함수와 재귀 함수

람다 lambda 함수는 이름을 갖지 않고 한 줄의 수식을 갖는 인라인 함수이다. 〈매개변수 목록〉은 생략할 수 있고, 〈수식〉의 결과가 함수의 반환값이다. 람다 함수에서 인수를 매개변수에 전달하는 방법은 일반 함수와 같다.

형식 예 lambda [〈매개변수 목록〉] : 〈수식〉

예제 2201 람다 lambda 함수 사용하기

```
>>> # 2201.py
>>> f = lambda x: x * x
>>> f(2)
4
>>>
>>> g = lambda x, y = 1: x + y
>>> g(1)
2
>>> g(1, 2)
3
>>> g(y = 10, x = 20)
30
>>>
>>> f = lambda x: int(x) if x.isdigit() else x
>>> f(‘12’)
12
>>> f(‘12ab’)
‘12ab’
>>>
>>> minmax = lambda x, y: (x, y) if x < y else (y, x)
```

```
>>> minmax(10, 20)
    (10, 20)
>>> minmax(20, 10)
    (10, 20)
```

프로그램 설명

① f = lambda x: x * x는 매개변수 x를 제곱한 결과를 반환하는 람다함수를 f에 저장한다. f(2)는 4를 반환한다.

② g = lambda x, y = 1: x + y는 매개변수 x와 y를 덧셈한 결과를 반환한다. 매개변수 y는 기본값 1을 갖는 디폴트 매개변수이다.

g(1)은 x = 1, y = 1이 전달되어 2를 반환하고, g(1, 2)는 x = 1, y = 2가 전달되어 3를 반환하고, g(y = 10, x = 20)는 x = 20, y=10이 전달되어 30을 반환한다.

③ f = lambda x: int(x) if x.isdigit() else x는 매개변수 x에 대해 x.isdigit()가 True이면 int(x)를 반환하고, False이면 x를 반환한다.

④ minmax = lambda x, y: (x, y) if x 〈 y else (y, x)는 매개변수 x, y에 대해 항상 (작은값, 큰값) 순서의 tuple을 반환한다.

재귀 recursion 함수는 함수 정의에서 자기 자신을 호출하는 함수이다. 계승 factorial, 피보나치수열, 퀵 정렬 등 많은 수학식과 알고리즘이 재귀로 정의된다. 재귀함수는 반드시 재귀를 중지하는 조건이 있어야 무한루프에 빠지지 않는다.

예제 2202 재귀함수를 사용하여 n! 계산하기

```
# 2202.py

def fact(n):
    if n == 0:
        return 1
    return n * fact(n - 1)
```

실행 결과

```
>>> # 예제 2202의 fact() 재귀함수 사용하기
>>> fact(3)
    6
>>> fact(4)
    24
```

프로그램 설명

① 계승 factorial 정의는 0! = 1이고, n! = n * (n − 1)!이다.

② fact(3)으로 호출하면, 3 * fact(2)가 반환되고, 다시 fact(2)가 호출되어 2 * fact(1)이 반환되고, 다시 fact(1)이 호출되어 1 * fact(0)을반환하고, fatc(0)은 1을 반환한다. fatc(0) = 1을 이용하여 호출된 역순으로 fact(1) = 1 * 1, fact(2) = 2 * 1, fact(3) = 3 * 2 * 1이 계산되어 6을 반환한다.

예제 2203 재귀함수를 사용하여 피보나치수열 생성하기

```
# 2203.py

def fib(n):
    if n <= 1:
        return n
    return fib(n - 1) + fib(n - 2)
```

실행 결과

```
>>> # 예제 2203의 fib() 재귀함수 사용하기
>>> for n in range(5):
...     print(fib(n))
...
0
1
1
2
3
```

프로그램 설명

① 피보나치수열은 0, 1, 1, 2, 3, 5 ... 와 같이 0, 1로 시작하여 이전의 두 정수를 덧셈하여 생성되는 수열이다.

② fib(0) = 0, fib(1) = 1, fib(3) = fib(2) + fib(1), fib(4) = fib(3) + fib(2) 등이다.

③ for 문으로 처음 5개의 피보나치수열을 출력한다.

예제 2204 math.e 근사

```
# 2204.py

#1

```

```
def fact(n):
    if n == 0:
        return 1
    return n * fact(n - 1)

#2
def exp(n):
    if n == 0:
        return 1
    return 1 / fact(n) + exp(n - 1)

print('exp(10) = ', exp(10))

#3
import math
print('math.e = ', math.e)
```

실행 결과

```
exp(10) = 2.7182818011463845
math.e = 2.718281828459045
```

프로그램 설명

① math.e를 근사한다.

② #2의 재귀함수 exp(n)는 $e \simeq 1 + \frac{1}{1!} + \frac{1}{2!} + \frac{1}{3!} + \ldots + \frac{1}{n!}$를 계산한다.

③ #3은 math 모듈을 임포트하고, math.e를 출력한다(Step 34 참조).

예제 2205 math.exp(x) 근사

```
# 2205.py

#1
def fact(n):
    if n == 0:
        return 1
    return n * fact(n - 1)

#2
def exp(x, n = 20):
    if n == 0:
        return 1
    return x ** n / fact(n) + exp(x, n - 1)

print('exp(3) = ', exp(3))
```

```

#3
import math
print('math.exp(3) = ', math.exp(3))
```

실행 결과

```
exp(3) = 20.085536922950844
math.exp(3) = 20.085536923187668
```

프로그램 설명

① math.exp(x)를 근사한다.

② #2의 재귀함수 exp(x, n)는 $e^x \simeq 1 + \frac{x}{1!} + \frac{x^2}{2!} + \frac{x^3}{3!} + \ldots + \frac{x^n}{n!}$를 계산한다.

③ #3은 math 모듈을 임포트하고, math.exp(3)를 출력한다(Step 34 참조).

예제 2206 math.cos(x)와 math.sin(x) 근사

```
# 2206.py

#1
def fact(n):
    if n == 0:
        return 1
    return n * fact(n - 1)

#2
def cos(x, n = 10):
    if n == 0:
        return 1
    sign = -1 if n % 2 else 1
    return sign * (x ** (2 * n) / fact(2 * n)) + cos(x, n - 1)

print('cos(3.14) = ', cos(3.14))

#3
def sin(x, n = 10):
    if n == 0:
        return x
    sign = -1 if n % 2 else 1

    return sign * (x ** (2 * n + 1) / fact(2 * n + 1)) + sin(x, n - 1)

print('sin(3.14) = ', sin(3.14))
```

```
#4
import math
print('math.cos(3.14) = ', math.cos(3.14))
print('math.sin(3.14) = ', math.sin(3.14))
```

실행 결과

```
cos(3.14) = -0.9999987316527259
sin(3.14) = 0.0015926529267151343
math.cos(3.14) = -0.9999987317275395
math.sin(3.14) = 0.0015926529164868282
```

프로그램 설명

① math.sin(x)와 math.cos(x)를 근사한다.

② #2의 재귀함수 cos(x, n = 10)는 $\cos(x) \simeq 1 - \frac{x^2}{2!} + \frac{x^4}{4!} - \frac{x^6}{6!} + \frac{x^8}{8!} \cdots$ 를 계산한다.

③ #3의 재귀함수 sin(x, n = 10)은 $\sin(x) \simeq \frac{x}{1!} - \frac{x^3}{3!} + \frac{x^5}{5!} - \frac{x^7}{7!} \cdots$ 를 계산한다.

④ #4는 math 모듈을 임포트하고, math.cos(3.14)와 math.sin(3.14)를 출력한다(Step 34 참조).

Step 23
내장함수

지금까지 abs(), bin(), bool(), bytes(), chr(), complex(), dict(), dir(), enumerate(), float(), help(), hex(), id(), input(), int(), len(), list(), max(), min(), oct(), ord(), pow(), print(), range(), repr(), round(), set(), set(), str(), sum(), tuple(), type() 등의 내장함수 built-in functions를 사용하였다. 내장함수는 내장모듈 builtins에 포함되어 있다.

여기서는 반복 가능 iterable한 자료형을 인수로 전달받는 reversed(), all(), any(), enumerate(), map(), filter(), zip(), sorted() 내장함수를 설명한다.

형식 reversed(seq)

reverse() 함수는 인수로 주어진 시퀀스 seq의 순서를 역순으로 변경한다.

예제 2301 reversed() 함수 사용하기

```
>>> # 2301.py
>>> list(reversed([1, 2, 3, 4]))
[4, 3, 2, 1]
>>> tuple(reversed([1, 2, 3, 4]))
(4, 3, 2, 1)
>>> ''.join(list(reversed('abcd')))
'dcba'
```

프로그램 설명

① 인수로 주어진 시퀀스 데이터를 역순으로 정렬하는 reversed() 함수의 결과에 list(), tuple()을 적용하여 리스트와 튜플을 생성한다.

② list(reversed('abcd'))의 결과는 ['d', 'c', 'b', 'a']이고, ''.join(list(reversed('abcd')))은 문자열 'abcd'을 역순 문자열 'dcba'을 생성한다.

③ reversed() 함수는 순서가 없는 집합 set , 사전 dict에 대해서는 사용할 수 없다.

형식 all(iterable), any(iterable)

all() 함수는 인수로 주어진 iterable이 공백 empty이거나 iterable의 모든 항목이 True이면 True를 반환한다.

any() 함수는 인수로 주어진 iterable의 항목 중 하나라도 True이면 True를 반환하고, iterable이 공백이면 False를 반환한다.

예제 2302 all() 함수와 any() 함수 사용하기

```
>>> # 2302.py
>>> all([1, 2, 3, 4])
True
>>> all([1, 2, 3, 0])
False
>>> all([])
True
>>>
>>> any([1, 2, 3, 4])
True
>>> any([0, 0, 0, 4])
True
>>> any([0, 0, 0, 0])
False
>>> any([])
False
```

프로그램 설명

① all()은 iterable이 공백 empty이거나 iterable의 항목 모두 True이면 True이다. any()는 항목 중 하나라도 True이면 True이다. itrerable이 공백이면 False이다.

② 숫자 0은 False, 0이 아닌 나머지는 True이다. all([])은 True, any([])는 False이다.

형식 map(function, *iterable)

map() 함수는 인수로 주어진 iterable의 각 항목에 첫 번째 인수로 주어진 함수 function를 적용한다.

예제 2303 map() 함수 사용하기

```
>>> # 2303.py
>>> X = [2, 3, 4]
>>> list(map(lambda x: x ** 2, X) )
[4, 9, 16]
>>>
>>> Y = [2, 2, 2]
>>> list( map(pow, X, Y) )
[4, 9, 16]
```

프로그램 설명

① map(lambda x: x ** 2, X)는 리스트 X의 각 항목을 람다 함수의 매개변수 x로 받아 x를 제곱을 적용한 반복 가능한 객체를 반환한다.

② map(pow, X, Y)는 X의 각 항목 x와 Y의 각 항목 y에 대해 pow(x, y)를 적용한 반복 가능한 객체를 반환한다.

형식 filter(function, iterable)

filter() 함수는 인수로 주어진 iterable에서 함수 function의 결과가 True인 항목만을 걸러낸다.

예제 2304 filter() 함수 사용하기

```
>>> # 2304.py
>>> X = [-5, 4, -3, 2, -1, 0]
>>> list(filter(lambda x: x < 0, X))
[-5, -3, -1]
>>>
>>> list(filter(lambda x: x >= 0, X))
[4, 2, 0]
```

```
>>>
>>> list(filter(None, X))
    [-5, 4, -3, 2, -1]
```

프로그램 설명

① filter() 함수의 결과에 list() 함수를 적용하여 리스트를 생성한다. tuple(), set() 함수 등을 사용하여 튜플 또는 집합을 생성할 수도 있다.

② filter(lambda x: x < 0, A)는 리스트 X의 각 항목을 람다 함수의 매개변수 x로 받아 조건 x < 0이 True인 항목만을 반복 가능한 객체로 반환한다.

③ filter(lambda x: x >= 0, X)는 리스트 X의 각 항목을 람다 함수의 매개변수 x로 받아 조건 x >= 0이 True인 항목만을 반복 가능한 객체로 반환한다.

④ filter(None, X)는 X의 각 항목의 값이 True인 항목만을 반복 가능한 객체로 반환한다. 항목의 값이 0이면 False이므로 제외된다.

형식 zip(*iterable, strict = False)

다수의 iterables에서 각 항목을 지퍼 zipper처럼 모아서 튜플 항목으로 구성한다.

예제 2305 zip() 함수 사용하기

```
>>> # 2305.py
>>> X = [1, 2, 3]
>>> Y = ['a', 'b', 'c']
>>> Z = zip(X, Y)
>>> list(Z)
    [(1, 'a'), (2, 'b'), (3, 'c')]
>>> list(Z)            # 공백 리스트
    []
>>>
>>> Z = zip(X, Y)
>>> A, B = zip(*Z)
>>> A
    (1, 2, 3)
>>> B
    ('a', 'b', 'c')
```

프로그램 설명

① Z = zip(X, Y)는 리스트 X와 Y의 각 항목을 하나씩 지퍼처럼 모아서 튜플로 생성하여 반복 가능한 객체를 Z에 저장한다.

② list(Z)는 Z에 list() 함수를 적용하여 [(1, 'a'), (2, 'b'), (3, 'c')] 리스트를 생성한다. list(Z)를 다시 실행하면 이전 list(Z)에 의해 반복이 종료되어 결과는 공백 리스트가 된다.

③ Z = zip(X, Y)를 실행한 후에, A, B = zip(*Z)는 Z를 언팩킹 unpacking하여 첫 번째 항목을 A에 저장하고 두 번째 항목을 B에 저장하여 A와 B를 튜플로 반환한다.

형식 enumerate(iterable, start = 0)

iterable을 (순서, 항목)의 튜플 항목으로 나열한다. 순서는 start부터 시작한다.

예제 2306 enumerate() 함수 사용하기

```
>>> # 2306.py
>>> list(enumerate([10, 20, 30, 40]))
    [(0, 10), (1, 20), (2, 30), (3, 40)]
>>> list(enumerate((10, 20, 30, 40), start = 1))
    [(1, 10), (2, 20), (3, 30), (4, 40)]
>>> list(enumerate('abcd'))
    [(0, 'a'), (1, 'b'), (2, 'c'), (3, 'd')]
>>> list(enumerate(range(10, 15)))
    [(0, 10), (1, 11), (2, 12), (3, 13), (4, 14)]
>>> list(enumerate({10, 20, 30}))
    [(0, 10), (1, 20), (2, 30)]
>>> list(enumerate({'a':10, 'b':20, 'c':30}))      # enumerate keys
    [(0, 'a'), (1, 'b'), (2, 'c')]
```

프로그램 설명

① enumerate() 함수의 결과에 list() 함수를 적용하여 리스트를 생성한다.

tuple(), set(), dict() 등을 사용하여 튜플, 집합, 사전을 생성할 수 있다. enumerate() 함수의 결과를 for 문을 이용하여 반복할 수 있다.

② enumerate() 함수의 디폴트 매개변수 strat = 0이다.

③ 사전 dict은 key에 대해서 적용한다. list(enumerate({'a':10, 'b':20, 'c':30}))의 결과는 [(0, 'a'), (1, 'b'), (2, 'c')]이다. 즉, 순서번호와 사전의 키를 쌍으로 튜플을 생성하고, 전체를 리스트로 생성한다.

예제 2307 enumerate() 함수를 사용하여 문자열의 숫자 인코드 • 디코드

```python
# 2307.py

from ordered_set import OrderedSet       # pip install ordered-set
def create_char2dicts(text):
    #chars = set(text)
    chars  = OrderedSet(text)            # 순서 보장
    char2index = dict([(c, i) for i, c in enumerate(chars)])
    index2char = dict([(i, c) for i, c in enumerate(chars)])
    return char2index, index2char
```

실행 결과

```
>>> text = "It's easy to learn and use Python."
>>> char2index, index2char = create_char2dicts(text)
>>> char2index
{'I': 0, 't': 1, "'": 2, 's': 3, ' ': 4, 'e': 5, 'a': 6, 'y': 7, 'o': 8, 'l': 9, 'r': 10, 'n': 11, 'd': 12, 'u': 13, 'P': 14, 'h': 15, '.': 16}
>>> index2char
{0: 'I', 1: 't', 2: "'", 3: 's', 4: ' ', 5: 'e', 6: 'a', 7: 'y', 8: 'o', 9: 'l', 10: 'r', 11: 'n', 12: 'd', 13: 'u', 14: 'P', 15: 'h', 16: '.'}
>>> num_code = [char2index[c] for c in text]                # encode
>>> num_code
[0, 1, 2, 3, 4, 5, 6, 3, 7, 4, 1, 8, 4, 9, 5, 6, 10, 11, 4, 6, 11, 12, 4, 13, 3, 5, 4, 14, 7, 1, 15, 8, 11, 16]
>>> decode_text = ''.join([index2char[n] for n in num_code])  # decode
>>> decode_text
"It's easy to learn and use Python."
```

프로그램 설명

① create_char2dicts(text) 함수에서 enumerate() 함수를 이용하여 문자와 정수 사이의 변환을 위한 사전 char2index, index2char을 생성한다(예제 1103 참고).

② 외부모듈(Step 37)인 순서집합을 설치(pip install ordered-set)하여 사용한다. from ordered_set import OrderedSet는 ordered_set에서 OrderedSet 클래스를 임포트한다. OrderedSet 인스턴스는 순서가 있으므로 인덱스와 슬라이싱이 가능하며, 합집합 |, 교집합 &, 차집합 – 같은 집합연산자 사용이 가능하다.

③ chars = OrderedSet(text)는 text에서 문자의 순서를 유지하는 순서집합을 생성하여 chars는 같은 text 문자열에 대해 순서집합은 항상 같다. 순서가 없는 집합 set()을 사용하면 실행할 때마다 chars이 변경될 수 있다.

형식 sorted(iterable, /, *, key = None, reverse = False)

sorted() 함수는 iterable을 정렬하여 리스트를 반환한다. reverse = False이면 오름차순, reverse = True이면 내림차순으로 정렬한다. key는 비교함수이다

예제 2308 sorted() 함수 사용하기

```
>>> # 2308.py
>>> #1
>>> X = [2, 4, 5, 1, 3]
>>> sorted(X)
    [1, 2, 3, 4, 5]
>>> sorted(X, reverse = True)
    [5, 4, 3, 2, 1]
>>> X
    [2, 4, 5, 1, 3]
>>>
>>> #2
>>> S = 'b a aa C B bac Aa'.split()
>>> S
    ['b', 'a', 'aa', 'C', 'B', 'bac', 'Aa']
>>> sorted(S)
    ['Aa', 'B', 'C', 'a', 'aa', 'b', 'bac']
>>> sorted(S, key = str.lower)          # key = str.upper
    ['a', 'aa', 'Aa', 'b', 'B', 'bac', 'C']
>>> sorted(S, key = len)
    ['b', 'a', 'C', 'B', 'aa', 'Aa', 'bac']
>>>
>>> #3
    students = [
...     ('lee', 21),                     # (name, age)
...     ('kim', 23),
...     ('park',20) ]
...
>>> sorted(students, key = lambda x: x[1])    # sort by age
    [('park', 20), ('lee', 21), ('kim', 23)]
```

프로그램 설명

① sorted() 함수는 str, bytes, list, tuple, range, set, dict 등의 반복 가능한 자료형의 항목을 정렬하여 새로운 리스트로 반환한다.

② #1에서 sorted(X)는 리스트 X를 오름차순 정렬한 리스트를 반환한다.

sorted(X, reverse = True)는 내림차순 정렬한 리스트를 반환한다. X는 변경되지 않는다. X.sort()는 X를 변경한다.

③ #2에서 sorted(S)는 리스트 S의 문자열 항목을 오름차순 정렬하여 [‘Aa’, ‘B’, ‘C’, ‘a’, ‘aa’, ‘b’, ‘bac’]를 반환한다. 문자코드에서 대문자가 소문자보다 앞에 있다.

sorted(S, key = str.lower)는 각 항목에 비교함수 key = str.lower를 적용하여 오름차순 정렬한다.

sorted(S, key = len)는 문자열 항목의 길이에 따라 오름차순 정렬한다.

④ #3에서 sorted(students, key = lambda x: x[1])는 (name, age) 항목으로 이루어진 students 리스트를 key = lambda x: x[1]로 정렬한다. x[1]은 age이다.

예제 2309 sorted() 함수를 사용하여 카프리카 상수 6174 찾기

```
# 2309.py

def Kaprekar_number(numstr):
    count = 0
    print(f‘count = {count}, numstr = {numstr}’)
    while int(numstr) != 6174:
        numstr = ‘0’ * (4 - len(numstr)) + numstr      # 공백을 0으로 채우기
        maxS = ‘’.join(sorted(numstr, reverse = True))
        minS = ‘’.join(sorted(numstr))
        numstr = str(int(maxS) - int(minS))
        count += 1
        print(f‘count = {count}: {maxS} - {minS} = {numstr}’)
    return count
```

실행 결과

```
>>> Kaprekar_number(‘12’)
count = 0, numstr = 12
count = 1: 2100 - 0012 = 2088
count = 2: 8820 - 0288 = 8532
count = 3: 8532 - 2358 = 6174
3
>>> Kaprekar_number(‘3412’)
count = 0, numstr = 3412
count = 1: 4321 - 1234 = 3087
count = 2: 8730 - 0378 = 8352
count = 3: 8532 - 2358 = 6174
3
```

프로그램 설명

① 카프리카 상수는 인도의 수학자인 카프리카가 발견한 숫자이다. 숫자 하나로만 이루어지지 않은 4자리 숫자(예: 1111은 안됨, 1100 또는 1110은 가능)에서 시작하여 이 숫자로 만들 수 있는 가장 큰 숫자에서 이 숫자로 만들 수 있는 가장 작은 숫자를 빼서 나오는 숫자 계산 과정을 반복하면 6174가 나오고, 더는 다른 숫자로 변경되지 않는다.

② Kaprekar_number(numstr) 함수는 숫자의 문자열 numstr의 카프리카 상수로 수렴하는 과정을 보여준다.

③ numstr = '0' * (4 - len(numstr)) + numstr는 매개변수로 전달 받은 numstr이 4자리 숫자 문자열이 되도록 '0'을 채운다. 예를 들어 '12'는 '0012'로 변경한다.

④ sorted(numstr, reverse = True)는 문자열 numstr을 내림차순 정렬하여 리스트로 반환한다. ''.join()으로 하나의 문자열로 생성한다. 문자열 numstr로 만들 수 있는 가장 큰 수의 문자열을 maxS에 생성한다.

⑤ sorted(numstr)는 문자열 numstr을 오름차순 정렬하여 리스트로 반환한다. 문자열 numstr로 만들 수 있는 가장 작은 수의 문자열을 minS에 생성한다.

⑥ Kaprekar_number('0012')는 count = 3번 만에 6174로 수렴한다.

Step 24

이터레이터와 제너레이터

이터레이터 iterator를 사용하면 str, bytes, list, tuple, set, dict 등 반복 가능 iterable한 데이터를 iter(), next()로 접근 처리할 수 있다. 클래스에서 __iter__(), __next__() 연산자 메서드와 StopIteration 예외를 이용하여 이터레이터를 생성할 수 있다.

제너레이터 generator를 사용하면 연속적인 값을 차례로 생성할 수 있다. 제너레이터를 사용하면 데이터를 미리 만들어 놓지 않아도 되므로 메모리를 절약하여 프로그램을 작성할 수 있다. 제너레이터를 생성하는 방법으로는 제너레이터 함수와 제너레이터 수식이 있다.

제너레이터 함수는 일반 함수와 형태는 같지만, return 대신 yield 문을 사용하여 반복 가능한 객체를 생성한다. yield value 문을 사용하여 value 값을 넘겨 yield주고, 현재 위치에서 대기 wait한다. 제너레이터 함수는 대기상태에서 지역변수의 값을 유지한다. 반복에 의해 yield 문을 만나면 다시 실행을 재개 resume한다.

제너레이터 수식은 소괄호 ( ) 안에 for 문을 사용하여 반복 가능한 객체를 생성한다.

예제 2401 이터레이터 iterator 1: iter()와 next() 함수 사용하기

```
>>> # 2401.py
>>> #1
>>> it = iter([1, 2, 3])
>>> it
<list_iterator object at 0x0000024D681F0790>
>>> next(it)
1
>>> next(it)
2
```

```
>>> next(it)
3
>>> next(it)
Traceback (most recent call last):
  File '<pyshell#6>', line 1, in <module>
    next(it)
StopIteration
>>>
>>> it = iter('abc')
>>> list(it)
['a', 'b', 'c']
>>> list(it)
[]
```

프로그램 설명

① #1에서 it = iter([1, 2, 3])은 리스트를 이용하여 이터레이터 it를 생성한다.

② next(it)는 이터레이터 it를 이용하여 리스트의 항목을 차례로 접근하여 반환한다. 마지막에 도달하면 StopIteration 예외가 발생한다.

③ #2에서 it = iter('abc')는 문자열 'abc'을 이용하여 이터레이터 it를 생성한다. list(it)는 문자열 항목을 갖는 ['a', 'b', 'c'] 리스트를 생성한다. 다시 한 번 list(it)를 실행하면 앞선 실행으로 이터레이터가 끝에 도달하였기 때문에 공백 리스를 반환한다.

예제 2402 이터레이터 iterator 2

```
# 2402.py

def func_iter(iterable):
    result = []
    it = iter(iterable)
    while True:
        try:
            item = next(it)
            result.append(item)
        except StopIteration:
            break
    return result
```

실행 결과

```
>>> func_iter('abc')
['a', 'b', 'c']
>>> func_iter({1, 2, 3})
[1, 2, 3]
```

프로그램 설명

① func_iter(iterable) 함수에서 it = iter(iterable)로 이터레이터 it를 생성하고, StopIteration 예외가 발생할 때까지 while 문으로 무한 반복하며 item = next(it)로 item을 가져와서 리스트 result에 추가하고, 반복이 종료되면 리스트 result를 반환한다.

② func_iter('abc')는 ['a', 'b', 'c']를 반환하고, func_iter({1, 2, 3})는 [1, 2, 3]를 반환한다.

예제 2403 제너레이터 generator 1

```
# 2403.py

def Range(n):
    i = 0
    while i < n:
        yield i        # return i와 비교
        i += 1
```

실행 결과

```
>>> for i in Range(5):
...     print(i)
...

0
1
2
3
4
>>> list(Range(10))
[0, 1, 2, 3, 4, 5, 6, 7, 8, 9]
```

프로그램 설명

① 사용자가 정의한 제너레이터 함수 Range()는 range() 함수와 유사하게 동작한다.

② for 문에서 Range(5)를 사용하여 변수 i에 0부터 4까지 반복한다.

③ list(Range(10))는 리스트 [0, 1, 2, 3, 4, 5, 6, 7, 8, 9]를 생성한다.

예제 2404 제너레이터 generator 2

```
# 2404.py

def frange(start, stop = None, step = 1.0):
    assert step != 0, 'need step nonzero'

```

```
    if stop == None:            # step is None
        x = 0.0
        y = float(start)
    else:
        x = float(start)
        y = float(stop)

    n = int((y - x) / step)     # 제너레이터로 생성할 데이터 개수
    k = 0
    while k <= n:               # k < n 비교
        yield x
        x += step
        k += 1
```

실행 결과

```
>>> list(frange(5))
[0.0, 1.0, 2.0, 3.0, 4.0, 5.0]
>>> list(frange(0, 5, 0.5))
[0.0, 0.5, 1.0, 1.5, 2.0, 2.5, 3.0, 3.5, 4.0, 4.5, 5.0]
>>> list(frange(5, 0, -0.5))
[5.0, 4.5, 4.0, 3.5, 3.0, 2.5, 2.0, 1.5, 1.0, 0.5, 0.0]
```

프로그램 설명

① 사용자가 정의한 제너레이터 함수 frange()는 실수에 대해 start에서 stop까지 간격 step에 의해 실수 범위를 생성한다. None은 값이 없음을 나타내는 파이썬 상수이다. 정수 범위의 range() 함수와 유사하지만, while 문에서 k <= n 조건을 사용하여 stop을 포함하고, k < n 조건을 사용하면 stop을 제외한다.

② assert step != 0, 'need step nonzero'은 step이 0이면 'need step nonzero' 메시지를 출력하고 예외 오류를 발생시킨다.

③ stop == None이 참이면, 즉 stop이 없으면 x = 0.0에서 y = float(start)까지로 범위를 설정한다. stop == None이 거짓이면, x = float(start), y = float(stop)까지로 범위를 설정한다.

④ n = int((y − x) / step)는 생성할 데이터의 개수를 계산한다. step이 음수여도 올바르게 계산한다.

⑤ k = 0으로 초기화하고, k <= n이 참인 동안 yield x로 x를 돌려주고, x += step으로 step만큼 더하고, k += 1로 1 증가한다.

⑥ list(frange(5))는 0에서 5까지 1.0 간격으로 리스트를 생성한다. list(frange(0, 5, 0.5))는 0에서 5까지 0.5 간격으로 리스트를 생성한다. list(frange(5, 0, −0.5))는 5에서 0까지 −0.5 간격으로 리스트를 생성한다.

예제 2405 제너레이터 수식

```
>>> it = (x * x for x in range(5))
>>> it
<generator object <genexpr> at 0x02D5DAB0>
>>> list(it)
[0, 1, 4, 9, 16]
>>>
>>> it = (x * x for x in range(5) if x % 2 == 0)     # x가 짝수인 경우만
>>> list(it)
[0, 4, 16]
```

프로그램 설명

① it = (x * x for x in range(5))는 소괄호 () 안에 for 문을 사용한 제너레이터 수식으로 range(5)에 의해서 0부터 4까지 정수 x의 제곱 x * x을 갖는 제너레이터 it를 생성한다.

② list(it)는 제너레이터 수식 it에 list()를 적용하여 리스트 [0, 1, 4, 9, 16]을 생성한다.

③ it = (x * x for x in range(5) if x % 2 == 0)는 range(5)에 의해서 0부터 4까지의 숫자 x 중에서 if 절의 x % 2 == 0이 참인 짝수의 제곱을 갖는 제너레이터 it를 생성한다. 따라서 list(it)는 리스트 [0, 4, 16]을 생성한다.

Step 25
지역변수와 전역변수

파이썬 프로그램은 코드 블록 code blocks으로 구성되어 있다. 코드 블록은 모듈 modules, 함수 정의 function definitions, 클래스 정의 class definitions 등으로 **실행 가능한 프로그램 조각**이다.

네임스페이스 namespace는 **변수, 함수, 클래스, 모듈 등의** 이름 name이 대입연산자 = 또는 인수 전달에 **의해서** 바인딩 binding된 영역**이다. 파이썬에는** 내장 built-in, 지역 local, 전역 global 네임스페이스가 있다.

내장 built-in 네임스페이스는 **파이썬 인터프리터가 시작할 때 생성되어 인터프리터를 중단하기 전까지 유지된다.** dir(__builtins__)로 **확인**할 수 있다.

전역 global 네임스페이스는 각 **모듈이 시작할 때 생성되는 최상위 네임스페이스이다.** globals() **함수로 확인**할 수 있다. **함수 외부에서 대입연산자로 값을 저장한 변수는 전역 변수** global variables이다.

지역 local 네임스페이스는 **함수가 호출되거나 클래스 인스턴스가 생성될 때 내부에서 바인딩된 이름에 의해 생성된다.** locals() **함수로 확인**할 수 있다. **바인딩된 지역 내에서만 사용**할 수 있다. 함수 정의의 매개변수와 함수 내부에서 대입연산자로 값을 저장한 변수는 지역변수 local variables이다.

현재 사용하는 이름 name이 어느 네임스페이스에 속하는 이름인지 결정하는 유효범위 scope 규칙은 지역 local ▶ 전역 global ▶ 내장 built-in 순서로 이름이 속한 코드 블록에서 밖으로 나가면서 이름을 찾는다.

예를 들어, 함수 내부 지역에서 사용하는 변수 이름을 지역 local ▶ 전역 global ▶ 내장 built-in 네임스페이스에서 순서대로 찾고, 최종적으로 내장 네임스페이스에서 찾는 이름이 없으면 UnboundLocalError 또는 NameError 예외가 발생한다.

함수 내부에서 global 문을 사용하면 전역변수를 사용할 수 있다. del 문을 사용하면 전역 또는 지역에서 생성한 변수를 삭제할 수 있다.

예제 2501 지역변수와 전역변수 사용하기

```
# 2501.py

x = 1                   # 전역변수
def func():
    #print(x)
    # UnboundLocalError: local variable ‘x’ referenced before assignment
    x = 10              # 지역변수
    print(‘x = ’, x)
    #print(‘locals() = ’, locals())
    # print(‘globals() = ’, globals())
```

실행 결과

```
>>> func()
    x =  10
    locals() = {‘x’: 10}
>>>
>>> globals()
    {..., ‘x’: 1, ‘func’: <function func at 0x000001D74618FD00>}
>>> print(x)
    1
>>> del x              # 전역변수 x 삭제
>>> print(x)
    Traceback (most recent call last):
      File ‘<pyshell#10>’, line 1, in <module>
        x
    NameError: name ‘x’ is not defined
```

프로그램 설명

① 프로그램을 실행하면, x = 1에 의해 변수 x는 전역변수이다. func() 함수를 정의한다.

② func() 함수를 호출하면, 함수 내에서 x = 10에 의해 변수 x는 func() 함수의 지역변수이고, print(‘x = ‘, x)는 지역변수 x의 값 10을 출력한다. locals() = {‘x’: 10}를 출력한다. 만약, 지정문 x = 10 이전에 print(x)가 있으면 UnboundLocalError 예외가 발생한다.

③ globals()를 호출하면 사전 dict 형식의 출력 결과에서 전역변수 x의 값이 1인 것을 확인할 수 있다. 이전의 func() 함수 호출의 x = 10에 의해 값이 변경되지 않는다.

④ print(x)는 전역변수의 x = 1을 출력한다.

⑤ del x로 전역변수 x를 삭제하고, print(x) 호출하면 NameError 예외가 발생한다.

예제 2502 global 문으로 전역변수 참조하기

```python
# 2502.py

x = 1                    # 전역변수
def func():
    global x             # 전역변수 x 참조 설정
    x = 10               # 전역변수 x 참조
    print('x = ', x)
    print('locals() = ', locals())
```

실행 결과

```
>>> func()
x =  10
locals() = {}
>>>
>>> print(x)
10
>>> globals()
{..., 'x': 10, 'func': <function func at 0x0000027F2C65FD00>}
```

프로그램 설명

① func() 함수에서 global x는 변수 x를 전역변수로 설정한다.

② func()를 호출하면 함수 내의 global x 문에 의해 x = 10은 전역변수 x의 값을 변경한다. print('x = ', x)는 x = 10을 출력하고, 함수 내에 지역변수가 없기 때문에 locals() = {}을 출력한다.

③ print(x)를 호출하면 func() 함수에서 변경한 전역변수 x = 10을 출력한다. globals() 함수를 호출하면 사전 dict에서 'x': 10을 확인 할 수 있다.

예제 2503 함수 매개변수의 유효범위 scope 1: 변수 지정문

```
# 2503.py

#1
def changeValue(x):
    print(f'Before: in local, locals() = {locals()}')
    print(f'Before: in local, id(x) = {id(x)}')
    x = 10                  # 지역변수 생성

    print(f'After: in local, x = {x}')
    print(f'After: in local, id(x) = {id(x)}')

#2
x = 1                       # 전역변수 생성
print(f'in global, id(x) = {id(x)}')
changeValue(x)              # 함수 호출
print('x = ', x)            # 전역변수 사용, x = 1
```

실행 결과

```
in global, id(x) = 2046636327152
Before: in local, locals() = {'x': 1}
Before: in local, id(x) = 2046636327152
After: in local, locals() = {'x': 10}
After: in local, id(x) = 2046636327440
```

프로그램 설명

① 함수 내에서 global 문을 사용하지 않고 변수에 값을 할당하는 지정문 assignment statement =은 지역변수를 생성한다.

② #2의 **전역 공간**에서 x = 1로 **전역변수** x를 **생성**하고, id(x)로 x의 **고유번호** identity를 출력한다. 변수의 고유번호는 실행할 때마다 변경된다.

③ **changeValue(x) 함수**를 **호출**하여 #1의 함수를 실행한다.

changeValue(x)의 **매개변수** x는 changeValue() **함수의 지역변수**이다. 지역변수 x의 값은 전역변수 x에서 전달받은 1이다. 즉, locals() = {'x': 1}이 된다. **함수 내에서 새로운 값을 할당하기 이전에는 매개변수 x의 고유번호** id(x)는 이름이 x로 같기 때문에 #2, 즉 **전역변수 x의** id(x)와 같다.

④ changeValue(x) **함수 내에서** x = 10의 **지정문을 실행하는 순간**, x는 새로운 고유번호 id(x)를 부여받고, changeValue() 함수의 **지역변수가 되어** locals()={'x': 10}으로 변경된다.

⑤ 함수 changeValue()의 실행을 마치고 리턴한 뒤에 #2의 print('x = ', x)를 실행하면 x = 1을 출력한다. 즉, changeValue() 함수에서 x = 10으로 변경한 것이 전역변수 x에 영향을 주지 않는다. 변수 이름 x로 이름은 같지만, 네임스페이스가 다르기 때문이다. id() 함수를 사용하면 같은 변수인지 다른 변수인지 확인할 수 있다.

예제 2504 함수 매개변수의 유효범위 scope 2: list

```
# 2504.py

#1
def calStat(arr):                # type(arr): list
    assert isinstance(arr, list), ‘not list in arr’
    print(f‘in local, calcStat, id(arr) = {id(arr)}’)

    n = len(arr)
    arr_sum = sum(arr)
    arr_avg = arr_sum / n

    arr_sum2 = sum(map(lambda x: x ** 2, arr))
    arr_var  = arr_sum2 / n - arr_avg ** 2
    arr_std  = arr_var ** 0.5

    arr.append(arr_sum)
    arr.append(arr_avg)
    arr.append(arr_std)
    return n

#2
data = [10, 20, 30, 40, 50]
n = calStat(data)
data_sum, data_avg, data_std =  data[-3:]
print(f‘‘‘in global,
          data = {data},
          n    = {n},
          data_sum = {data_sum},
          data_avg = {data_avg}, data_std = {data_std:.4f}
       ’’’)
print(f‘in global, id(data) = {id(data)}’)
```

실행 결과

```
in local, calcStat, id(arr) = 2849949195136
in global,
          data = [10, 20, 30, 40, 50, 150, 30.0, 14.142135623730951],
          n    = 5,
          data_sum = 150,
          data_avg = 30.0, data_std = 14.1421

in global, id(data) = 2849949195136
```

프로그램 설명

① #1의 calStat() 함수는 매개변수인 리스트 arr의 합계 arr_sum와 평균 arr_avg 그리고 표준편차 arr_std를 계산하고, 계산된 결과를 arr.append()로 리스트 arr의 항목에 추가한다.

그리고 리스트 arr의 항목 개수 n을 반환한다. 함수 실행을 시작할 때 매개변수 arr이 list 형이 아니면 assert 문에 의해서 예외가 발생한다.

② #2의 전역 공간에서 리스트 data를 생성하고, n = calStat(data)를 실행하면 calStat() 함수를 호출하여 리스트 data의 합계와 평균 그리고 표준편차를 계산하여 리스트 data의 항목에 추가하고, 리스트 data의 항목 개수를 반환하여 변수 n에 저장한다.

③ #2의 data는 전역변수이고, #1의 매개변수 arr은 calStat() 함수의 지역변수이다. 네임스페이스는 다르지만, **id(data)와 id(arr)의 고유번호 identity, 주소가 같다.** calStat() 함수 내에서 **매개변수 arr에 새로운 값을 할당하지 않고 arr의 항목만을 변경했기** 때문에 **같은 id가 유지된다.** list, set, dict는 항목변경이 가능한 자료형이다.

예제 2505 함수 매개변수의 유효범위 scope 3: set, dict

```
# 2505.py

#1
print('\n#1: set')
def changeSet(arg_set):
    arg_set.add(4)

S = {1, 2, 3}
changeSet(S)
print('S = ', S)

#2
print('\n#2: dict')
def changeDict(arg_dict):
    arg_dict['apple'] = 10
    arg_dict['grapes']= 3

fruits = {'apple': 1, 'orange': 2}
changeDict(fruits)
print('fruits = ', fruits)
```

실행 결과

```
#1: set
S = {1, 2, 3, 4}

#2: dict
fruits = {'apple': 10, 'orange': 2, 'grapes': 3}
```

프로그램 설명

① #1은 changeSet(S) 호출로 changeSet() 함수 내에서 arg_set.add(4)에 의해 전역변수인 집합 set 변수 S의 항목에 추가되어 S = {1, 2, 3, 4}이다.

② #2는 changeDict(fruits) 호출로 changeDict() 함수 내에서 arg_dict['apple'] = 10, arg_dict['grapes'] = 3에 의해 전역변수인 사전 dict 변수 fruits의 항목이 변경되고, 추가되어 fruits = {'apple': 10, 'orange': 2, 'grapes': 3}이다.

CHAPTER 6 파일 입출력

파일은 텍스트 text 파일과 바이너리 binary 파일이 있다.
파이썬의 텍스트 파일은 편집기로 코드표에 의해 작성하거나, 읽을 수 있는 파일이다.
바이너리 파일은 BMP, JPG, PNG 등의 그림 파일, AVI, MPEG, MP4 등의 멀티미디어 파일 또는 실행 파일 등이다.

Step 26
텍스트 파일 입출력

텍스트 파일 text file은 메모장 notepad과 같은 에디터로 작성되거나 읽을 수 있는 파일이다. 텍스트 파일은 ANSI, 유니코드 등의 코드표를 사용하여 문자를 변환한다. 파일에 출력할 때는 문자를 이진코드로 변환하여 저장하고, 파일에서 입력할 때는 저장된 이진 코드값을 문자로 변환하여 보여준다. 즉, 파이썬의 텍스트 파일은 str 자료형으로 파일 입출력을 수행한다.

텍스트 파일을 입출력하는 순서는 먼저 open() 함수를 사용하여 텍스트 모드 'r', 'w', 'a'로 파일을 개방하고, 다음 순서로 파일 객체 _io.TextIOWrapper의 write(), read(), readline(), readlines() 메서드를 사용하여 파일을 입출력하고, 마지막으로 close() 메서드를 사용하여 파일을 닫는 것으로 입출력을 종료한다.

형식 open(file, mode = 'r', encoding = None, newline = None)

file은 개방할 파일이름을 나타내는 문자열이다.

mode는 읽기 쓰기 방식을 지정하는 문자로 'r', 'w', 'a', 'b', 't' 등이다. mode = 'r'은 텍스트 파일의 읽기 모드이고, mode = 'w'는 텍스트 파일의 쓰기 모드이다. 읽기 모드에서 파일이 없으면 예외가 발생하고, 쓰기모드에서 파일이 없으면 새로 생성한다.

encoding은 입출력에 사용할 코드표이다. 윈도우즈에서 기본값은 'cp949'이다. 인코딩은 'ascii', 'cp949', 'euc-kr', 'utf-8', 'utf-16', 'utf-16le', 'utf-16be', 'utf-32' 등이 있다.

텍스트 파일 읽기에서 newline = None이면, 행 넘김을 '\n'으로 변환한다. newline = '' 이면 행의 끝은 변환하지 않는다(유닉스 '\n', 윈도우즈 '\r\n').

텍스트 파일 쓰기에서 newline = None이면, '\n'을 행 넘김(윈도우즈 '\r\n')으로 변환한다. newline = ''이면 행의 끝은 변환하지 않는다.

형식 write()

파일 객체가 f일 때, f.write(str)는 문자열 str을 파일에 출력하고, 출력한 바이트 수를 반환한다.

형식 read()

파일 객체가 f일 때, f.read(size)는 파일의 내용을 최대 size 바이트만큼 읽어 문자열로 반환한다. size가 생략되면 파일의 전체를 읽는다. 파일의 끝에 도달하여 더 이상 읽을 수 없으면 공백 ''을 반환한다.

형식 readline()
readlines()

텍스트 파일 객체가 f일 때, f.readline()은 파일에서 한 줄을 읽어서 문자열로 반환한다. 문자열의 끝에 줄 바꿈 문자 '\n'가 추가된다. 파일의 끝에서는 공백 ''을 반환한다. f.readlines()는 파일에서 행 단위로 읽어 행의 내용을 항목으로 하는 리스트를 반환한다.

형식 writelines(lines)

텍스트 파일 객체가 f일 때, f.writelines(lines)는 행의 내용을 항목으로 하는 리스트 lines를 파일에 출력한다. 줄 바꿈 문자 '\n'가 자동으로 추가되지 않는다.

예제 2601 IDLE 대화형 모드에서 텍스트 파일 열기

```
>>> # 2601.py
    #1: 파일 open
>>> f1 = open('data1.txt', 'w')      # 텍스트 파일 쓰기모드 개방, 'wt'
>>> f1
    <_io.TextIOWrapper name='data1.txt' mode='w' encoding='cp949'>
>>> import os                # os 모듈 가져오기
>>> os.getcwd()              # 현재 작업 디렉토리 확인
    'C:\\Users\\kdk\\AppData\\Local\\Programs\\Python\\Python310'
>>>
>>> #2: 현재 작업 디렉터리(폴더) 변경
>>> os.chdir('c:/tmp')      # 'c:\\tmp'
>>> os.getcwd()              # 현재 작업 디렉토리 확인
    'c:\\tmp'
>>>
>>> f2 = open('data2.txt', 'w')        # 텍스트 파일 쓰기모드 개방
    <_io.TextIOWrapper name='data2.txt' mode='w' encoding='cp949'>
>>>
>>> #3: 절대경로 파일
>>> f3 = open('c:/tmp/data3.txt', 'w')  # 'c:\\tmp\\data3.txt'
>>> f3
    <_io.TextIOWrapper name='c:/tmp/data3.txt' mode='w' encoding='cp949'>
>>> f1.close(); f2.close(); f3.close()
```

프로그램 설명

① #1의 f1 = open('data1.txt', 'w')은 현재 폴더 current working directory에 텍스트 파일 쓰기 모드 'w', 'wt'로 file = 'data1.txt' 파일을 f1에 개방한다. 쓰기모드는 파일을 새로 생성한다. f1은 _io.TextIOWrapper 객체이고, 파일과 연결되어 있다. 윈도우즈에서 디폴트 인코딩은 encoding = 'cp949'이다.

② import os는 os 모듈을 임포트하고, os.getcwd()는 현재 작업 디렉토리의 경로를 문자열로 반환한다. IDLE 대화형 모드에서 기본 작업 디렉토리는 파이썬 설치 폴더이다.

③ #2는 현재 작업디렉터리를 변경하여 file = 'data2.txt' 파일을 텍스트 쓰기모드로 f2에 개방한다. os.chdir('c:/tmp')는 작업디렉터리를 'c:/tmp'로 변경한다. 경로 path를 지정할 때는 슬래시 '/' 또는 2중 역슬래시 '\\'를 사용한다.

④ #3은 절대경로 파일을 지정하여 file = 'c:/tmp/data3.txt'를 텍스트 쓰기모드로 f3에 개방한다. f3은 name = 'c:/tmp/data3.txt'로 파일과 연결되어 있으며, 텍스트 파일 쓰기 모드 mode = 'w'이고, 코드표는 디폴트로 encoding = 'cp949'이다.

예제 2602 IDLE 프로그래밍 모드에서 텍스트 f.read()와 f.write()

```
# 2602.py

#1
#f = open(‘D:/python_example/data.txt’, ‘w’)
f = open(‘data.txt’, ‘w’)          # ‘./data.txt’
f.write(‘lee  80  90  95\n’)
f.write(‘kim  85  70  75\n’)
f.write(‘park 70  80  90\n’)
f.close()

#2
#f = open(‘D:/python_example/data.txt’, ‘r’)
f = open(‘data.txt’, ‘r’)
data = f.read()
print(data)
f.close()
```

실행 결과

```
lee  80  90  95
kim  85  70  75
park 70  80  90
```

프로그램 설명

① 프로그래밍 모드에서 파이썬 소스 파일을 작성하고 실행 Run할 때 프로그램에서 개방하는 파일은 절대경로 ‘D:/python_example/data.txt’ 또는 상대경로 ‘./data.txt’를 나타내는 문자열로 지정할 수 있다. 경로 path 지정이 없는 문자열을 사용하면 파이썬 소스 파일과 같은 폴더에서 있는 파일을 읽거나 생성한다.

② #1은 ‘D:/python_example/data.txt’ 파일을 텍스트 쓰기모드 mode = ‘w’로 f에 개방한다.

③ f.write(‘lee 80 90 95\n’), f.write(‘kim 85 70 75\n’), f.write(‘park 70 80 90\n’)는 파일 객체 f에 연결된 파일에 문자열을 출력한다. f.close()은 개방된 파일을 닫는다.

④ [그림 26.1]은 IDLE의 메뉴 File ▶ Open으로 ‘D:/python_example/data.txt’ 파일을 오픈한 결과이다. 텍스트 파일은 메모장 notpad으로 파일을 읽을 수 있다.

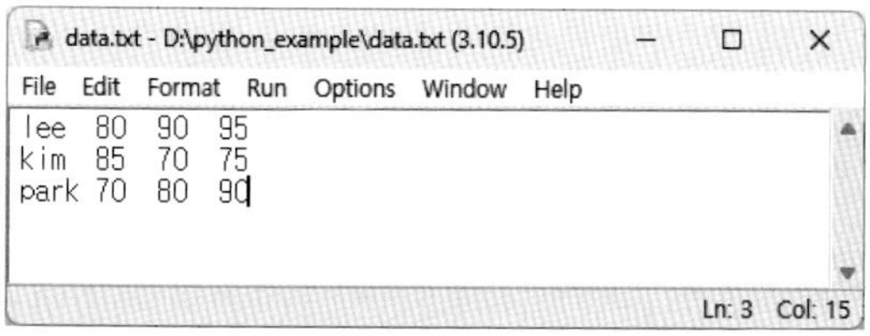

그림 26.1 • ‘data.txt’ 파일 확인

⑤ #2는 #1에서 작성한 file = 'D:/python_example/data.txt' 파일을 텍스트 읽기모드 'r'로 f에 개방한다. 읽기모드에서는 지정된 파일이 없으면 FileNotFoundError 예외가 발생한다. f.read()로 파일 전체를 문자열로 읽어 문자열 변수 data에 저장한다. f.close()은 파일을 닫는다.

⑥ 텍스트 파일 입출력에서 인코딩 encoding이 일치해야 한다. 여기서는 윈도우즈의 디폴트 인코딩 encoding = 'cp949'를 사용하여 문자열을 파일에 저장하고 파일을 읽은 것이다.

메모장을 사용하여 ANSI, UTF-8, UTF-16 LE, UTF-16 BE 등의 인코딩으로 텍스트 파일을 저장하면, 매개변수 encoding에 'ascii', 'cp949', 'utf-8', 'utf-16', 'utf-16le', 'utf-16be' 등을 명시하여 파일을 읽을 수 있다.

예제 2603 with 문으로 f.readlines() 사용하기

```
# 2603.py

#1
f = open('data.txt', 'r')        # './data.txt'
for line in f:                   #  f.readlines():
    print(line, end = '')
f.close()

#2
with open('data.txt', 'r') as f:
    data = f.readlines()
    print('data = ', data)
```

실행 결과

```
lee  80  90  95
kim  85  70  75
park 70  80  90
data = ['lee  80  90  95\n', 'kim  85  70  75\n', 'park 70  80  90\n']
```

프로그램 설명

① #1은 file = 'data.txt'를 텍스트 파일 읽기모드 mode = 'r'로 f에 개방한다. for 문으로 파일 f에서 한 행씩 line에 문자열로 읽는다. 문자열 lin의 끝에 줄 바꿈 문자 '\n'이 때문에 print()에서 end = ''로 두 번 줄 바꿈되는 것을 방지한다.

② #2는 with 문을 사용하여 파일을 f에 개방한다. with 문은 블록을 마치면 자동으로 파일을 닫는다. f.readlines()로 각 행을 리스트에 읽어 리스트 data에 저장하고 출력한다.

예제 2604 with 문으로 f.readlines() 사용하기

```
# 2604.py

#1
def read_data(file_name):
    data_list = []
    with open(file_name, ‘r’) as f:
        for line in f:                    # f.readlines()
            name, kor, eng, math = line.split()
            tmp = [ name, int(kor), int(eng), int(math)]
            data_list.append(tmp)
    return data_list

#2
def calculateAvg(data_list):
    for item in data_list:
        name, kor, eng, math = item
        sumScore = kor + eng + math
        item.append(sumScore)             # 합계 추가
        item.append(sumScore/3)           # 평균 추가

#3
def write_data(file_name, data_list):
    with open(file_name, ‘w’) as f:
        f.write(‘    name,     kor,    eng,    math,  sum,  avg\n’)
        f.write(‘------------------------------------------------\n’)
        for item in data_list:
            s = ‘’
            for data in item:
                if isinstance(data, float): # type(data) == float
                    s += f‘{data:8.2f}’
                else:
                    s += f‘{data:>8}’
            s += ‘\n’
            f.write(s)

#4
def main():
    std_list = read_data(‘data.txt’)       # ‘./data.txt’
    print(‘std_list=’, std_list)

    calculateAvg(std_list)
    print(‘std_list=’, std_list)
    write_data(‘result.txt’, std_list)

```

```
#5
#main()
if __name__ == '__main__':
    main()
```

실행 결과

```
std_list= [['lee', 80, 90, 95], ['kim', 85, 70, 75], ['park', 70, 80, 90]]
std_list = [['lee', 80, 90, 95, 265, 88.33333333333333], ['kim', 85, 70, 75, 230, 76.66666666666667], ['park', 70, 80, 90, 240, 80.0]]
```

프로그램 설명

① #1의 read_data() 함수는 file_name 파일의 각 행을 읽어 리스트 data_list의 각 항목에 학생의 이름 name, 국어 kor, 영어 eng, 수학 math 점수를 갖는 리스트를 생성하여 반환한다. 이름은 문자열, 국어, 영어, 수학 점수는 정수이다.

② #2의 calculateAvg() 함수는 data_list에 저장된 학생의 총점 sumScore과 평균 (sumScore / 3)을 계산하여 리스트 항목에 추가한다.

③ #3의 write_data() 함수는 file_name 파일에 data_list의 각 항목을 문자열 s로 변경하여 출력한다. isinstance(data, float)로 실수 항목 data인 평균 avg에 대해 s += f'{data:8.2f}'로 8자리, 소수점 이하 2자리, 오른쪽 정렬하여 문자열 s에 추가한다. 실수 항목이 아닌 data는 s += f'{data:>8}'로 8자리, 오른쪽 정렬하여 문자열 s에 추가한다. s += '\n'로 문자열 s에 줄 바꿈 문자를 추가한다.

④ #4의 main() 함수에서 read_data() 함수를 호출한다. 호출된 함수에서 'data.txt' 파일에서 학생 데이터를 읽어 리스트 data_list에 저장하고 return 하면 main() 함수에서 학생 데이터를 std_list에 저장한다. calculateAvg(std_list) 함수를 호출하여 std_list에 저장된 각 학생의 성적의 총점과 평균을 계산하여 리스트 std_list의 항목으로 추가한다. write_data('result.txt', std_list) 함수를 호출하여 리스트 std_list를 'result.txt' 파일에 출력한다.

⑤ #5는 main() 함수를 호출한다. [그림 26.2]는 IDLE의 메뉴 File ▶ Open으로 'result.txt' 파일을 오픈한 결과이다.

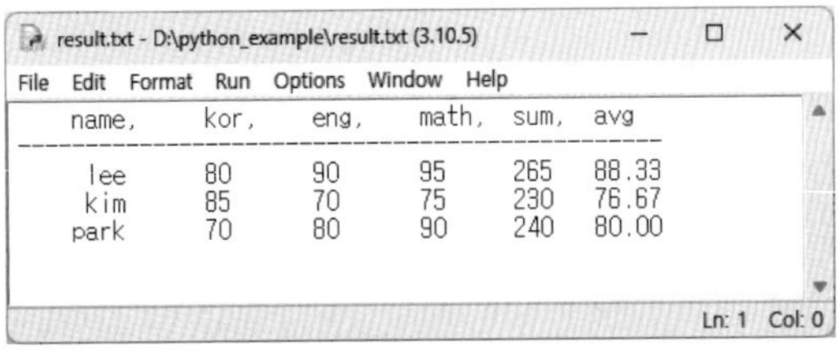

그림 26.2 • 'result.txt' 파일 확인

Step 27
이진 파일 입출력

이진 파일 binary file은 입출력에서 코드표가 필요 없이 저장된 이진 데이터가 의미 있는 파일이다. BMP, JPG, PNG, AVI, MPEG, MP4 등의 사진(이미지), 사운드, 동영상 등의 멀티미디어 파일 또는 실행 파일은 이진 파일이다.

이진 파일을 입출력하는 순서는 먼저 open() 함수를 사용하여 이진모드 'rb', 'wb'로 파일을 개방하고, 다음 순서로 파일 객체의 write(), read() 메서드를 사용하여 파일을 입출력하고, 마지막으로 close() 메서드로 파일을 닫는다.

파이썬은 정수 바이트 문자열 자료형 bytes를 사용하여 이진 파일 입출력을 한다. 이진 파일 객체의 write() 메서드는 bytes 문자열을 파일에 출력하고, 출력한 바이트 수를 반환한다. read() 메서드는 파일에서 내용을 읽어 bytes 문자열을 반환한다.

예제 2701 IDLE 대화형 모드에서 이진 파일 입출력하기

```
>>> # 2701.py
>>> #1: 파일 open
>>> f = open('D:/python_example/test.bin', 'wb')  # 이진 파일 쓰기모드 개방, 'wb'
>>> f
<_io.BufferedWriter name='D:/python_example/test.bin'>
>>> f.write(b'0123456789abc')
13
>>> f.close()
>>>
>>> #2:
>>> f = open('D:/python_example/test.bin', 'rb')  # 이진 파일 읽기모드 개방, 'rb'
>>> f
<_io.BufferedReader name='D:/python_example/test.bin'>
```

```
>>> f.read()
    b'0123456789abc'
>>> f.close()
```

프로그램 설명

① #1은 file = 'D:/python_example/test.bin' 파일을 이진 쓰기모드 'wb'로 f에 개방한다. f는 _io.BufferedWriter 객체이고, 파일과 연결되어 있다. 인코딩은 없다.

② f.write(b'0123456789abc')는 바이트 문자열 상수 b'0123456789abc'를 파일에 출력하고 출력한 바이트 수 13을 반환한다. 바이트 문자열 상수 b'0123456789abc'가 ASCII 문자이기 때문에 'test.bin' 파일은 메모장으로 열면 텍스트 모드로 출력한 결과와 같다. f.close()는 파일을 닫는다.

③ #2는 file = 'D:/python_example/test.bin' 파일을 이진 읽기모드 'rb'로 f에 개방한다. f는 _io.BufferedReader 객체이고, 파일과 연결되어 있다. 인코딩은 없다.

④ f.read()는 파일의 내용을 바이트 문자열로 읽어 반환한다.

예제 2702 png 파일 복사하기

```
>>> # 2702.py
>>> #1
>>> PATH = 'D:/python_example/'
>>> f1 = open(PATH + 'solvang.png', 'rb')
>>> f2 = open(PATH + '2702.png', 'wb')
>>> # f2.write(f1.read())
>>> data = f1.read()          # type(data) = 'bytes'
>>> len(data)
    336921
>>> f2.write(data)
>>> f1.close()
>>> f2.close()
>>>
>>> #2
>>> f = open(PATH + 'solvang.png', 'r')       # text mode
>>> data = f.read()
    Traceback (most recent call last):
      File '<pyshell#16>', line 1, in <module>
        data = f.read()
    UnicodeDecodeError: 'cp949' codec can't decode byte 0xcc in position 98:
    illegal multibyte sequence
```

프로그램 설명

① #1은 'solvang.png' 파일을 '2702.png' 파일로 복사한다. PNG 그림 파일은 이진 파일이다. 파일은 PATH = 'D:/python_example/' 경로에 있다.

② PATH + 'solvang.png' 파일을 이진 읽기모드 'rb'로 f1에 개방하고, PATH + '2702.png' 파일을 이진 쓰기모드 'wb'로 f2에 개방한다.

③ data = f1.read()는 f1에 연결된 파일 'solvang.png'을 바이트 문자열로 읽어 data에 저장한다. len(data)은 336921 바이트이다.

④ f2.write(data)는 data를 f2에 연결된 파일 '2702.png'에 출력한다.

⑤ #2에서 PATH + 'solvang.png' 파일을 텍스트 읽기모드 'r'로 f에 개방하고, data = f.read()를 실행하면 텍스트 모드 읽기에서 기본 인코딩인 'cp949'로 디코드 할 수 없는 바이트에서 UnicodeDecodeError 예외가 발생한다. 즉, 텍스트 모드의 입출력에서는 지정된 인코딩으로 바이트를 변환하는 데 이진 파일을 텍스트 모드로 개방하면 변환할 수 없는 바이트에서 예외가 발생하는 것이다.

Step 28
json • pickle • csv 파일 입출력

JSON JavaScript Object Notation 모듈은 텍스트 직렬화 text serialization로 객체를 파일에 덤프하여 저장하고 가져온다. json은 파이썬의 내장 자료형만 처리할 수 있다. 즉, 사용자 정의 클래스 객체를 저장할 수는 없다. json.dump() 메서드는 파이썬 자료형을 문자열로 변환하여 파일에 저장하고, json.load() 메서드는 파일에 저장된 문자열을 파이썬 자료형으로 가져온다.

pickle 모듈은 바이너리 직렬화 binary serialization로 객체를 파일에 덤프하여 저장하고 가져온다. pickle은 파이썬의 내장 자료형과 사용자 정의 클래스 객체 모두를 저장할 수 있다. pickle.dump() 메서드는 파이썬 자료형 객체를 이진 형식으로 변환하여 파일에 저장하고, pickle.load() 메서드는 파일에 저장된 이진 형식을 파이썬 자료형으로 가져온다.

CSV comma separated values 형식은 값이 쉼표로 구분되어 있다. 엑셀 또는 데이터베이스 등에서 사용하는 간단한 데이터 가져오기 또는 데이터 내보내기 파일 형식이다.

예제 2801 json 모듈을 사용하여 파일 입출력하기

```
>>> # 2801.py
>>> #1
>>> import json
>>> A = [1, 'simple']
>>> json_txt = json.dumps(A)        # json encoding
>>> repr(json_txt)
    '\'[1, "simple"]\''
>>>
>>> B = json.loads(json_txt); B     # json decoding
    [1, 'simple']
>>>
```

```
>>> print(json.dumps(A, indent = 4))
[
    1,
    'simple'
]
>>>
>>> #2
>>> PATH = 'D:/python_example/'
>>> f = open(PATH + 'json.txt', 'w')      # 텍스트 파일
>>> X = [1, 'simple', (1, 2, 3), {'apple': 1, 'orange': 2}]
>>> json.dump(X, f)
>>> f.close()
>>>
>>> #3
>>> f = open(PATH + 'json.txt', 'r')    # 텍스트 파일
>>> Y = json.load(f);
>>> Y
[1, 'simple', [1, 2, 3], {'apple': 1, 'orange': 2}]
>>> f.close()
```

프로그램 설명

① #1은 json 모듈을 사용하기 위하여 임포트 import 한다.

json.dumps(A)는 리스트 A를 json 형식의 문자열 json_txt로 인코딩한다. json.loads(json_txt)는 json_txt를 디코딩한다. print(json.dumps(B, indent = 4))는 들여쓰기 간격을 4로 하여 인코딩한 문자열을 출력한다.

② #2는 PATH + 'json.txt' 파일을 텍스트 쓰기모드 'w'로 f에 개방한다. json.dump(X, f)는 리스트 X를 json 형식의 문자열로 인코딩하여 f에 연결된 파일에 출력한다. 'json.txt' 텍스트 파일은 메모장으로 읽을 수 있다.

③ #3은 PATH + 'json.txt' 파일을 텍스트 읽기모드 'r'로 f에 개방한다.

Y = json.load(f)은 f에 연결된 json 형식 텍스트 파일을 디코딩하여 Y에 로드한다.

예제 2802 pickle 파일 입출력 1

```
>>> # 2802.py
>>> #1
>>> import pickle
>>> A = [1, 'simple']
>>> pickledA = pickle.dumps(A); pickledA
b'\x80\x04\x95\x10\x00\x00\x00\x00\x00\x00\x00]\x94(K\x01\x8c\x06simple\
x94e.'
```

```
>>> B = pickle.loads(pickledA); B
    B= [1, 'simple']
>>>
>>> #2
>>> PATH = 'D:/python_example/'
>>> f = open(PATH + 'pickle.bin', 'wb')    # 이진 파일
>>> X = [1, 'simple', (1, 2, 3), {'apple': 1, 'orange': 2}]
>>> pickle.dump(X, f)
>>> f.close()
>>>
>>> #3
>>> f = open(PATH + 'pickle.bin', 'rb')   # 이진 파일
>>> Y = json.load(f);
>>> Y
    [1, 'simple', [1, 2, 3], {'apple': 1, 'orange': 2}]
>>> f.close()
```

프로그램 설명

① #1은 pickle 모듈을 사용하기 위하여 임포트 import한다.

pickle.dumps(A)는 리스트 A를 pickle 형식으로 pickledA에 인코딩한다. type(pickledA)는 bytes이다. pickle.loads(pickledA)는 pickledA을 디코딩한다.

② #2는 PATH + 'pickle.bin' 파일을 이진 쓰기모드 'wb'로 f에 개방한다. pickle.dump(X, f)는 리스트 X를 pickle 형식 바이트 문자열로 인코딩하여 f에 연결된 파일에 출력한다.

③ #3은 PATH + 'pickle.bin' 파일을 이진 읽기모드 'rb'로 f에 개방한다.

Y = pickle.load(f)는 f에 연결된 pickle 형식 이진 파일을 디코딩하여 Y에 로드한다.

예제 2803 pickle 파일 입출력 2: 클래스 출력하기

```
>>> # 2803.py
>>> #1
>>> class A:                      # 클래스 정의 [Step 29] 참조
...     def __init__(self, value = 10):
...         self.value = vallue
...
>>> a = A()                       # 클래스 A의 인스턴스 생성
>>> a.value
    10
>>>
>>> #2
>>> import pickle
```

```
>>> PATH = 'D:/python_example/'
>>> f = open(PATH + 'pickle2.bin', 'wb')
>>> pickle.dump(a, f)
>>> f.close()
>>>
>>> #3
>>> f = open(PATH + 'pickle2.bin', 'rb')
>>> b = pickle.load(f)
>>> f.close()
>>> type(b)
    <class '__main__.A'>
>>> b.value
    10
```

프로그램 설명

① #1은 생성자를 갖는 클래스 A를 정의하고, 클래스 A의 객체 인스턴스 a를 생성한다(Step 29 참조).

② #2는 pickle 모듈을 임포트 하여 pickle.dump(a, f)로 클래스 A의 인스턴스인 a를 f에 연결된 이진 파일 'pickle2.bin'에 pickle 형식으로 출력한다.

③ #3은 b = pickle.load(f)로 f에 연결된 pickle 형식의 이진 파일 'pickle2.bin'에서 로드하여 변수 b에 저장한다. type(b)는 〈class '__main__.A'〉이고, b.value = 10이다.

예제 2804 csv 파일 입출력하기

```
# 2804.py
import csv

#1
data = []
with open('data.txt', 'r', newline = '') as f:
    reader = csv.reader(f)
    for row in reader:
        print(reader.line_num, row)
        data.append(row)

#2
with open('data.csv', 'w', newline = '') as f:
    writer = csv.writer(f)
    for row in data:
        writer.writerow(row)
    #writer.writerows(data)
```

실행 결과

```
    1 ['lee  80  90  95']
    2 ['kim  85  70  75']
    3 ['park 70  80  90']
>>> data
    [['lee  80  90  95'], ['kim  85  70  75'], ['park 70  80  90']]
```

프로그램 설명

① #1은 'data.txt' 파일을 읽기모드 'r'와 줄 바꿈 newline = ''으로 f에 개방한다. csv.reader(f)로 reader를 생성한다. for 문으로 reader에서 한 행씩 읽어 row에 할당한다. reader.line_num는 행 번호이다. 읽은 데이터를 리스트 변수 data에 추가한다.

② #2는 'data.csv' 파일을 쓰기모드 'w'와 줄 바꿈 newline = ''으로 f에 개방한다. csv.writer(f)로 writer를 생성한다. for 문으로 data에서 한 행씩 row에 할당하여 writer.writerow(row)로 파일에 출력한다.

③ CSV 파일 입출력을 위한 파일 개방은 일반적으로 줄 바꿈은 newline = ''으로 한다.

CHAPTER 7
클래스

파이썬은 객체지향 프로그래밍언어이다. 객체를 정의하는 클래스와 클래스의 데이터 속성, 메서드, 인스턴스 객체 생성 등에 대해 설명한다.

Step 29
클래스 정의와 객체 생성

파이썬은 객체지향 프로그래밍 언어 object-oriented programming language이다. 파이썬은 지금까지 사용한 자료형 int, bool, float, complex, str, bytes, list, tuple, set, dict과 함수 function 그리고 파일 입출력 등이 모두 클래스로 구현되어 있다.

[그림 29.1]은 객체 object, 클래스 class, 인스턴스 instance의 관계를 나타낸 것이다. 객체 object는 **실세계에 존재하는 처리 대상**이며, 이런 실세계의 객체를 클래스 class**로 정의한다. 클래스로 생성된 객체**가 인스턴스 instance이다. 일반적으로 인스턴스와 객체를 혼용하여 사용한다. isinstance() 함수를 사용하면 **클래스의 인스턴스 여부를 확인**할 수 있다.

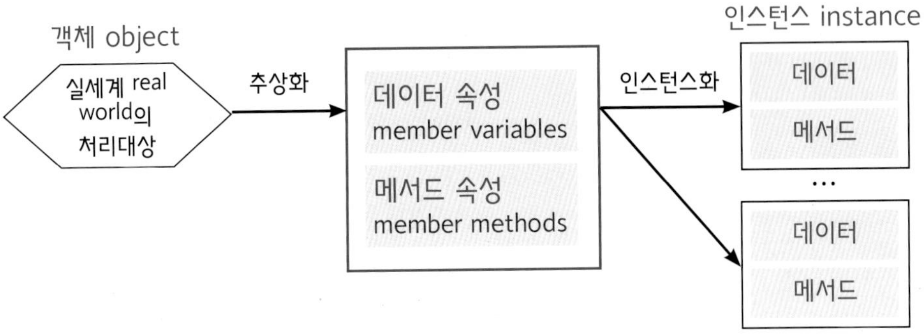

그림 29.1 • 객체·클래스·인스턴스의 관계

클래스 class는 객체를 정의하는 모형 틀 frame이고, 인스턴스는 틀로 찍어낸 제품이다. **하나의 모형 틀로 여러 개의 제품을 만들 수 있듯이, 클래스가 정의되면 인스턴스** instance**는 원하는 만큼 생성**할 수 있다.

클래스의 속성은 데이터 속성 data attribute; member variables과 메서드 속성 method; member functions가 있다. 데이터 속성은 객체의 정보를 저장하는 변수이고, 메서드는 데이터를 처리하는 함수이다.

클래스 또는 인스턴스 객체의 데이터 속성과 메서드 속성을 사용할 때는 〈클래스이름.속성이름〉, 〈객체이름.속성이름〉과 같은 형식으로 '.'을 사용하여 속성 이름의 소속을 구분한다.

예제 2901 클래스 • 생성자 메서드 __init__() • 인스턴스 메서드

```python
# 2901.py

class A:
    def __init__(self, value = 0):    # 생성자 메서드
        self.value = value

    def set(self, value):             # 인스턴스 메서드
        self.value = value

    def get(self):                    # 인스턴스 메서드
        return self.value
```

실행 결과

```
>>> globals()
    {..., 'A': <class '__main__.A'>}
>>>
>>> a = A()             # 인스턴스 a 생성으로 생성자 메서드 __init__() 호출
>>> a.get()             # a.value
    0
>>> a.set(10)           # a.value = 10
>>> a.get()             # a.value
    10
>>>
>>> b = A(20)           # 인스턴스 b 생성으로 생성자 메서드 __init__() 호출
>>> b.get()             # b.value
    20
>>> id(a.value); id(b.value)
    2906341900496
    2906341901136
>>>
```

프로그램 설명

① 클래스는 class 키워드를 사용하여 정의한다. 클래스는 변수와 함수를 하나로 묶은 자료형이다. 콜론 : 에 의해 클래스 정의 범위가 지정된다.

② 클래스의 메서드에는 클래스 메서드와 정적 메서드 그리고 인스턴스 메서드가 있다. 인스턴스 메서드를 가장 많이 사용한다.

인스턴스 메서드의 첫 번째 매개변수는 self이다. self에 인스턴스가 전달된다. self 이외의 다른 이름을 사용할 수 있으나, 대부분 self를 사용한다.

③ __init__()는 생성자 메서드이다. 객체 인스턴스를 생성할 때 자동으로 호출되어 객체의 데이터 속성을 초기화한다. __init__(self, value = 0)의 매개변수 self에 인스턴스가 자동으로 전달되고, value는 디폴트 기본값이 0이다. self.value = value는 인스턴스의 데이터 속성 self.value를 생성하여 매개변수 value로 초기화한다.

④ set(self, value) 메서드는 인스턴스의 데이터 속성 self.value에 매개변수 value의 값을 저장한다.

⑤ get(self) 메서드는 인스턴스의 데이터 속성 self.value의 값을 반환한다.

⑥ 프로그램을 실행하면 클래스 A()가 정의된다. 내장함수 globals()의 결과로 반환되는 사전 dict에서 'A': 〈class '__main__.A'〉 항목을 확인할 수 있다.

⑦ a = A()는 클래스 A의 인스턴스 a를 생성하고, 생성자 __init__()를 호출하여 a.value = 0으로 초기화한다.

⑧ a.get()는 a.value의 값 0을 반환한다. a.value를 직접 사용할 수도 있다.

⑨ a.set(10)은 a.value = 10으로 value 속성의 값을 변경한다.

⑩ b = A(20)는 클래스 A의 인스턴스 b를 생성하고, 생성자 __init__()를 호출하여 b.value = 20으로 초기화한다.

⑪ b.get()은 b.value의 값 20을 반환한다. b.value를 직접 사용할 수도 있다.

⑫ id(a.value)와 id(b.value)는 다른 고유번호 주소이다.

예제 2902 __call__() 메서드

```
# 2902.py

class A:
    def __init__(self, value = 0):        # 생성자 메서드
        self.value = value

    def __call__(self, value):
        print('called')
```

```
        self.set(value)

    def set(self, value):          # 인스턴스 메서드
        self.value = value

    def get(self):                 # 인스턴스 메서드
        return self.value
```

실행 결과

```
>>> a = A()          # 인스턴스 a 생성으로 생성자 메서드 __init__() 호출
>>> a.get()          # a.value
0
>>> a(10)            # __call__() 메서드 호출, a.set(10)
>>> a.get()          # a.value
10
```

프로그램 설명

① 클래스는 A는 예제 2901의 클래스 정의에 __call__() 메서드를 추가로 정의한 것이다. __call__() 메서드는 a(10)과 같이 인스턴스 이름과 괄호에 의해 호출되며, __call__(self, value) 메서드에서 self.set(value)를 호출한다.

② a = A()는 클래스 A의 인스턴스 a를 생성하고, 생성자 __init__()를 호출하여 a.value = 0 으로 초기화한다. a.get()은 0을 반환한다.

③ a(10)는 __call__() 메서드가 호출되어 메서드 내부에서 호출되는 a.set(10)에 의해 a.value = 10으로 a.value의 값을 변경한다.

예제 2903 클래스의 데이터 속성

```
# 2903.py

class A:
    value = 1                        # 클래스 속성, 같은 클래스의 인스턴스에서 공유
    data  = []                       # 클래스 속성, 같은 클래스의 인스턴스에서 공유

    def __init__(self, value = 0):   # 생성자 메서드
        self.value = value

    def set(self, value):            # 인스턴스 메서드
        self.value = value
        #self.data  = ['a']          # 인스턴스 속성 생성
        self.data.append(value)      # 클래스 속성 변경
```

실행 결과

```
>>> #1
>>> A.value                    # value of A, 클래스 속성은 <클래스이름.속성이름>으로 사용
1
>>> A.data                     # data  of A
[]
>>>
>>> #2
>>> a = A()                    # 인스턴스 a 생성으로 생성자 메서드 __init__() 호출
>>> a.value                    # 인스턴스 a의 데이터 속성 사용
0
>>> a.data                     # data  of A
[]
>>> a.set(10)                  # a.value = 10, A.data = [10]으로 변경
>>> a.value
10
>>> a.data                     # data  of A
[10]
>>>
>>> #3
>>> b = A(20)
>>> b.value
20
>>> b.data                     # data  of A
[10]
>>> A.value
1
```

프로그램 설명

① 클래스 속성 value와 data를 갖는 클래스 A를 정의한다. 클래스 속성은 같은 클래스의 모든 인스턴스 객체에서 공유한다. 클래스 속성과 인스턴스 속성에 같은 이름이 있으면, 인스턴스를 이용해 접근할 때 인스턴스 속성을 먼저 사용한다.

② 인스턴스 메서드에서 self.name을 지정문 = 왼쪽에 사용할 때, 인스턴스 속성으로 self.name이 있으면 값을 변경하고, 인스턴스 속성으로 self.name이 없으면 인스턴스 속성 self.name을 생성한다.

③ __init__(self, value = 0) 생성자 메서드는 인스턴스의 속성 self.value를 생성하여 매개변수 value로 초기화한다.

④ set(self, value) 메서드는 self.value = value로 인스턴스 속성 self.value를 매개변수 value로 변경하고, self.data.append(value)로 클래스 속성 data에 value를 추가한다. self.value는 인스턴스 속성이고, self.data는 클래스 속성이다.

⑤ #1에서 클래스 속성은 클래스 이름을 사용하여 접근한다. A.value = 1, A.data = []와 같이 클래스 속성에 접근한다.

⑥ #2에서 a = A()는 인스턴스 a를 생성하고, 생성자에 의해서 인스턴스 속성 a를 a.value = 0으로 초기화한다. a.data는 인스턴스 a에 data 속성이 없기 때문에 클래스 속성 A.data를 공유한다. a.set(10)는 a.value = 10, A.data = [10]으로 변경한다. a.data는 A.data를 공유하여 a.data = [10]이다.

⑦ #3에서 b = A(20)는 인스턴스 b를 생성하고, 생성자에 의해서 인스턴스 속성 b를 b.value = 20으로 초기화한다. b.data는 A.data를 공유하여 b.data = [10]이다.

⑧ 클래스 속성은 같은 클래스의 모든 인스턴스에서 공유된다. list, dict, set 데이터를 클래스 속성으로 사용하고, 메서드에서 항목을 변경하면 모든 인스턴스에 공유되어 영향을 줄 수 있다. 대부분의 파이썬 프로그램에서 클래스는 인스턴스 속성과 인스턴스 메서드를 이용하여 작성한다.

예제 2904 클래스 메서드 class method

```
# 2904.py

class A:
    value = 0                           # 클래스 속성

    @classmethod
    def incr(cls, value = 1):           # 클래스 메서드
        print("cls = %s"%cls)
        cls.value += value
        return cls.value
```

실행 결과

```
>>> #1
>>> A.incr()
cls = <class '__main__.A'>
1
>>> A.incr(10)
cls = <class '__main__.A'>
11
>>> A.value
11
>>>
```

```
>>> #2
>>> a = A()              # a.value = 11
>>> a.incr(100)
cls = <class '__main__.A'>
111
```

프로그램 설명

① 클래스 메서드는 메서드 정의 앞에 @classmethod 데코레이터를 추가한다. 클래스 메서드는 첫 번째 매개변수로 클래스 객체를 전달한다. 클래스 메서드는 클래스 이름 또는 인스턴스 이름으로 호출할 수 있다.

② 클래스 A는 value = 0인 **클래스 데이터 속성과 클래스 메서드 incr()**이 있다.

③ 클래스 메서드 incr()의 첫 번째 매개변수 cls에 클래스 A가 전달된다. 클래스 메서드 incr()은 매개변수 value만큼 클래스 속성 A.value를 증가시키고 반환하는 일을 한다.

④ #1에서 클래스 이름 A로 **클래스 속성에 접근**한다. A.incr()는 A.value = 1, A.incr(10)은 A.value = 11이 된다.

⑤ #2에서 a = A()는 클래스 A의 **인스턴스 a를 생성**한다. 클래스 데이터 속성을 사용하기 때문에 a.value = 11이다. a.incr(100)는 A.value = 111, a.value = 111이다.

⑥ 만약 클래스 정의에서 데코레이터 @classmethod가 없으면 incr()은 인스턴스 메서드가 되어 A.incr()에서 예외가 발생한다.

예제 2905 정적 메서드 static method

```
# 2905.py

class A:
    value = 0                   # 클래스 속성

    @staticmethod
    def incr(value = 1):        # 정적 메서드
        A.value += value
        return A.value
```

실행 결과

```
>>> #1
>>> A.incr()             # A.value = 1
1
>>> A.incr(10)           # A.value = 11
11
>>> A.value
11
```

```
>>>
>>> #2
>>> a = A()            # a.value = 11
>>> a.incr(100)
    111
>>> a.value
    111
>>> A.value
    111
```

프로그램 설명

① 정적 메서드 static method는 메서드 정의 앞에 @staticmethod 데코레이터를 추가한다. 정적 메서드는 첫 번째 매개변수에 인스턴스 또는 클래스 객체를 전달하지 않는다. 정적 메서드는 클래스 메서드를 호출하는 것과 같은 방법으로 클래스 이름 또는 인스턴스 객체의 이름을 통해 호출할 수 있다.

② 클래스 A는 value = 0인 클래스 데이터 속성과 정적메서드 incr()이 있다. 정적메서드 incr()에는 인스턴스를 전달받는 self 또는 클래스를 전달받는 cls가 없다.

③ #1에서 A.incr()는 value = 1이 전달되어 A.value = 1이다. A.incr(10)은 A.value = 11이다.

④ #2에서 a = A()는 클래스 A의 인스턴스 a를 생성한다. 클래스 데이터 속성을 사용하기 때문에 a.value = 11이다. a.incr(100)에 의해서 a.value = 111, A.value = 111이다.

예제 2906 클래스 annotation

```
# 2906.py

class A:
    value: int = 0              # 클래스 속성

    def __init__(self, value:int = 0):
        self.value = value

    def set(self, value:int) -> None:
        self.value = value

    def get(self) -> int:
        return self.value

    @staticmethod
    def incr(value:int = 1) -> int:
        A.value += value
        return A.value
```

실행 결과

>>>	#A.__annotation__
	{'value': <class 'int'>}
>>>	A.set.__annotations__
	{'value': <class 'int'>, 'return': None}
>>>	A.get.__annotations__
	{'return': <class 'int'>}
>>>	A.incr.__annotations__
	{'value': <class 'int'>, 'return': <class 'int'>}

프로그램 설명

① 클래스 속성에 자료형 힌트에 대한 annotation이 가능하다. 프로그램 읽기가 좋고, 자료형 확인 등에 사용할 수 있다. 강제사항은 아니다.

② A.__annotations__의 결과는 {'value': 〈class 'int'〉}으로 클래스 속성은 value이고 자료형은 'int'임을 확인할 수 있다.

③ A.set.__annotations__, A.get.__annotations__, A.incr.__annotations__으로 클래스 멤버 함수의 인수 자료형과 반환 자료형을 확인 할 수 있다.

Step 30
연산자 메서드

연산자 메서드를 중복 정의 overloading하여 클래스의 객체 인스턴스에서 연산자를 사용할 수 있다. [표 30.1]은 이항 산술연산자 메서드, [표 30.2]는 확장 지정문 연산자 메서드, [표 30.3]은 단항 산술연산자 메서드, [표 30.4]는 자료형 변환 메서드, [표 30.5]는 비교연산자 메서드, [표 30.6]은 시퀀스 자료형 연산자 메서드이다.

[표 30.1] 이항 산술연산자 메서드

메서드	연산자
__add__(self, other), __radd__(self, other)	+
__sub__(self, other), __rsub__(self, other)	−
__mul__(self, other), __rmul__(self, other)	*
__matmul__(self, other)	@
__truediv__(self, other)	/
__floordiv__(self, other)	//
__mod__(self, other)	%
__divmod__(self, other)	divmod()
__pow__(self, other)	**, pow()
__lshift__(self, other)	<<
__rshift__(self, other)	>>
__and__(self, other)	&
__xor__(self, other)	^
__or__(self, other)	|

예제 3001 이항 산술연산자 메서드: __add__()

```
# 3001.py

class Vec2:
    def __init__(self, x = 0, y = 0):
        self.x = x
        self.y = y

    def __add__(self, other):          # + 연산자 메서드
        x = self.x + other.x
        y = self.y + other.y
        return Vec2(x, y)

    def __str__(self):                 # Vec2 인스턴스 출력
        return f'Vec2({self.x}, {self.y})'
```

실행 결과

```
>>> a = Vec2(1, 2)
>>> print('a = ', a)
    a =  Vec2(1, 2)
>>>
>>> b = Vec2(3, 4)
>>> print('b = ', b)
    b =  Vec2(3, 4)
>>>
>>> c = a + b          # c = a.__add__(b)
>>> print('c = ', c)
    c =  Vec2(4, 6)
>>>
>>> c = a + b          # c = a.__add__(b)
>>> print('c = ', c)
    c =  Vec2(4, 6)
>>>
>>> a += b             # a = a + b      # a = a.__add__(b)
>>> print('a = ', a)
    a =  Vec2(4, 6)
>>> str(a)
    'Vec2(4, 6)'
```

프로그램 설명

① Vec2는 2차원 벡터 클래스이다. 생성자 __init__()는 객체의 속성 x와 y를 초기화한다. __add__(self, other)는 이항 덧셈 연산자 +의 메서드이다. 이항 덧셈 + 연산자의 왼쪽 객체에 의해 호출되어 왼쪽 객체가 self에 전달되고 other에 오른쪽 피연산자가 전달된다. __str__()은 객체의 문자열이 필요할 때 호출된다.

② a = Vec2(1, 2)는 Vec2 클래스 객체 a를 생성하고, 생성자 __init__()로 a.x = 1, a.y = 2로 초기화한다.

③ b = Vec2(3, 4)는 Vec2 클래스 객체 b를 생성하고, 생성자 __init__()로 b.x = 3, b.y = 4로 초기화한다.

④ c = a + b는 c = a.__add__(b)와 같다. __add__() 메서드의 self에 a가 전달되고 other에 b가 전달되어 두 객체의 x, y 속성을 덧셈하고 Vec2(x, y) 객체를 반환하여 c에 저장한다.

⑤ a += b는 __iadd__() 메서드가 없기 때문에 a = a + b와 같이 실행된다.

a = a.__add__(b)와 같다.

⑥ print() 함수는 문자열 str을 생성하여 출력한다.

print('a = ', a), print('b = ', b), print('c = ', c)는 각각 a.__str__(), b.__str__(), c.__str__() 메서드를 호출하여 반환되는 문자열을 출력한다.

str(a)는 a.__str__() 메서드를 호출하여 문자열 'Vec2(4, 6)'을 반환한다.

[표 30.2] 확장 지정문 연산자 메서드

메서드	연산자
__iadd__(self, other)	+=
__isub__(self, other)	-=
__imul__(self, other)	*=
__imatmul__(self, other)	@=
__itruediv__(self, other)	/=
__ifloordiv__(self, other)	//=
__imod__(self, other)	%=
__ipow__(self, other)	**=
__ilshift__(self, other)	<<=
__irshift__(self, other)	>>=
__iand__(self, other)	&=
__ixor__(self, other)	^=
__ior__(self, other)	|=

예제 3002 이항 산술연산자 메서드: __add__(), __iadd__()

```python
# 3002.py

class Vec2:
    def __init__(self, x = 0, y = 0):
        self.x = x
        self.y = y

    def __add__(self, other):          # + 연산자 메서드
        print('__add__')
        x = self.x + other.x
        y = self.y + other.y
        return Vec2(x, y)

    def __iadd__(self, other):         # += 연산자 메서드
        print('__iadd__')
        x = self.x + other.x
        y = self.y + other.y
        return Vec2(x, y)

    def __str__(self):                 # Vec2 인스턴스 출력
        return f'Vec2({self.x}, {self.y})'
```

실행 결과

```
>>> a = Vec2(1, 2)
>>> b = Vec2(3, 4)
>>> a = a + b              # a = a.__add__(b)
    __add__
>>> print('a = ', a)
    a =  Vec2(4, 6)
>>>
>>> a = Vec2(3, 4)
>>> a += b                 # a = a.__iadd__(b)
    __iadd__
>>> print('a = ', a)
    a =  Vec2(7, 10)
```

프로그램 설명

① 클래스 Vec2에는 __add__()와 __iadd__() 연산자 메서드가 있다.

② a = Vec2(1, 2)로 인스턴스를 생성하고 b = Vec2(3, 4)로 인스턴스를 생성할 때, a = a + b는 a = a.__add__(b)와 같이 실행한다. 결과는 a = Vec2(4, 6)이다.

③ a += b는 __iadd__() 메서드가 있기 때문에 a = a.__iadd__(b)와 같이 실행한다. 결과는 a = Vec2(7, 10)이다. a += b 연산에서 __iadd()__ 메서드가 없으면, a = a + b 연산으로 변경되어 __add()__ 메서드가 호출된다.

[표 30.3] 단항 산술연산자 메서드

메서드	연산자
__neg__(self)	−
__pos__(self)	+
__abs__(self)	abs()
__invert__(self)	~

예제 3003 단항 산술연산자 메서드: __neg__()

```
# 3003.py

class Vec2:
    def __init__(self, x = 0, y = 0):
        self.x = x
        self.y = y

    def __neg__(self):                  # 단항 연산자 -
        x = -self.x
        y = -self.y
        return Vec2(x, y)

    def __str__(self):                  # 벡터 출력
        return f'Vec2({self.x}, {self.y})'
```

실행 결과

```
>>> a = Vec2(1, 2)
>>> b = -a              # b= a.__neg__()
>>> print('b = ', b)
    b =  Vec2(-1, -2)
```

프로그램 설명

① 클래스 Vec2에서 __neg__()는 단항 − 연산자 메서드이다.

② b = −a는 b = a.__neg__()와 같이 실행한다. 따라서 b = Vec2(−1, −2)이다.

[표 30.4] 자료형 변환 메서드

메서드	연산자
__complex__(self)	complex()

__int__(self)	int()
__float__(self)	float()
__round__(self[, n])	round()
__index__(self)	operator.index()

[표 30.5] 비교 연산자 메서드

메서드	연산자
__lt__(self, other)	<
__le__(self, other)	<=
__eq__(self, other)	==
__ne__(self, other)	!=
__gt__(self, other)	>
__ge__(self, other)	>=

예제 3004 __abs__() 메서드와 비교 연산자 메서드

```
# 3004.py

class Vec2:
    def __init__(self, x = 0, y = 0):
        self.x = x
        self.y = y

    def norm(self):                # 벡터 크기
        return (self.x ** 2 + self.y ** 2) ** 0.5

    def __abs__(self):             # abs()
        #print('__abs__')
        return self.norm()

    def __lt__(self, other):
        #print('__lt__')
        return self.norm() <  other.norm()

    def __gt__(self, other):
        #print('__gt__')
        return self.norm() >  other.norm()
```

```
    def __eq__(self, other):
        #print('__eq__')
        return self.norm() ==  other.norm()

    def __ne__(self, other):
        #print('__ne__')
        return self.norm() !=  other.norm()

    def __str__(self):              # 벡터 출력
        return f'Vec2({self.x}, {self.y})'
```

실행 결과

```
>>> a = Vec2(1, 2)
>>> b = Vec2(3, 4)
>>> print('abs(a) = ', abs(a))        # a.norm()
abs(a) =  2.23606797749979
>>> print('abs(b) = ', abs(b))        # b.length()
abs(b)= 5.0
>>>
>>> a < b
True
>>> a > b
False
>>> a == b
False
>>> a != b
True
```

프로그램 설명

① __abs__() 연산자 메서드는 norm() 메서드를 사용하여 클래스 Vec2의 인스턴스에서 벡터 크기를 계산한다. norm() 메서드는 벡터의 크기를 반환한다.

비교 연산자 메서드 __lt__(), __gt__(), __eq__(), __ne__()는 벡터의 크기를 반환하는 norm() 메서드를 이용하여 벡터의 크기를 비교한다.

② abs(a), abs(b)는 각각 a.__abs__(), b.__abs__()와 같이 실행한다. abs(a) = 2.23606797749979, abs(b) = 5.0이다.

③ a < b는 a.__lt__(b)와 같고, a.norm() < b.norm()에 의해 True를 반환한다.

④ a > b는 a.__gt__(b)와 같고, a.norm() > b.norm()에 의해 False를 반환한다.

⑤ a == b는 a.__eq__(b)와 같고, a.norm() == b.norm()에 의해 False를 반환한다.

⑥ a != b는 a.__ne__(b)와 같고, a.norm() != b.norm()에 의해 True를 반환한다.

[표 30.6] 시퀀스 자료형 연산자 메서드

메서드	연산자
__len__(self)	len()
__getitem__(self, key)	self[key]
__setitem__(self, key, value)	self[key] = value
__delitem__(self, key)	del self[key]
__contain__(self, item)	item in self
__iter__(self)	iter()

예제 3005 시퀀스 자료형 연산자 메서드 1

```
# 3005.py

class RGB:
    def __init__(self, r=0, g=0, b=0):
        self.colors = {'red': r, 'green': g, 'blue': b}

    def __getitem__(self, name):
        return self.colors[name]

    def __setitem__(self, name, value):
        self.colors[name] = value

    def __str__(self):
        return 'RGB({}, {}, {})'.format(self.colors['red'],
                                        self.colors['green'],
                                        self.colors['blue'])
```

실행 결과

```
>>> color = RGB(255, 128, 0)
>>> color['red']
255
>>> color['green']
128
>>> color['blue']
0
>>> str(color)                  # color.__str__()
'RGB(255, 128, 255)'
>>> print(color)                # color.__str__()
RGB(255, 128, 0)
```

```
>>> color['blue'] = 255
>>> print(color)
RGB(255, 128, 255)
```

프로그램 설명

① 클래스 RGB의생성자 __init__()는 r, g, b 값을 전달받아 사전 dict 객체를 속성 메서드 self.colors = {'red': r, 'green': g, 'blue': b}로 초기화한다.

② __getitem__()과 __setitem__()의 시퀀스 연산자 메서드를 구현한다.

③ color = RGB(255, 128, 0)는 RGB 클래스 객체 color를 생성하고, color.colors = {'red': 255, 'green': 128, 'blue': 0}로 초기화한다.

④ color['red'], color['green'], color['blue']는 각각 __getitem__() 연산자 메서드를 호출하여 255, 128, 0을 반환한다.

⑤ print(color)는 __str__() 메서드에 의해 RGB(255, 128, 0)를 출력한다.

color['blue'] = 255를 실행하면 __setitem__() 연산자 메서드가 호출되어 'blue' 항목의 값이 변경되고, print(color)는 RGB(255, 128, 255)를 출력한다.

예제 3006 시퀀스 자료형 연산자 메서드 2

```
# 3006.py

#1
class Range:
    def __init__(self, n):
        self.n = n

    def __iter__(self):
        print('__iter__')
        self.i = 0
        return self

    def __next__(self):
        print('__next__')

        if self.i >= self.n:
            raise StopIteration

        i = self.i
        self.i += 1
        return i
```

실행 결과

```
>>> #2
>>> a = Range(3)
>>> it = iter(a)
__iter__
>>> next(it)
__next__
0
>>> next(it)
__next__
1
>>> next(it)
__next__
2
>>> next(it)
__next__
Traceback (most recent call last):
  File '<pyshell#91>', line 1, in <module>
    next(it)
  File 'C:/tmp/iter.py', line 14, in __next__
    raise StopIteration
StopIteration
>>>
>>> #3
>>> list(a)
__iter__
__next__
__next__
__next__
__next__
[0, 1, 2]
>>> tuple(a)
__iter__
__next__
__next__
__next__
__next__
(0, 1, 2)
```

프로그램 설명

① #1의 Range 클래스는 range(n)을 이터레이터로 구현한다.

__iter__() 연산자 메서드는 iter(), for 등에서 이터레이터를 생성할 때 초기화한다.

__next__() 연산자 메서드는 next(), for 등에서 이터레이터의 다음 값을 가져올 때 호출된다.

② #2에서 a = Range(3)는 Range 클래스 인스턴스 a를 생성한다. it = iter(a)는 __iter__()가 호출되어 a의 이터레이터 it를 생성한다. next(it)에 의해 0부터 a.(n − 1)까지의 정수 0, 1, 2를 반환한다. a.n에 도달하면 StopIteration 예외가 발생한다.

③ list(a), tuple(a)에서 __iter__(), __next__()가 호출되어 a를 리스트로 그리고 튜플로 변환한다.

예제 3007 시퀀스 자료형 연산자 메서드 3: n차원 벡터

```
# 3007.py

class Vec:
    def __init__(self, *args):                    # args: 가변 위치 매개변수

        if not all(map(lambda x: isinstance(x, (int, float)), args)):
            raise Exception(‘invalid item: use int or float’)

        self.data = list(map(float, args))        # 실수 벡터

    def norm(self):                               # 벡터 크기
        mag = 0.0
        for x in self.data:
            mag += x ** 2
        return mag ** 0.5

    def __abs__(self):                            # abs()
        return self.norm()

    def __len__(self):                            # len()
        return len(self.data)

    def __getitem__(self, key):
        return self.data[key]

    def __setitem__(self, key, value):
        assert isinstance(value, (int, float)), ‘use int or float’
        self.data[key] = float(value)

    def __delitem__(self, key):
        del self.data[key]

    def __contains__(self, item):
        return item in self.data
```

```

    def __iter__(self):
        return iter(self.data)

    def __add__(self, other):
        assert len(self.data) == len(other.data), ‘not the same size Vec’
        data = []
        for i, value in enumerate(self.data):
            data.append(value + other.data[i])  # self.data[i] + other.data[i]
        return Vec(*data)                       # unpack

    def __str__(self):
        s = ‘Vec(‘
        for value in self.data[:-1]:
            s += str(value)+’, ‘
        s += str(self.data[-1]) + ‘)’
        return s
```

실행 결과

```
>>> #1
>>> X = Vec(1, 1)
>>> en(X)                   # __len__()
2
>>> abs(X)                  # __abs__()
1.4142135623730951
>>>
>>> #2
>>> A = Vec(1, 2, 3, 4)
>>> len(A)                  # __len__()
4
>>> A[0]                    # __getitem__()
1.0
>>> A[1:3]                  # __getitem__()
>>> list(a)
[2.0, 3.0]
>>> A[1] = 20               # __setitem__()
>>> print(A)
Vec(1.0, 20.0, 3.0, 4.0)
>>>
>>> #3
>>> del A[1]                # __delitem__()
>>> print(A)
Vec(1.0, 3.0, 4.0)
>>> 4 in A                  # __contains__()
True
```

```
>>> for a in A:                # __iter__()
...     print(a)
...

1.0
3.0
4.0
>>>
>>> #4
>>> B = A + Vec(1, 2, 3)       # __add__()
>>> print(B)
Vec(2.0, 5.0, 7.0)
>>>
>>> C = A + Vec(1, 2)
Traceback (most recent call last):
  File '<pyshell#192>', line 1, in <module>
    C = A + Vec(1, 2)
  File 'D:\python_example\3006.py', line 32, in __add__
    assert len(self.data)==len(other.data),'not the same size Vec'
AssertionError: not the same size Vec
```

프로그램 설명

① Vec 클래스는 다양한 시퀀스 연산자 메서드를 구현하여 n-차원의 실수형 벡터를 구현한다.

② __init__() 메서드는 args에 가변 위치 매개변수를 받는다. map()과 all() 함수를 사용하여 매개변수에 전달된 인수가 int 또는 float가 아니면 raise Exception으로 예외를 발생한다.

map() 함수로 args의 모든 항목을 float로 변경하고, float로 변경된 결과를 list 자료형으로 변경하여 객체의 속성인 리스트 self.data에 초기화한다.

③ __setitem__() 메서드에서 매개변수 value에 전달된 값이 (int, float) 자료형이 아니면 assert 문을 사용하여 AssertionError 예외를 발행시키고, 매개변수 value에 전달된 값이 (int, float)이면 매개변수 key에 전달된 값으로 리스트 self.data[key] = float(value)로 key 항목의 값을 value로 변경한다.

④ __add__() 메서드에서는 두 벡터의 길이가 같지 않으면 assert 문으로 AssertionError 예외를 발생시킨다.

⑤ #1에서 X = Vec(1, 1)는 2차원 벡터 X를 생성하고, X.data = [1, 1]로 초기화한다. len(X)은 __len__()을 호출하여 2를 반환한다. abs(X)는 __abs__()를 호출하여 X의 벡터의 크기를 계산한다.

⑥ #2에서 A = Vec(1, 2, 3, 4)는 4차원 벡터 A를 생성하고, A.data = [1.0, 2.0, 3.0, 4.0]로 초기화한다. len(A)는 __len__()을 호출하여 4를 반환한다. abs(A)는 __abs__()를 호출하여 A의 벡터의 크기를 계산한다.

⑦ A[0]은 __getitem__()을 호출하여 A.data[0]의 값 1.0을 반환한다.
A[1:3]은 __getitem__()을 호출하여 [2.0, 3.0]을 반환한다.

⑧ A[1] = 20은 __setitem__()을 호출하여 A.data[1] = 20.0으로 변경한다. 따라서 A = Vec(1.0, 20.0, 3.0, 4.0)이 된다.

⑨ del A[1]은 __delitem__()를 호출하여 A.data[1]을 삭제한다. 따라서 A = Vec(1.0, 3.0, 4.0)이다.

⑩ 4 in A는 __contains__()를 호출하여 값이 있기 때문에 True를 반환한다.

⑪ for a in A는 __iter__()를 호출하여 반복문 for에서 A.data의 각 항목을 반복하며 출력한다.

⑫ B = A + Vec(1, 2, 3)는 __add__()를 호출하여 두 벡터를 덧셈하여, B = Vec(2.0, 5.0, 7.0)이다. C = A + Vec(1, 2)는 두 벡터의 길이가 다르기 때문에 AssertionError 예외가 발생한다.

Step 31
클래스 상속

클래스 상속 inheritance은 객체지향 프로그래밍의 중요한 특징이다. 클래스를 계층적으로 구성하여 상위클래스 super class의 속성을 하위클래스 sub class에서 상속받아 그대로 사용하거나 수정하여 사용할 수 있다. 따라서 상속을 사용하여 라이브러리를 클래스로 작성하면 재사용성 re-usability이 크게 향상된다.

파이썬의 최상위클래스는 object 클래스이다. 하위클래스는 상위클래스를 구체화한 클래스이다. 하위클래스는 상위클래스와 IS-A 관계를 갖는다.

[그림 31.1]은 클래스 상속관계의 예를 설명한다. [그림 31.1](a)는 Employee IS-A Person, Student IS-A Person의 관계를 갖는다. [그림 31.1](b)은 Car IS-A Vehicle, Bus IS-A Vehicle의 관계를 갖는다. [그림 31.1](c)은 Circle IS-A Shape, Triangle IS-A Shape, Rectangle IS-A Shape의 관계를 갖는다.

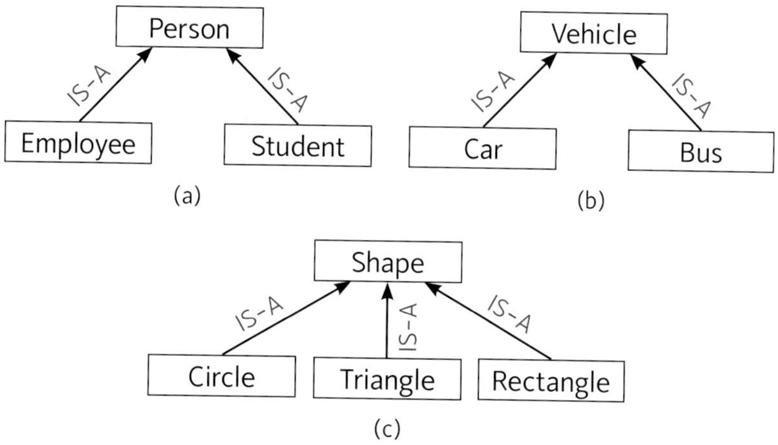

그림 31.1 • 클래스의 IS-A 상속 관계

예제 3101 list를 상속한 사용자 정의 클래스 List: class List(list)

```python
# 3101.py

#1
class List(list):
    def __init__(self, *arg):
        super().__init__(*arg)
        if not all(map(lambda x: isinstance(x, (int, float)), self)):
            raise Exception('use int or float in item')

    def __mul__(self, other):                # A * 10
        print('__mul__')
        print(f'self = {self}, other = {other}')

        tmp = []
        for x in self: tmp.append(x * other)
        #tmp= list(map(lambda x: x * other, self))
        return List(tmp)

    def __rmul__(self, other):               # 10 * A
        print('__rmul__')
        print(f'self = {self}, other = {other}')

        tmp = []
        for x in self: tmp.append(x * other)
        return List(tmp)
```

실행 결과

```
>>> #2
>>> A = List([1, 2, 3])
>>> A
[1, 2, 3]
>>> isinstance(A, List)
True
>>> isinstance(A, list)
True
>>>
>>> #3
>>> A * 10
__mul__
self=[1, 2, 3], other=10
[10, 20, 30]
>>>
```

```
>>> #4
>>> 10 * A
__rmul__
self=[1, 2, 3], other=10
[10, 20, 30]
[2.0, 3.0]
>>>
>>> #5
>>> A.append(4); A
[1, 2, 3, 4]
>>> list(A)
[1, 2, 3, 4]
>>> tuple(A)
(1, 2, 3, 4)
>>>
>>> #6
>>> D = List([1, 2, 'abcd'])
Traceback (most recent call last):
  File '<pyshell#39>', line 1, in <module>
    D = List([1, 2, 'abcd'])
  File 'D:\python_example\3101.py', line 8, in __init__
    raise Exception('use int or float in item')
Exception: use int or float in item
```

프로그램 설명

① 파이썬의 내장 클래스 list를 상속받은 클래스 List를 정의한다. 모든 항목은 int, float이어야 하며, 리스트에 정수, 실수를 곱셈 *할 때 리스트의 모든 항목에 곱하도록 변경한다.

② __init__() 생성자에서 super().__init__(*arg)는 상위클래스 list를 초기화한다. if 문에서 모든 항목이 (int, float) 자료형이 아니면 Exception 예외를 발생시킨다.

③ __mul__()은 List 클래스의 인스턴스가 왼쪽에 있을 때 곱셈 * 연산자 메서드이다. self의 모든 항목에 정수 또는 실수인 other를 곱셈하여 리스트 tmp를 생성하고 List(tmp)를 반환한다.

④ __rmul__()은 List 클래스의 인스턴스가 오른쪽에 있을 때 곱셈 * 연산자 메서드이다. self의 모든 항목에 정수 또는 실수인 other를 곱셈하여 리스트 tmp를 생성하고 List(tmp)를 반환한다.

⑤ #2에서 A = List([1, 2, 3])는 List 인스턴스 A = [1, 2, 3]를 생성한다. isinstance(A, List), isinstance(A, list)는 모두 True이다. type(A) = 〈class '__main__.List'〉이다.

⑥ #3에서 A * 10은 self = [1, 2, 3], other = 10으로 __mul__()를 호출하여 [10, 20, 30]을 반환한다.

⑦ #4에서 10 * A은 self = [1, 2, 3], other = 10로 __rmul__()를 호출하여 [10, 20, 30]을 반환한다.

⑧ #5에서 A.append(4), list(A), tuple(A) 등과 같이 list의 연산을 사용할 수 있다.

⑨ #6에서 D = List([1, 2, 'abcd'])는 정수 또는 실수가 아닌 'abcd' 항목 때문에 Exception 예외가 발생한다.

예제 3102 Person, Employee, Student 클래스 사용하기

```
# 3102.py

#1
class Person:               # class Person(object)
    def __init__(self, name, age, job = None):
        self.name = name
        self.age  = age
        self.job  = job

    def __str__(self):
        if self.job is 'Employee':
            return '{}({}, {}, {}, {})'.format(self.job,
                    self.name, self.age, self.company, self.salary)
        elif self.job is 'Student':
            return '{}({}, {}, {})'.format(self.job,
                    self.name, self.age, self.school)
        else:
            return 'Person(name = {}, age = {})'.format(self.name, self.age)

#2
class Employee(Person):
    def __init__(self, name, age, company, salary = 100):
        super().__init__(name, age, 'Employee')
        self.company = company
        self.salary  = salary
#3
class Student(Person):
    def __init__(self, name, age, school):
        super().__init__(name, age, 'Student')
        self.school = school
```

실행 결과

```
>>> p1 = Person('Kim', 20)
>>> print(p1)
    Person(name = Kim, age = 20)
>>> isinstance(p1, Person)
    True
```

```
>>>
>>> p2 = Employee('Lee', 25, 'Google', 1000)
>>> print(p2)
Employee(Lee, 25, Google, 1000)
>>> isinstance(p2, Employee)
True
>>> isinstance(p2, Person)
True
>>>
>>> p3 = Student('Park', 20, 'Hankook Univ.')
>>> print(p3)
Student(Park, 20, Hankook Univ.)
>>> isinstance(p3, Student)
True
>>> isinstance(p3, Person)
True
```

프로그램 설명

① [그림 31.1](a)의 Person, Employee, Student 클래스의 상속 관계를 구현한다. Person 클래스의 데이터 속성은 이름 name, 나이 age, 직업 job이다. __str__() 메서드에서는 데이터 속성 job에 따라 다른 출력 문자열을 반환한다.

Employee 클래스의 데이터 속성은 회사 company, 연봉 salary이다.

Student 클래스의 데이터 속성은 학교 school이다.

② 하위클래스에서 super().__init__()로 상위클래스의 생성자를 참조할 수 있다. super()는 상위클래스를 의미한다.

Employee.__init__()에서 super().__init__(name, age, 'Employee')는 Person.__init__()를 호출하여 객체의 데이터 속성 name, age, job을 초기화한다.

Student.__init__()에서 super().__init__(name, age, 'Student')는 Person.__init__()를 호출하여 객체의 데이터 속성 name, age, job을 초기화한다.

③ p1 = Person('Kim', 20)은 Person 클래스의 객체 p1을 생성하고 초기화한다. print(p1)는 Person.__str__()에서 p1.job이 None이기 때문에 Person(name = Kim, age = 20)을 출력한다.

isinstance(p1, Person)는 True이다. 클래스와 인스턴스의 속성을 명시하기 위해서는 점 . 을 사용한다.

④ p2 = Employee('Lee', 25, 'Google', 1000)는 Employee 클래스의 객체 p2를 생성하고 초기화한다. print(p2)는 Person.__str__()에서 p2.job이 'Employee'이기 때문에 Employee(Lee, 25, Google, 1000)를 출력한다.

isinstance(p2, Employee)와 isinstance(p2, Person)은 True이다.

⑤ p3 = Student('Park', 20, 'Hankook Univ.')는 Student 클래스의 객체 p3을 생성하고 초기화한다. print(p3)는 Person.__str__()에서 p3.job이 'Student'이기 때문에 Student(Park, 20, Hankook Univ.)를 출력한다.

isinstance(p3, Student)와 isinstance(p3, Person)은 True이다.

예제 3103 Vehicle, Car, Bus 클래스 사용하기

```
# 3103.py

#1
class Vehicle:
    def __init__(self, color, seats, vtype = None):
        self.color = color
        self.seats = seats
        self.vtype = vtype

    def __str__(self):
        return 'a {} vehicle: [seats = {}]'.format(
                       self.color, self.seats)
#2
class Car(Vehicle):
    def __init__(self, color, seats = 5):
        super().__init__(color, seats, 'Car')

    def __str__(self):
        return 'a {} {}: [seats = {}]'.format(
                       self.color, self.vtype, self.seats)
#3
class Bus(Vehicle):
    def __init__(self, color, seats = 45, max_passengers = 60):
        super().__init__(color, seats, 'Bus')
        self.max_passengers = max_passengers

    def __str__(self):
        return 'a {} {}: [seats = {}, max_passengers = {}]'.format(
                self.color, self.vtype, self.seats, self.max_passengers)
```

실행 결과

```
>>> my_car = Car('red')
>>> print(mycar)
    a red Car: [seats = 5]
>>>
```

```
>>> my_bus = Bus('blue')
>>> print(my_bus)
    a blue Bus: [seats = 45, max_passengers = 60]
```

프로그램 설명

① [그림 31.1](b)의 Vehicle, Car, Bus 클래스의 상속 관계를 구현한다. Vehicle 클래스는 색상 color, 좌석수 seats, 차종류 vtype의 데이터 속성을 갖는다. Car 클래스는 데이터 속성 seats = 5 디폴트 값을 갖는다. Bus 클래스는 최대 승객수 max_passengers의 데이터 속성을 갖는다.

② my_car = Car('red')는 Car 클래스의 인스턴스 my_car를 생성하고 초기화한다. print(my_car)는 'a red Car: [seats = 5]'를 출력한다.

③ my_bus = Bus('blue')는 Bus 클래스의 인스턴스 my_bus를 생성하고 초기화한다. print(my_bus)는 'a blue Bus: [seats = 45, max_passengers = 60]'을 출력한다.

예제 3104 Shape, Circle, Rectangel, Triangle 클래스 사용하기

```
# 3104.py

#1
class Shape:
    def __init__(self, stype, color):
        self.stype = stype
        self.color = color

#2
import math                      # math.pi
class Circle(Shape):
    def __init__(self, x, y, radius, color = 'black'):
        super().__init__('circle', color)
        self.x = x
        self.y = y
        self.radius = radius

    def __str__(self):
        return 'a {} circle : [center=({},{}), radius = {}]'.format(
            self.color, self.x, self.y, self.radius)

    def perimeter(self):
        return 2.0 * self.radius * math.pi

    def area(self):
        return self.radius ** 2 * math.pi
```

```

#3
class Rectangle(Shape):
    def __init__(self, x, y, width, height, color = ‘black’):
        super().__init__(‘rectangle’, color)
        self.x = x
        self.y = y
        self.width  = width
        self.height = height

    def __str__(self):
        return ‘a {} rectangle: [({},{}) - ({},{})]’.format(
            self.color, self.x, self.y,
            self.x + self.width, self.y + self.height)

    def perimeter(self):
        return self.width * 2 + self.height * 2

    def area(self):
        return self.width * self.height

#4
class Triangle(Shape):
    def __init__(self, x1, y1, x2, y2, x3, y3, color = ‘black’):
        super().__init__(‘triangle’, color)
        self.x1 = x1
        self.y1 = y1
        self.x2 = x2
        self.y2 = y2
        self.x3 = x3
        self.y3 = y3
        # calculate the side length
        self.side1 = ((self.x2 - self.x1) ** 2 +
                      (self.y2 - self.y1) ** 2) ** 0.5
        self.side2 = ((self.x3 - self.x2) ** 2 +
                      (self.y3 - self.y2) ** 2) ** 0.5
        self.side3 = ((self.x1 - self.x3) ** 2 +
                      (self.y1 - self.y3) ** 2) ** 0.5

    def __str__(self):
        return ‘a {} triangle : [({},{}), ({},{}), ({},{})]’.format(
                      self.color, self.x1, self.y1,
                      self.x2, self.y2, self.x3, self.y3)

```

```
    def perimeter(self):
        return self.side1 + self.side2 + self.side3

    def area(self):
        p = self.perimeter() / 2
        a = self.side1
        b = self.side2
        c = self.side3
        return (p * (p - a) * (p - b) * (p - c)) ** 0.5
```

실행 결과

```
>>> #5
>>> s1 = Circle(0, 0, 100)                    # x, y, radius
>>> print(s1)
a black circle : [center = (0,0), radius = 100]
>>> s1.perimeter()
628.3185307179587
>>> s1.area()
31415.926535897932
>>>
>>> #6
>>> s2 = Rectangle(0, 0, 100, 100)            # x, y, width, height
>>> print(s2)
a black rectangle: [(0,0) - (100,100)]
>>> s2.perimeter()
400
>>> s2.area()
10000
>>>
>>> #7
>>> s3 = Triangle(0, 0, 100, 0, 100, 100)    # x1, y1, x2, y2, x3, y3
>>> print(s3)
a black triangle : [(0,0), (100,0), (100,100)]
>>> s3.perimeter()
341.4213562373095
>>> s3.area()
5000.0
```

프로그램 설명

① [그림 31.1](c)의 Shape, Circle, Rectangle, Triangle 클래스의 상속 관계를 구현한다. Shape 클래스는 데이터 속성으로 종류 stype, 색상 color을 갖는다.

Circle 클래스의 데이터 속성은 중심좌표 x, y와 반지름 radius이다. 메서드는 둘레의 길이를 계산하는 perimeter()와 면적을 계산하는 area()가 있다.

Rectangle 클래스의 데이터 속성은 왼쪽 위의 모서리 좌표 x, y와 가로 크기 width, 세로 크기 height이다. 메서드는 둘레의 길이를 계산하는 perimeter()와 면적을 계산하는 area()가 있다.

Triangle 클래스의 데이터 속성은 세 꼭짓점의 좌표 x1, y1, x2, y2, x3, y3이다. 메서드는 둘레의 길이를 계산하는 perimeter()와 면적을 계산하는 area()가 있다.

② s1= Circle(0, 0, 100)는 Circle 클래스의 인스턴스 s1을 생성하고 초기화한다. print(s1)는 'a black circle : [center = (0,0), radius = 100]'을 출력한다. s1.perimeter()와 s1.area()는 Circle 객체 s1의 둘레 길이와 면적을 계산한다.

③ s2 = Rectangle(0, 0, 100, 100)는 Rectangle 클래스의 인스턴스 s2를 생성하고 초기화한다. print(s2)는 'a black rectangle: [(0,0) - (100,100)]'을 출력한다. s2.perimeter()와 s2.area()는 Rectangle 객체 s2의 둘레 길이와 면적을 계산한다.

④ s3 = Triangle(0, 0, 100, 0, 100, 100)는 Triangle 클래스의 인스턴스 s3을 생성하고 초기화한다. print(s3)는 'a black triangle : [(0,0), (100,0), (100,100)]'을 출력한다. s3.perimeter()와 s3.area()는 Triangle 객체 s3의 둘레 길이와 면적을 계산한다.

CHAPTER 8
모듈 module

모듈 module은 의미 있는 함수, 클래스, 프로그램, 확장 DLL 파일 *.pyd 등이다. import 문을 사용하여 메모리에 임포트하여 사용할 수 있다. 표준모듈, 사용자 정의 모듈과 외부모듈이 있다.

Step 32
sys • os • glob • shutil 모듈

모듈은 파이썬 파일을 구조화하는 단위이며 변수, 함수, 클래스 등을 갖는 파이썬 파일 *.py, 컴파일된 바이트 코드 *.pyc, 최적화 코드 *.pyo, 파이썬 C 확장 DLL *.pyd 등의 파일일 수 있다.

파이썬의 표준모듈은 파이썬 인터프리터에 포함된 모듈이다. 표준모듈은 import 문이 필요 없는 내장모듈 builtins과 import 문이 필요한 모듈이 있다. 내장모듈은 기본적으로 사용하고 있는 내장함수를 포함하고 있다.

여기서는 import 문이 필요한 sys, os, shutil, math, time, random 등의 표준모듈을 사용에 대해 설명한다. keyword, json, pickle, csv 표준모듈은 이미 설명했다.

import 문은 모듈과 패키지를 메모리에 로드하여 프로그램에서 사용할 수 있게 한다. 모듈과 패키지는 각각 자신의 네임스페이스를 가지고 있다. 모듈 내의 이름을 명시하기 위해서는 점 .을 사용한다. sys.modules는 현재 로드된 모듈의 사전 dict이다.

import 문으로 같은 모듈을 여러 번 로드하면 첫 번째 모듈만 로드하고 이후에는 이전에 임포트한 모듈을 메모리에서 참조한다. importlib.reload() 함수는 이전에 임포트 한 모듈을 다시 로드한다.

다음은 import 문으로 math 모듈을 임포트하는 방법을 설명한다.

형식 import 〈모듈_이름_리스트〉

```
>>> import math
>>> math.pi
3.141592653589793
```

형식 import 〈모듈_이름_리스트〉 as 〈새_이름〉

```
>>> import math as m
>>> m.pi
3.141592653589793
```

형식 from 〈모듈_이름_리스트〉 import 〈이름_리스트〉

```
>>> from math import pi, radians, sin
>>> pi
3.141592653589793
>>> sin(radians(90))
1.0
```

형식 from 〈모듈_이름_리스트〉 import *

```
>>> from math import *
>>> pi
3.141592653589793
>>> sin(radians(90))
1.0
```

1. 내장모듈 builtins

내장모듈 builtins은 다양한 내장함수 built-in functions를 포함하고 있다. 지금까지 다양한 내장함수를 사용해 왔다(Step 23 내장함수 참조). 내장모듈 builtins은 import 하지 않고 사용할 수 있다.

예제 3201 import 문이 필요 없는 내장모듈 builtins 사용하기

```
>>> # 3201.py
>>> sum.__module__
'builtins'
>>> sum
<built-in function sum>
```

```
>>> sum([1, 2, 3])
6
>>>
>>> #2
>>> import builtins
>>> builtins.sum
<built-in function sum>
>>> builtins.sum([1, 2, 3])
6
>>> builtins.sum is sum # builtins.sum == sum
True
```

프로그램 설명

① #1에서 sum.__module__은 sum() 함수의 모듈 이름 'builtins'를 반환한다.

② #2는 import로 builtins 모듈을 임포트한 후에 builtins.sum()을 사용한다. sum()과 builtins.sum() 함수는 같다.

2. sys · os 모듈

sys 모듈은 파이썬 인터프리터 정보를 제공한다. os 모듈은 시스템 환경, 현재 작업 폴더, 폴더 생성, 폴더 변경, 파일 삭제 등의 작업을 편리하게 할 수 있는 운영체제 모듈이다.

예제 3202 sys 모듈 사용하기

```
>>> # 3202.py
>>> import sys
>>> sys.platform
'win32'
>>> sys.version
'3.10.6 (tags/v3.10.6:9c7b4bd, Aug  1 2022, 21:53:49) [MSC v.1932 64 bit (AMD64)]'
>>> sys.prefix
'C:\\Users\\kdk\\AppData\\Local\\Programs\\Python\\Python310'
>>> sys.path
[... 생략... ,, 'C:\\Users\\kdk\\AppData\\Local\\Programs\\Python\\Python310\\lib\\site-packages']
```

```
>>> sys.exit()                    # exit(0)
    <built-in function sum>
>>> sys.float_info.max
    1.7976931348623157e+308
>>> sys.builtin_module_names
    ('_abc', '_ast', '_bisect', ..., 생략 ..., 'sys', 'time', 'winreg',
    'xxsubtype', 'zlib')
>>> sys.modules
    {'sys': <module 'sys' (built-in)>, 'builtins': <module 'builtins' (built-
    in)>, ... 생략 ...,]
```

프로그램 설명

① sys.platform은 파이썬이 설치된 운영체제를 확인하고, sys.version은 파이썬 버전 정보를 나타내며 sys.prefix는 파이썬이 설치된 폴더를 나타낸다.

② sys.path는 파이썬 모듈을 탐색하기 위한 경로를 문자열로 반환한다. sys.path.append()로 모듈 탐색 경로를 추가할 수 있다.

③ sys.exit()는 실행 중인 프로그램 프로세스을 정상적으로 종료한다.

④ sys.float_info는 실수 float의 정보이고, sys.float_info.max는 십진수로 표현할 수 있는 최대 실수값을 반환한다.

⑤ sys.builtin_module_names는 내장모듈의 이름이다.

⑥ sys.modules는 현재 로드된 모듈의 사전 dict을 나타낸다.

예제 3203 os 모듈 사용하기

```
>>> # 3203.py
>>> import os
>>> #1
>>> os.getcwd()
    'C:\\Users\\kdk\\AppData\\Local\\Programs\\Python\\Python310'
>>> os.chdir('d:/python_example')  # 폴더가 없으면 FileNotFoundError 예외
>>> os.getcwd()
    'd:\\python_example'
>>> 
>>> #2
>>> os.listdir()                      # os.listdir('d:/python_example')
    ['0203.py', ... 생략 ... , 'data.txt', 'image', 'json.txt', 'pickle.bin',
    'result.txt']
>>> os.path.isdir('d:/python_example')
    True
```

```
>>> os.path.exists('d:/python_example/data.txt')
True
>>>
>>> #3
>>> os.path.dirname('d:/python_example/data.txt')
'd:/python_example'
>>> os.path.dirname('d:/python_example')
'd:/'
>>> os.path.dirname('d:/python_example/')
'd:/python_example'
>>> os.path.abspath('fact.py')                    # './fact.py', 절대경로
'D:\\python_example\\fact.py
>>> os.path.relpath('d:/python_test/fact.py')  # 상대경로
'..\\python_test\\fact.py'
>>>
>>> #4
>>> os.path.dirname(os.path.abspath('./fact.py'))
'D:\\python_example'
>>>
>>> import sys
>>> sys.path.append(os.path.dirname(os.path.abspath('./fact.py')))
>>> sys.path
[... 생략 ..., 'D:\\python_example']
```

프로그램 설명

① #1에서 os.getcwd()는 현재 작업디렉터리 폴더를 나타내는 문자열을 반환한다.

os.chdir(path)는 작업디렉터리를 path로 변경한다.

② #2에서 os.listdir(path = None)는 현재 작업디렉터리의 항목 파일과 디렉터리을 리스트로 반환한다. os.path.isdir(s)는 s가 디렉터리이면 True이다. os.path.exists(path)는 path가 존재하면 True이다.

③ #3에서 os.path.dirname()는 인수로 주어진 문자열에서 디렉터리 이름을 반환한다. 절대경로를 나타내는 문자열을 사용해야 한다.

os.path.abspath()는 인수로 주어진 폴더 또는 파일의 경로를 절대경로로 반환하고, os.path.repath()는 인수로 주어진 폴더 또는 파일의 경로를 상대경로로 반환한다.

④ sys.path.append(os.path.dirname(os.path.abspath('./fact.py')))는 현재 폴더 아래의 './fact.py' 파일의 절대경로 'D:\\python_example'를 모듈 탐색을 위한 경로 sys.path에 추가한다.

⑤ os.name, os.rename(src, dst), os.mkdir(path), os.remove(path), os.rmdir(path), os.environ 등이 있다. os.environ은 운영체제 윈도우즈의 환경변수 사전 dict이다. os.evnviron['PATH']는 운영체제 윈도우즈에서 시스템 환경변수 PATH의 내용이다.

3. glob • shutil 모듈

glob 모듈의 glob.glob()는 패턴 매칭으로 경로에 포함된 이름을 검색한다. shutil 모듈은 파일 복사, 삭제 등 파일 고수준 연산을 제공한다.

예제 3204 glob 모듈

```
# 3204.py

import os
import glob

PATH = ‘d:/python_example/’

#1
list_files = os.listdir(PATH)
for file in list_files:
    if ‘txt’ in file:
        print(file)
#2
list_files = glob.glob(PATH + ‘*.txt’)
#list_files = glob.glob(PATH + ‘*.txt’, recursive = True)
#list_files = glob.glob(PATH + ‘**/*’, recursive = True)
for file in list_files:
    print(file)
```

실행 결과

```
data.txt
json.txt
result.txt
d:/python_example\data.txt
d:/python_example\json.txt
d:/python_example\result.txt
```

프로그램 설명

① #1의 os.listdir(PATH)를 사용하여 PATH의 파일과 디렉터리를 경로 정보 없이 리스트 변수 list_files에 저장한다. list_files에서 ‘txt’ in file로 텍스트 파일의 목록만을 출력한다.

② #2의 glob.glob(PATH + ‘*.txt’)는 PATH의 파일 중 확장자가 ‘.txt’인 모든 파일의 목록을 경로 정보를 포함하여 list_files 리스트에 저장한다.

③ glob.glob() 함수에서 recursive = True는 서브 디렉터리를 검색하도록 한다. glob.glob(PATH + '**/*', recursive = True)는 PATH의 서브 디렉터리 포함 모든 파일을 검색한다.

예제 3205 shutil 모듈: copy(), rmtree()

```
# 3205.py

import os, glob
import shutil

SRC_PATH = ‘d:/python_example/’
DST_PATH = ‘d:/python_example_copy/’

#1
if os.path.exists(DST_PATH):
    shutil.rmtree(DST_PATH)              # 폴더 삭제 주의

#2
#shutil.copytree(SRC_PATH, DST_PATH)     # DST_PATH가 있으면 오류 발생

#3
#3-1
if not os.path.exists(DST_PATH):
    os.mkdir(DST_PATH)

#3-2
list_files = glob.glob(SRC_PATH + ‘*.txt’)
for file in list_files:
    shutil.copy(file,  DST_PATH)

#3-3
##list_files = os.listdir(SRC_PATH)
##for file in list_files:
##    if ‘.txt’ in file:
##        shutil.copy(SRC_PATH + file, DST_PATH + file)

#4
#shutil.rmtree(DST_PATH)
```

프로그램 설명

① #1은 DST_PATH가 존재하면 shutil.rmtree(DST_PATH)로 DST_PATH 경로의 폴더를 삭제한다. DST_PATH 폴더에 파일이 있어도 모두 삭제한다.

② #2의 shutil.copytree(SRC_PATH, DST_PATH)는 SRC_PATH에서 DST_PATH로 폴더를 복사한다. 이때 SRC_PATH에 있는 파일과 폴더를 모두 복사한다. DST_PATH의 폴더가 존재하면 FileExistsError 예외가 발생한다.

③ #3은 SRC_PATH의 경로에 있는 파일을 하나씩 DST_PATH에 복사한다. #3-1은 DST_PATH가 없으면 os.mkdir(DST_PATH)로 폴더를 생성한다.

④ #3-2는 glob.glob(SRC_PATH + '*.txt')로 SRC_PATH의 경로에 있는 내용 중 확장자가 ".txt"인 파일의 목록을 리스트 변수 list_files에 저장하고, for 문에서 shutil.copy(file, DST_PATH)로 DST_PATH에 같은 이름으로 복사한다.

⑤ #3-3은 os.listdir(SRC_PATH)은 SRC_PATH의 경로에 있는 모든 목록을 리스트 변수 list_files에 저장하고, for 문에서 if '.txt' in file로 파일 이름에 '.txt'가 포함된 파일을 shutil.copy(SRC_PATH + file, DST_PATH + file)로 하나씩 복사한다. shutil.copy()는 파일만 복사한다. 복사 대상 목록에 폴더가 포함되는 경우는 PermissionError 예외가 발생한다. 마지막으로 shutil.rmtree(DST_PATH)는 DST_PATH를 삭제한다.

Step 33
time · datetime 모듈

1. time 모듈

time 모듈은 시간 함수를 포함한다. UTC Universal Time Coordinated는 협정 세계시이다. 1972년 1월 1일부터 시행된 과학적 시간의 표준으로 대한민국 서울은 UTC+9이다.

예제 3301 time 모듈

```
# 3301.py

import time

#1
print('time.time() = ', time.time())
t = time.localtime()
print('t = ', t)
print('year = ',  t[0])
print('month = ', t[1])
print('day = ',   t[2])

#2
start = time.time()
Sum = 0.0
for x in range(100000):
    Sum += x
print('Sum = ', Sum)
stop = time.time()
ellapse = stop - start
print('ellapse = ', ellapse)
```

실행 결과

```
time.time() = 1657520674.7114358
t = time.struct_time(tm_year=2022, tm_mon=7, tm_mday=11, tm_hour=15, tm_min=25, tm_sec=22, tm_wday=0, tm_yday=192, tm_isdst=0)
year = 2022
month = 7
day = 11
Sum =  4999950000.0
ellapse = 0.013011693954467773
```

프로그램 설명

① #1의 time.time()는 시간 기준점인 1970년 1월 1일 0시 이후의 경과시간으로 실수 단위 초 seconds이다.

② t = time.localtime()는 현재 지역의 시간을 time.struct_time 클래스 객체 t에 저장한다. t[0] 또는 t.tm_year는 년도, t[1] 또는 t.tm_mon은 월, t[2] 또는 t.tm_mday는 일이다.

③ #2는 start = time.time()과 stop = time.time() 사이의 실행 시간을 ellapse = stop − start로 계산한다.

2. datetime 모듈

datetime 모듈은 date, time, datetime, timedelta, timezone 등의 클래스로 날짜 시간 관련 함수를 포함한다.

date는 현재 우리가 사용하는 그레고리력의 날짜(년, 월, 일)를 나타내고, time은 시간을 나타내며, tzinfo로 시간대를 조정할 수 있다.

datetime은 date와 time의 정보를 포함한다. timedelta는 두 날짜, 시간 사이의 기간을 나타낸다.

timezone는 tzinfo의 서브클래스로 UTC로부터의 고정 오프셋에 의한 시간대를 나타낸다. 예를 들어 timezone(timedelta(hours = 9))는 우리나라의 시간대이고, timezone(timedelta(hours = −8))는 미국 서부의 태평양 시간대이다.

예제 3302 datetime 모듈 1: date, datetime

```
# 3302.py

import time
from datetime import date, datetime

#1
today    = date.today()                  # datetime.date(2022, 7, 11)
birthday = date(2022, 8, 11)
remaining_date =  birthday - today       # abs(today - birthday)
print(‘remaining_date = ’, remaining_date)
print(‘remaining_date.days = ’, remaining_date.days)
print()

#2
now = time.time()
date_now = date.fromtimestamp(now)

print(‘now = ’, now)
print(‘date_now = ’, date_now)
print(date.today() == date_now)
print()

#3
today = date.today()
print(today.strftime(‘%Y/%m/%d’))
print(today.strftime(‘%A %d. %B %Y’))    # a,b: abbreviated name
print()

#4
now = datetime.now()
print(‘now = ’, now)
print(‘now.date() = ’, now.date())
print(‘now.time() = ’, now.time())
print(‘now.astimezone() = ’, now.astimezone())
```

실행 결과

```
remaining_date =  31 days, 0:00:00
remaining_date.days =  31

now =  1657521413.306627
date_now =  2022-07-11
True

2022/07/11
Monday 11. July 2022
```

```
now =  2022-07-11 15:39:38.106242
now.date() =  2022-07-11
now.time() =  15:39:38.106242
now.astimezone() =  2022-07-11 15:39:38.106242+09:00
```

프로그램 설명

① #1의 today = date.today()는 오늘의 날짜를 today에 저장한다.

birthday = date(2022, 8, 11)일 때, remaining_date = birthday − today는 차이를 remaining_date에 계산한다. type(remaining_date) = 〈class 'datetime.timedelta'〉이다. remaining_date.days = 31일이다.

② #2는 time.time()로 현재 시간을 now에 읽고, date_now = date.fromtimestamp(now)로 date_now = 2022-07-11을 계산한다. date.today() == date_now는 True이다.

③ #3에서 today.strftime('%Y/%m/%d')는 2022/07/11로 출력한다.

today.strftime('%A %d. %B %Y')는 Monday 11. July 2022로 출력한다.

④ #4에서 datetime.now()는 날짜와 시간 정보를 모두 갖는다. now = datetime.now()는 현재의 날짜 시간을 now에 저장한다. type(now)으로 변수 now의 타입을 확인하면, 〈class 'datetime.datetime'〉이다. now.date(), now.time()는 now의 date, time 정보를 반환한다. now.astimezone()은 시간대 time zone를 포함한 날짜와 시간 정보를 나타내는 문자열을 반환한다.

예제 3303 datetime 모듈 2: timedelta, timezone

```
# 3303.py

import time
from datetime import date, datetime, timedelta, timezone

#1
delta = timedelta(days = 2, hours = 10, minutes = 1, seconds = 1)
print("#1")
print('delta.total_seconds() = ', delta.total_seconds())
print()

#2
today = date.today()                # date(2022, 2, 26)
today_plus_delta = today + delta
print("#2")
print('today = ', today)
print('today_plus_delta = ', today_plus_delta)
print('today < today_plus_delta = ', today<today_plus_delta)
print()
```

```
#3
now = datetime.now()
now_plus_delta = now + delta
print("#3")
print('now_plus_delta = ', now_plus_delta)
print('now < now_plus_delta = ', now < now_plus_delta)
print()

#4
KST = timezone(timedelta(hours = 9))   # 한국
PST = timezone(timedelta(hours = -8))  # 미국 서부, pacific time zone

now_kor = datetime.fromtimestamp(time.time())            # tz = KST, datetime.now()
now_LA = datetime.fromtimestamp(time.time(),tz = PST)    # datetime.now(tz = PST)
print("#4")
print('now_kor = ', now_kor)
print('now_LA = ', now_LA)
print('now_kor.astimezone(PST) = ', now_kor.astimezone(PST))
```

실행 결과

```
#1
delta.total_seconds() = 208861.0

#2
today = 2022-07-11
today_plus_delta = 2022-07-13
today < today_plus_delta = True

#3
now_plus_delta = 2022-07-14 01:48:57.278234
now < now_plus_delta = True

#4
now_kor= 2022-07-11 15:47:56.278235
now_LA = 2022-07-10 22:47:56.278235-08:00
now_kor.astimezone(PST)= 2022-07-10 22:47:56.278235-08:00
```

프로그램 설명

① #1은 timedelta() 함수로 시간 기간을 초기화하고, delta.total_seconds()는 초기화된 시간 기간을 초 단위로 계산하여 변수 delta에 저장한다.

② #2는 today_plus_delta = today + delta로 오늘 today로부터 delta만큼 떨어진 날짜를 계산한다. today 〈 today_plus_delta는 True이다.

③ #3은 now_plus_delta = now + delta으로 지금 now으로부터 delta만큼 떨어진 날짜와 시간을 계산한다. now 〈 now_plus_delta는 True이다.

④ #4는 현재시간의 우리나라 날짜 시간 KST와 미국 서부 LA의 시간 PST를 계산하여 KST에 UTC+9의 우리나라 시간대, PST에 UTC-8의 미국 서부 태평양 시간대를 초기화한다.

now_kor = datetime.fromtimestamp(time.time())은 time.time()의 현재시간을 우리나라 날짜 시간대 tz = KST로 now_kor에 저장한다. datetime.now()와 같다.

now_LA = datetime.fromtimestamp(time.time(), tz = PST)는 현재시간을 미국 서부 태평양 날짜 시간대 tz = PST로 now_LA에 저장한다. datetime.now(tz = PST)와 같다.

Step 34
math · random 모듈

1. math 모듈

math 모듈은 수학 관련 상수 및 함수를 포함한다.

예제 3401 math 모듈 사용하기 1

```
>>> # 3401.py
>>> import math
>>>
>>> #1: 수학 상수
>>> math.pi
    3.141592653589793
>>> math.e
    2.718281828459045
>>> math.inf                                  # 무한대
    inf
>>> math.nan                                  # 숫자 아님
    nan
>>>
>>> #2: 숫자 관련 함수
>>> math.trunc(3.1)
    3
>>> math.ceil(3.1)
    4
>>> math.floor(3.1)
    3
>>> math.fabs(-3.14)
    3.14
```

```
>>> math.factorial(3)
    6
>>> math.fsum([0.1, 0.1, 0.1])
    0.30000000000000004
>>> math.gcd(4, 10)            # 최소공약수 greatest common divisor
    2
>>> math.lcm(4, 10)            # 최소공배수 least common multiple
    20
>>> math.isclose(1.0, 1 + 1e-10)
    True
>>>
>>> #3: 거듭제곱 및 지수 관련 함수
>>> math.exp(0)
    1.0
>>> math.log(100, 10)          # math.log10(100)
    2.0
>>> math.log(1024, 2)          # math.log2(1024)
    10.0
>>> math.pow(2.0, 3.0)         # 2.0 ** 3.0
    8.0
>>> math.sqrt(2)               # 2 ** 0.5
    1.4142135623730951
```

프로그램 설명

① #1은 수학 관련 상수이다.

② #2는 숫자 관련 함수이다.

math.trunc(3.1)는 소수점 이하를 잘라 낸 정수 3, math.ceil(3.1)는 3.1과 같거나 큰 정수 중 가장 작은 정수 4, math.floor(3.1)는 3.1과 같거나 작은 정수 중 가장 큰 정수 3, math.fabs(−3.14)는 절대값 3.14, math.factorial(3)은 3의 계승 factorial인 6을 반환한다. math.fsum([0.1, 0.1, 0.1])은 리스트에 주어진 실수의 합계 0.3을 반환한다. math.gcd(4, 10)는 최대공약수 2를 반환하고, math.lcm(4, 10)은 최소공배수 20을 반환한다. math.isclose(1.0, 1 + 1e−10)는 허용 임계값 rel_tol = 1e−09 내에서 충분히 가깝기 때문에 True를 반환한다.

③ #3은 거듭제곱 및 지수 관련 함수이다.

예제 3402 math 모듈 사용하기 2

```
>>> # 3402.py
>>> import math
```

```
>>> #1
>>> math.degrees(math.pi)          # 라디안 -> 각도 변환
180.0
>>> math.radians(180.0)            # 각도 -> 라디안 변환
3.141592653589793
>>>
>>> #2: 각도 변환 및 삼각함수: sin, cos, tan, acos, asin, atan, atan2, hypot
>>> a = math.cos(math.radians(180))
>>> a
-1.0
>>> b = math.acos(a)
>>> b
3.141592653589793
>>> math.degrees(b)
180.0
>>> math.hypot(1.0, 1.0)           # Euclidean norm, math.sqrt(1 * 1 + 1 * 1)
1.4142135623730951
>>>
>>> #3: 쌍곡선 함수 hyperbolic functions: sinh, cosh, tanh, acosh, asinh, atanh
>>> a = math.sinh(1)
>>> a
1.1752011936438014
>>> math.asinh(a)
1.0
```

프로그램 설명

① #1에서 math.degrees() 함수는 라디안을 각도로 변환하고, math.radians()는 각도를 라디안으로 변환하여 반환한다.

② #2는 삼각함수 예제이다. a = math.cos(math.radians(180))은 180도의 코사인을 a에 계산하고, b = math.acos(a)는 코사인값 a의 역함수인 아크 코사인을 b에 계산한다. math.degrees(b)는 라디안 b를 각도로 변환하여 180을 반환한다. math.hypot(1.0, 1.0) 함수는 벡터(1, 1)의 유클리디안 거리로 math.sqrt(1 * 1 + 1 * 1)과 같다.

③ #3은 쌍곡선 함수 math.sinh(), math.asinh()의 예제이다.

2. random 모듈

random 모듈은 난수 random number 관련 함수를 포함한다. random.seed()는 현재 시스템 시간을 사용하여 난수생성을 초기화한다. random.seed()로 초기화하면 프로그램을 실행할 때마다 다른 난수열을 얻을 수 있다.

예제 3403 random 모듈 사용하기 1

```
# 3403.py

import random

random.seed()  # random.seed(None)
#random.seed(1)
for x in range(5):
    a = random.randint(1, 10)
    print(‘a = ‘, a)
```

실행 결과

```
a =  6
a =  9
a =  4
a =  1
a =  10
```

프로그램 설명

① random.seed()는 현재의 시스템 시간을 사용하여 난수생성을 초기화한다. 프로그램을 실행할 때마다 시간이 다르기 때문에 생성되는 난수의 결과는 항상 다르게 나타난다.

② random.seed(1)와 같이 숫자를 사용하여 난수생성을 설정하면 결과가 항상 같다. 모의 실험할 때와 같이 같은 난수열이 필요할 때 사용한다.

③ a = random.randint(1, 10)는 정수 구간 [1, 10]의 균등분포에서 난수를 반환한다. for 문으로 5개의 난수 a를 생성하여 출력한다. 실행할 때마다 결과는 달라진다.

예제 3404 random 모듈 사용하기 2: 난수의 빈도수 계산하기

```
# 3404.py
import random
random.seed()
```

```

#1
N = 5                        # bin의 개수
hist = [0 for x in range(N)]

#2
M = 10                       # 샘플의 개수
sample = [random.randint(0, N - 1) for x in range(M)]
print('sample = ', sample)

#3
for k in sample:
    hist[k] += 1
print('hist = ', hist)
```

실행 결과

```
sample =  [3, 0, 3, 0, 0, 2, 0, 1, 4, 1]
hist =  [4, 2, 1, 2, 1]
```

프로그램 설명

① #1에서 hist = [0 for x in range(N)]은 빈도수를 계산할 hist 리스트를 0으로 초기화하여 생성한다.

② #2에서 sample = [random.randint(0, N−1)for x in range(M)]은 [0, N−1] 범위의 M개의 균등분포 정수 난수를 sample 리스트에 생성한다.

③ #3에서 for k in sample: hist[k] += 1에 의해 sample의 빈도수를 hist에 계산한다.

④ sample = [3, 0, 3, 0, 0, 2, 0, 1, 4, 1]일 때, 빈도수는 hist = [4, 2, 1, 2, 1]이다. hist[0]은 0의 개수 4, hist[1]은 1의 개수 2, hist[2]는 2의 개수 1, hist[3]은 3의 개수 2, hist[4]는 4의 개수 1이다.

예제 3405 random 모듈 사용하기 3

```
>>> # 3405.py
>>> import random
>>> random.random()              # 범위 [0.0, 1.0)의 균등분포 랜덤 실수
0.9893026690268784
>>> random.randrange(10, 20)     # 범위 [10, 20)의 랜덤 정수
15
>>> random.uniform(1, 10)        # 범위 [1, 10] 사이의 균등분포 랜덤 실수
9.963757661650131
>>> random.gauss(0, 1)           # 평균 mu = 0, 표준편차 sigma = 1인 정규분포 랜덤 실수
0.8228666891774785
```

```
>>> random.choice('abcdefg')        # 문자열에서 임의로 선택
    'g'
>>> A = [0, 1, 2, 3, 4]            # list(range(5))
>>> random.shuffle(A)              # 리스트를 무작위로 섞음
>>> A
    [2, 0, 1, 3, 4]
>>>
>>> random.sample([1, 2, 3, 4, 5], 3)
    [1, 4, 5]
>>> [random.randint(1, 10)for x in range(5)]    # 5개의 균등분포 정수 난수생성
    [3, 5, 2, 6, 9]
```

프로그램 설명

① random.random()은 [0, 1) 사이의 랜덤 실수를 반환한다.

② randrange(start, stop = None, step = 1)는 (start, stop, step)에 의한 범위의 랜덤 정수를 반환한다. stop은 포함하지 않기 때문에 random.randrange(10, 20)는 10에서 19까지의 범위에서랜덤 정수를 반환한다.

③ random.uniform(1, 10)은 [1, 10] 사이의 랜덤 실수를 반환한다.

④ random.gauss(0, 1)는 평균 0이고 표준편차 1인 정규분포 가우스 분포 랜덤 실수를 반환한다.

⑤ random.choice('abcdefg')는 문자열 'abcdefg'에서 무작위 랜덤로 문자를 선택하여 반환한다.

⑥ random.shuffle(A)은 리스트 A에서 항목의 나열 순서를 무작위로 섞는다.

⑦ random.sample([1, 2, 3, 4, 5], 3)는 리스트에서 무작위로 3개의 정수를 샘플링한다.

⑧ [random.randint(1, 10) for x in range(5)]는 범위 (1, 10)의 균등분포에서 5개의 정수 난수를 리스트로 생성한다.

Step 35 collections · functiontools · itertools 모듈

1. collections 모듈

파이썬은 내장 컨테이너 자료형 list, tuple, set, dict 등이 있다. collections 모듈은 추가로 Counter, namedtuple, OrderedDict, deque 등의 추가 컨테이너를 포함한다. 여기서는 Counter, OrderedDict를 설명한다.

Counter는 항목의 개수를 카운트할 수 있다. OrderedDict는 추가한 순서를 유지하는 사전이다. 현재 파이썬 버전의 dict 역시 항목 입력순서를 유지한다. Counter, OrderedDict는 내장 클래스인 dict를 상속한 클래스이다.

예제 3501 Counter · OrderedDict 클래스 사용하기

```
>>> # 3501.py
>>> #1
>>> from collections import Counter
>>> count = Counter('abcdaabc'); count
Counter({'a': 3, 'b': 2, 'c': 2, 'd': 1})
>>> count.items()            # count.keys(), count.values()
dict_items([('a', 3), ('b', 2), ('c', 2), ('d', 1)])
>>> count.total()            # sum(count.values())
8
>>> count['a']
3
>>> count['a'] += 1
Counter({'a': 4, 'b': 2, 'c': 2, 'd': 1})
>>>
```

```
>>> #2
>>> import random
>>> sample = [random.randint(0, 5) for x in range(1000)]
>>> hist = Counter(sample); hist
Counter({1: 182, 5: 181, 2: 171, 4: 163, 0: 154, 3: 149})
>>> hist.most_common(n = 2)
[(1, 182), (5, 181)]
>>> hist.total()
1000
>>>
>>> #3
>>> from collections import OrderedDict
>>> A = OrderedDict(two = 2, three = 3, one = 1); A
OrderedDict([('two', 2), ('three', 3), ('one', 1)])
>>> A['four'] = 4; A
OrderedDict([('two', 2), ('three', 3), ('one', 1), ('four', 4)])
```

프로그램 설명

① #1의 count = Counter('abcdaabc')는 문자열에서 각 문자의 빈도수를 세어 각 문자를 key로 하고 문자의 빈도수를 value로 하는 사전 dict 객체를 count에 저장한다.

isinstance(count, dict), isinstance(count, Counter)는 True이다. Counter 객체 또한 사전 dict 객체와 같이 count.items(), count.keys(), count.values()를 사용할 수 있다.

count.total() = 8로 sum(count.values())와 같다. count['a']의 값을 읽거나 변경할 수 있다.

② #2는 Counter()를 이용하여 [예제 3404]의 빈도수 계산을 다시 작성한 것이다. sample에 [0, 5] 범위의 1,000개 정수 난수를 생성하고, hist = Counter(sample)는 리스트 sample의 항목에 있는 숫자의 빈도수를 hist에 계산한다. hist.most_common(n = 2) 는 빈도수가 가장 많은 2개의 항목을 반환한다. hist.total() = 1000으로 전체 숫자의 개수이다.

③ #3의 A = OrderedDict(two = 2, three = 3, one = 1)는 OrderedDict로 A를 생성한다. isinstance(A, dict)와 isinstance(A, OrderedDict)는 True이다. OrderedDict는 dict와 유사하다.

2. functiontools 모듈

functools 모듈은 고차함수와 호출 가능 객체에 대한 연산을 포함한다. 여기서는 reduce(), partial() 함수의 사용을 설명한다.

reduce() 함수는 첫 번째 인수로 주어진 함수를 통해서 두 번째 인수로 주어진 시퀀스 또는 반복 가능한 iterable 자료의 개수를 줄여 최종적으로 하나의 값을 만들어 반환하는 함수이다. reduce() 함수의 첫 번째 인수로 사용되는 함수는 반드시 두 개의 값을 받아 하나로 만들어주는 기능을 수행한다.

partial() 함수는 기존함수의 인수 일부를 고정한 새로운 함수를 생성할 수 있다. partial.func, partial.args, partial.keywords의 속성이 있다.

예제 3502 reduce(function, iterable[, initializer]) 함수 사용하기

```
>>> # 3502.py
>>> from functools import reduce
>>> #1
>>> def add(x, y): print('x = ', x); print('y = ', y); return x + y
>>> reduce(add, [1, 2, 3, 4])
x = 1
y = 2
x = 3
y = 3
x = 6
y = 4
10
>>> #2
>>> reduce(add, [1, 2, 3, 4], 100)
x = 100
y = 1
x = 101
y = 2
x = 103
y = 3
x = 106
y = 4
110
```

```
>>>
>>> #3
>>> reduce(lambda x, y : x + y, [1, 2, 3, 4],  100)
    110
>>>
>>> #3
>>> reduce(lambda x, y : x + y, [1, 2, 3, 4],  100)
    110
>>> max_func = lambda x, y: x if x > y else y
>>> reduce(max_func, [3, 5, 4, 2])
    5
>>>
>>> #4
>>> students = [{'name': 'lee', 'age': 20, 'score': 90},
...             {'name': 'kim', 'age': 21, 'score': 70},
...             {'name': 'park','age': 22, 'score': 80}]
...
>>> reduce(lambda x, y: x + y['age'], students, 0)
    63
>>> reduce(lambda x, y: x + y['score'], students, 0)
    240
```

프로그램 설명

① #1은 두 매개변수 x, y 덧셈하여 반환하는 함수 add(x, y)를 정의한다. 따라서 reduce(add, [1, 2, 3, 4])는 (((1 + 2) + 3) + 4)와 같다.

② #2는 reduce(add, [1, 2, 3, 4], 100)는 ((((100 + 1) + 2) + 3) + 4)와 같다. reduct() 함수에 세 번째 인수가 있을 때는 세 번째 인수와 두 번째 인수의 시퀀스에 있는 값을 하나씩 사용하여 첫 번째 인수로 주어진 함수에서 사용하여 반환되는 결과가 다시 첫 번째 인수로 사용되면서 반복하여 최종적으로 주어진 시퀀스를 하나의 값으로 만들어 반환한다.

③ #3은 reduce()에서 lambda 함수를 사용한다. reduce(max_func, [3, 1, 4, 2])는 max_func의 정의에 따라 주어진 시퀀스에서 (3, 1) ▶ 3, (3, 4) ▶ 4, (4, 2) ▶ 4의 순서로 최대값 4를 계산한다.

④ #4는 students 리스트의 항목은 사전 dict이다.

reduce(lambda x, y: x + y['age'], students, 0)는 나이 age의 합계를 (((0 + 20) + 21) + 22)과 같이 계산한다. 초기값 0이 없으면 TypeError 예외가 발생한다.

reduce(lambda x, y: x + y['score'], students, 0)는 점수 score의 합계를 (((0 + 90) + 70) + 80)과 같이 계산한다. 이 또한 초기값 0이 없으면 TypeError 예외가 발생한다.

예제 3503 functools.partial(func, /, *args, **keywords) 함수 사용하기

```
>>> # 3503.py
>>> #1
>>> int('1001')                     # int('1001', base = 10)
1001
>>> int('1001', base = 2)
9
>>> #2
>>> from functools import partial
>>> base2 = partial(int, base = 2)
>>> base2('1001')
9
>>> base2.func
<class 'int'>
>>> base2.args
()
>>> base2.keywords
{'base': 2}
>>> #3
>>> f = lambda x, y, z : x * 3 + y * 2 + z + 1
>>> func = partial(f, 3, 2)
>>> func(1)                         # f(3, 2, 1)
15
>>> func.func
<function f at 0x000001E6A27D6050>
>>> func.args
(3, 2)
>>> func.keywords
{}
```

프로그램 설명

① #1에서, int('1001')와 int('1001', base = 10)는 주어진 문자열 '1001'을 10진수 1001로 변환한다. int('1001', base = 2)는 주어진 문자열을 2진수로 해석하여 10진수 9로 변환한다.

② #2에서 base2 = partial(int, base = 2)은 int() 함수에서 두 번째 인수가 base = 2로 고정된 base2 객체를 생성한다. 즉, int() 함수의 기능을 가지지만, 부분적으로 두 번째 인수가 base = 2로 고정된 새로운 함수를 생성하는 것이다. base2.func = int, base2.args = (), base2.keywords = {'base': 2} 속성을 갖는다. base2('1001')를 호출하면 문자열 '1001'을 2진수로 해석하여 10진수 9로 변환한다.

③ #3에서 함수 f(x, y, z)를 정의한다. func = partial(f, 3, 2)은 x, y 매개변수를 x = 3, y = 2로 고정하여 func() 함수를 생성한다. func(1)은 매개변수에서 고정된 부분을 제외하고 마지막 매개변수인 z에 1을 전달하면서 f(3, 2, 1)과 같다.

3. itertools 모듈

itertools 모듈은 다양한 이터레이터 함수들을 포함한다.

count(), cycle(), repeat()는 종료하지 않는 무한 이터레이터 infinite iterators이다. 따라서 반복문에서 사용할 때는 종료를 위한 break 문이 반드시 필요하다.

accumulate(), chain(), chain.from_iterable(), compress(), dropwhile(), takewhile(), groupby(), islice(), starmap(), filterfalse(), tee(), zip_longest() 등은 종료하는 이터레이터이다.

permutations(), combinations(), combinations_with_replacement(), product()는 순열, 조합, 데카르트 곱 Cartesian product 이터레이터이다.

예제 3504 무한 이터레이터 infinite iterater 함수 사용하기

```
# 3504.py

from itertools import count, cycle, repeat

#1
print('#1: count(start = 2, step = 1)')
for i in count(2):
    if i > 5:
        break
    print(i)
print()

#2
print('#2: cycle(iterable)')
n = 0
for s in cycle('abc'):
    if n >= 10:
        break
    print(s, end = '')
    n += 1
print()                     # newline
```

```

#3
print('#3: repeat(object[, times])')
n = 0
for s in repeat('abc'):        # repeat('abc', 5)
    if n >= 10:
        break
    print(s, end = ',')
    n += 1
```

실행 결과

```
#1: count(start = 2, step = 1)
2
3
4
5

#2:cycle(iterable)
abcabcabca

#3: repeat(object[, times])
abc,abc,abc,abc,abc,abc,abc,abc,abc,abc,
```

프로그램 설명

① #1의 count(2)는 start = 2부터 step = 1씩 무한히 증가하는 카운터이다. for 문은 if 문의 i > 5 조건이 True이면 break 문으로 종료한다. start, step은 음수도 가능하다.

② #2의 cycle('abc')는 문자열 'abc'의 각 항목을 무한히 순환한다. for 문은 if 문의 n >= 10 조건이 True이면 break 문으로 종료한다.

③ #3의 repeat('abc')는 문자열 'abc'를 무한히 반복한다. repeat('abc', 5)은 times = 5회만 반복한다. 즉, repeat() 함수에서 두 번째 인자로 반복 회수를 전달하면 전달된 반복 회수만큼만 반복한다.

예제 3505 종료하는 이터레이터

```
>>> # 3505.py
>>> #1
>>> from itertools import accumulate, chain, compress
>>> list(accumulate(range(5)))
[0, 1, 3, 6, 10]
>>> import operator
>>> list(accumulate(range(1, 5), operator.mul))
[1, 2, 6, 24]
```

```
>>> list(accumulate(range(1, 5), lambda x, y: x * y))
    [1, 2, 6, 24]
>>> list(chain(['abc', 'def'], (1, 2, 3)))
    ['abc', 'def', 1, 2, 3]
>>> list(chain(*['abc', 'def'], (1, 2, 3)))
    ['a', 'b', 'c', 'd', 'e', 'f', 1, 2, 3]
>>> list(compress('abcd', [0, 1, 1, 0]))       # [False, True, True, False]
    ['b', 'c']
>>>
>>> #2
>>> from itertools import dropwhile, filterfalse, islice, takewhile, tee
>>> A = [0, -1, 0, 1, 2, -3, 0, 1]
>>> list(dropwhile(lambda x: x <= 0, A))
    [1, 2, -3, 0, 1]
>>> list(takewhile(lambda x: x <= 0, A))
    [0, -1, 0]
>>> list(filterfalse(lambda x: x<=0, A))
    [1, 2, 1]
>>> list((islice('abcdefg', 4))              # stop = 4
    ['a', 'b', 'c', 'd']
>>> list(islice('abcdefg', 4, 7))            # start=4, stop=7
    ['e', 'f', 'g']
>>> list(islice('abcdefg', 0, 7, 2))         # start = 4, stop = 7, step = 2
    ['a', 'c', 'e', 'g']
>>> it1, it2 = tee('abc')  # tee('abc', 2)
>>> list(it1)
    ['a', 'b', 'c']
>>> list(it2)
    ['a', 'b', 'c']
```

프로그램 설명

① #1의 accumulate(range(5))는 range(5)에서 누적 합계하는 이터레이터를 생성한다. 즉, range(5)에 의해서 [0, 1, 2, 3, 4]를 이용하여 왼쪽 항목부터 누적하여 [0, 1, 3, 6, 10]의 이터레이터를 생성한다. accumulate(range(1, 5), operator.mul)는 range(1, 5)에서 누적 곱셈을 계산한다. operator 모듈의 이항 연산자만 가능하다. operator.mul을 대신해서 2개의 매개변수를 갖는 lambda 함수를 사용할 수도 있다.

② chain(['abc', 'def'], [1, 2, 3])은 ['abc', 'def']와 (1, 2, 3)의 항목을 하나로 연결한다. chain(*['abc', 'def'], (1, 2, 3))과 같이 언팩을 사용할 수도 있다.

③ compress('abcd', [0, 1, 1, 0])는 'abcd'에서 selectors = [0, 1, 1, 0]의 값이 1인 위치의 항목만을 선택한다.

④ #2의 dropwhile(lambda x: x <= 0, A)는 A의 앞에서 predicate = lambda x: x <= 0의

결과가 True인 동안의 항목을 선택하지 않는다. 처음 False인 A[3] = 1 항목부터 반복하여 선택한다.

⑤ takewhile(lambda x: x <= 0, A)은 A의 앞에서 predicate = lambda x: x <= 0 True인 동안의 항목만을 선택한다. 처음 False일 때 반복을 종료한다.

⑥ filterfalse(lambda x: x <= 0, A)는 A에서 function = lambda x: x <= 0이 False인 항목만을 선택한다.

⑦ islice('abcdefg', 4)는 문자열 'abcdefg'에서 start = 0, stop = 4의 범위로 부분 문자열을 이터레이터로 생성한다. islice('abcdefg', 4, 7)은 start = 4, stop = 7, step = 1의 범위로 부분 문자열을 이터레이터로 생성한다. islice('abcdefg',0, 7, 2)는 start = 0, stop = 7, step = 2의 범위로 부분 문자열을 이터레이터로 생성한다. start, stop, step은 None이 가능하며 음수는 사용할 수 없고, 문자열을 포함하여 최소 두 개의 인수는 전달되어야 한다.

⑧ it1, it2 = tee('abc') # tee('abc', 2)는 'abc'를 2회 반복하여 이터레이터를 생성해서 it1과 it2에 전달한다. list(it1)로 이터레이터를 리스트로 변환하여 결과를 확인한다.

예제 3506 순열 · 조합 · 데카르트 이터레이터

```
>>> # 3506.py
>>> #1
>>> from itertools import permutations
>>> A = [1,2,3]
>>> list(permutations(A))
[(1, 2, 3), (1, 3, 2), (2, 1, 3), (2, 3, 1), (3, 1, 2), (3, 2, 1)]
>>> list(permutations(A, 2))
[(1, 2), (1, 3), (2, 1), (2, 3), (3, 1), (3, 2)]
>>>
>>> #2
>>> from itertools import combinations, combinations_with_replacement
>>> list(combinations(A, 2))
[(1, 2), (1, 3), (2, 3)]
>>> list(combinations_with_replacement('abc', 2))
[('a', 'a'), ('a', 'b'), ('a', 'c'), ('b', 'b'), ('b', 'c'), ('c', 'c')]
>>>
>>> #3
>>> from itertools import product
>>> list(product(range(2), range(3)))
[(0, 0), (0, 1), (0, 2), (1, 0), (1, 1), (1, 2)]
>>> for i, j, k in product(range(2), range(3), range(4)):
...     print(i, j, k)
...
```

```
0 0 0
0 0 1
0 0 2
0 0 3
0 1 0
... 생략 ...
1 2 3
```

프로그램 설명

① #1에서 permutations(A)는 리스트 A의 모든 가능한 조합의 순열에 대한 이터레이터를 생성한다. 반복 또는 next() 등에서 이터레이터는 순열 tuple을 반환한다.

permutations(A, 2)는 A에서 2개를 선택하여 나열할 수 있는 순열이다.

② #2에서 combinations(A, 2)로 A에서 2개를 뽑아 순서 구분 없이 나열하는 조합의 이터레이터를 생성한다. combinations_with_replacement('abc', 2)는 문자열 'abc'에서 중복을 허용하며 2개를 뽑아 순서 구분 없이 나열하는 조합의 이터레이터를 생성한다.

③ #3에서 product(range(2), range(3))는 [0, 1]과 [0, 1, 2]에 대한 데카르트 곱의 이터레이터를 생성한다.

for i, j, k in product(range(2), range(3), range(4))와 같은 중첩 for 문을 사용할 수 있다.

Step 36

사용자 정의 모듈

파이썬의 프로그램 파일 *.py를 import 문으로 로드하여 모듈로 사용할 수 있다. 모듈로 사용하기 위해서는 파이썬 파일이 같은 폴더 또는 하위 폴더에 있거나 sys.path 경로에 있어야 한다. 모듈을 찾는 순서는 sys.path 경로에 나열된 순서이다.

파일의 절대경로 또는 상대경로를 파이썬 인터프리터가 모듈을 찾는 경로인 sys.path에 추가하거나, 외부모듈이 설치되는 파이썬 설치 폴더의 'lib/site-packages'에 파일을 복사하면 모듈로 임포트하여 사용할 수 있다.

파이썬 파일을 실행하면 파일이 있는 폴더가 현재 작업 폴더이며 sys.path의 제일 앞에 추가된다. 파이썬 파일을 직접 실행시키면 __name__은 '__main__'이다. 파이썬 파일을 import 하면 __name__은 임포트한 모듈 이름이다.

sys.modules는 현재 로드된 모듈의 사전 dict이다. import 문으로 같은 모듈을 여러 번 로드하면 첫 번째 모듈만 로드하고 실행한다. 이후에는 이전에 임포트한 모듈을 메모리에서 참조한다. importlib.reload()는 이전에 임포트 한 모듈을 다시 로드한다.

예제 3601 사용자 정의 모듈 사용하기 1: __name__, __file__

```
#file: D:/python_example/user.py

#1
def fact(n):
    if n == 0:
        return 1
    return n * fact(n - 1)

```

```
def main():
    print('fact(5) =', fact(5))

#2
print('__name__=', __name__)        # 모듈 이름
print('__file__=', __file__)        # 파일 이름

#3
##main()
if __name__ == '__main__':
    main()
```

실행 결과

```
    __name__= __main__
    __file__= D:/python_example/user.py
    fact(5) = 120
>>>
>>> #4
>>> import user                     # user.py를 import
    __name__= user
    __file__= D:\python_example\user.py
>>> user.fact(5)
    120
>>>
>>> #5
>>> dir()                           # global namespace
    [... 생략 ..., 'fact', 'main', 'user']
>>> dir(user)                       # user module namespace
    [... 생략 ..., 'fact', 'main']
```

프로그램 설명

① #1의 fact(), main() 함수가 정의된 'user.py' 파일을 'D:/python_example' 폴더에 저장한다.

#2에서 모듈의 이름 __name__과 파일의 이름 __file__을 출력한다. 파이썬 파일을 직접 실행하면 모듈의 이름 __name__은 '__main__'이다. 파이썬 파일을 import 하면 __name__은 임포트한 모듈의 이름이다.

#3의 if 문에서 __name__ == '__main__' 조건이 True 파일로 실행했으면이면 main() 함수를 호출한다.

② 'user.py' 파일을 실행하면, #2의 과정에 의해서 모듈의 이름 __name__= __main__, 실행 파일의 이름 __file__ = 'D:/python_example/user.py'를 출력한다.

③ if 문의 __name__ == '__main__' 조건이 True이므로 main() 함수를 호출하여 fact(5) = 120을 출력한다.

④ #4에서 import user는 user.py 파일을 임포트하여 로드하고 실행하여 모듈의 이름 __name__ = user, 파일의 이름 __file__ = D:\python_example\user.py를 출력한다. if 문의 조건이 False이므로 main() 함수를 호출하지 않는다. if 문의 __name__ == '__main__' 조건은 파이썬 프로그램 파일을 import할 때 최상위 함수 main()을 호출하지 못하게 한다. user.fact(5) = 120을 반환한다.

⑤ #5에서 dir()는 'user.py' 파일을 실행한 상태에서 전역 네임스페이스를 반환한다. 'fact'와 'main'은 'user.py' 파일을 실행하여 생성된 함수의 이름이고, 'user'는 import user에 의해 생성된 모듈의 이름이다. dir(user)는 user 모듈의 네임스페이스이다.

예제 3602 사용자 정의 모듈 사용하기 2

```
# 3602.py
# 현재 폴더     : D:/python_example
# 현재 폴더 파일: D:/python_example/3602.py
# 현재 폴더 파일: D:/python_example/user.py      # import
# 하위 폴더 파일: D:/python_example/lib/user.py  # import

#1
print('\n#1:')
print('__name__ = ', __name__)        # 모듈 이름
print('__file__ = ', __file__)        # 파일 이름
print()

#2
print('\n#2:')
import user                           # ./user.py
print('user.fact(2) = ', user.fact(2))
print('user.fact.__module__ = ', user.fact.__module__)

#3
print('\n#3:')
from user import fact                 # fact() in ./user.py
print('fact(3) = ', fact(3))
print('fact.__module__ = ', fact.__module__)

#4
print('\n#4:')
import lib.user                       # ./lib/user.py
print('lib.user.fact(4) = ', lib.user.fact(4))
print('lib.user.fact.__module__ = ', lib.user.fact.__module__)

```

```
#5
print(‘\n#5:’)
from lib.user import fact           # fact() in ./lib/user.py
print(‘fact(5) = ’, fact(5))
print(‘fact.__module__ = ’, fact.__module__)

#6
print(‘\n#6:’)
from importlib import reload
reload(lib.user)
print(‘reloaded lib.user by importlib.reload!’)

#from  lib.user import fact         # fact() in ./lib/user.py
print(‘fact(6) = ’, fact(6))
print(‘fact.__module__ = ’, fact.__module__)
```

실행 결과

```
#1:
__name__ =  __main__
__file__ =  D:\python_example\3602.py

#2:
__name__ =  user
__file__ =  D:\python_example\user.py
user.fact(2) =  2
user.fact.__module__ =  user

#3:
fact(3) =  6
fact.__module__ =  user

#4:
__name__ =  lib.user
__file__ =  D:\python_example\lib\user.py
lib.user.fact(4) =  24
lib.user.fact.__module__ =  lib.user

#5:
fact(5) =  120
fact.__module__ =  lib.user

#6:
__name__ =  lib.user
__file__ =  D:\python_example\lib\user.py
reloaded lib.user by importlib.reload!
```

```
fact(6) =  720
fact.__module__ =  lib.user
```

프로그램 설명

① 현재 폴더 'D:/python_example'에 있는 '3602.py' 파일에서 현재 폴더와 하위 폴더 'D:/python_example/lib'에 있는 'user.py'를 import하여 사용한다. 'user.py'은 [예제 3601]의 파일을 하위 폴더 'D:/python_example/lib'에 복사해 둔다.

② 파이썬 파일 '3602.py'를 실행하면, #1에서 모듈의 이름 __name__= __main__을 출력하고, 파일의 이름 __file__= D:\python_example\3602.py를 출력한다.

③ #2에서 import user는 'user.py'를 로드하고 실행하여 모듈의 이름 __name__= user, 파일의 이름 __file__= D:\python_example\user.py를 출력하고, user.fact(2) = 2, user.fact.__module__ = user를 출력한다. user.fact의 모듈 이름은 user이다.

④ #3에서 from user import fact는 user 모듈에서 fact 함수를 임포트한다. #2에서 user 모듈을 이미 로드했기 때문에 다시 로드하지 않고 이미 로드된 user 모듈에서 fact 함수를 참조한다. __name__과 __file__를 출력하지 않고, fact(3) = 6, fact.__module__= user를 출력한다. fact의 모듈 이름은 user이다. #3에서와 같이 함수만 import한 경우, __name__을 출력하면 함수의 이름이 되고, __file__을 출력하면 AttributeError 예외가 발생한다. 함수만 import한 것이기 때문에 파일이 없어 예외가 발생하는 것이다.

⑤ #4에서 import lib.user는 현재 작업 폴더 'D:/python_example'의 하위 폴더인 lib 폴더에서 'user.py'를 로드하여 __name__= lib.user, __file__= D:\python_example\lib\user.py를 출력한다. lib.user.fact(4) = 24, lib.user.fact.__module__ = lib.user를 출력한다. lib.user.fact의 모듈 이름은 lib.use이다.

⑥ #5에서 from lib.user import fact는 #4에서 lib.user 모듈을 이미 로드했기 때문에 다시 로드하지 않고 이미 로드된 lib.user 모듈에서 fact 함수를 참조한다. __name__, __file__은 출력하지 않는다. fact(4) = 24, lib.user.fact.__module__ = lib.user를 출력한다. lib.user.fact의 모듈 이름은 lib.user이다.

⑦ #6에서 from importlib import reload로 reload를 임포트하고, importlib.reload(lib.user)로 lib.user 모듈을 다시 로드하면 fact의 모듈 이름 __name__= lib.user, 파일 이름 __file__= D:\python_example\lib\user.py가 된다. fact(6) = 720, fact.__module__ = lib.user를 출력한다. #5의 lib.user에서 임포트한 fact를 사용한다.

예제 3603 사용자 정의 모듈 사용하기 3

```
# 3603.py
# 현재 폴더     : D:/python_example/lib
# 현재 폴더 파일: D:/python_example/lib/3603.py
```

```
# 상위 폴더 파일: D:/python_example/user.py      # import

#1
print(‘\n#1:’)
print(‘__name__ = ’, __name__)              # 모듈 이름
print(‘__file__ = ’, __file__)              # 파일 이름

#2
print(‘\n#2-1:’)
import os
#curr_path = os.getcwd()                    # 현재폴더
#curr_path = os.chdir(‘D:/python_example/lib/’)
curr_path  = os.path.dirname(__file__)    # 현재 폴더
parent_path = os.path.dirname(curr_path) # 상위 폴더
print(‘curr_path = ’, curr_path)
print(‘parent_path = ’, parent_path)

print(‘\n#2-2:’)
import sys
sys.path.insert(0, parent_path)             # sys.path의 제일 앞에 추가
# sys.path.append(parent_path)              # sys.path의 마지막 추가
print(‘sys.path[:2] = ’, sys.path[:2])

print(‘\n#2-3:’)
from  user import fact                      #  fact(), D:/python_example/user.py
print(‘fact(3)=’, fact(3))
print(‘fact.__module__ = ’, fact.__module__)

#3
print(‘\n#3-1:’)
file_path = ‘D:/python_example/user.py’   # import할 파일
path = os.path.dirname(os.path.relpath(file_path))
#path = os.path.dirname(os.path.abspath(file_path))
print(‘path = ’, path)

print(‘\n#3-2:’)
import sys
sys.path.insert(0, path)
print(‘sys.path[:3] = ’, sys.path[:3])

print(‘\n#3-3:’)
import user
print(‘user.fact(5) = ’, user.fact(5))
print(‘user.fact.fact.__module__ = ’, user.fact.__module__)
```

실행 결과

```
#1:
__name__= __main__
__file__= D:/python_example/lib/3603.py

#2-1:
curr_path= D:/python_example/lib
parent_path= D:/python_example

#2-2:
sys.path[:2]= ['D:/python_example', 'D:/python_example/lib']

#2-3:
__name__= user
__file__= D:\python_example\user.py
fact(3)= 6
fact.__module__= user

#3-1:
path= ..

#3-2:
sys.path[:3]= ['..', 'D:/python_example', 'D:/python_example/lib']

#3-3:
user.fact(5)= 120
user.fact.fact.__module__= user
```

프로그램 설명

① 현재 폴더 'D:/python_example/lib'에 있는 '3603.py' 파일에서 상위 폴더 'D:/python_example'의 'user.py'를 import하여 사용한다.

② 현재 폴더 'D:/python_example/lib'에 있는 파이썬 파일 '3603.py'를 실행하면, #1에서 __name__ = __main__을 출력하고, 파일이름 __file__ = D:/python_example/lib/3603.py를 출력한다.

③ #2는 현재 폴더의 상위 폴더를 찾아 sys.path에 추가하고, 'user.py' 모듈의 fact 함수를 임포트한다. #2-1에서 os.path.dirname()을 이용하여 현재 폴더 curr_path와 상위 폴더 parent_path를 찾는다.

④ #2-2에서 sys.path.insert(0, parent_path)는 sys.path의 가장 앞에 parent_path를 추가한다. sys.path[:2] = ['D:/python_example', 'D:/python_example/lib']이다. 파이썬 파일을 실행할 때 sys.path의 0번째 항목은 현재 폴더의 위치이다. 그 앞에 추가된 것을 확인할 수 있다.

⑤ #2-3에서 from user import fact는 D:/python_example/user.py 파일을 로드하여 __name__= user, __file__= D:\python_example\user.py를 출력한다. fact.__module__= user이다. fact를 임포트했기 때문에 네임스페이스에는 'fact'만 생성된다.

⑥ #3은 file_path의 파이썬 파일을 임포트하기 위해 path에 상대경로 또는 절대경로를 찾아 sys.path에 추가하고 'user.py' 모듈을 임포트한다.

⑦ #3-1에서 path = os.path.dirname(os.path.relpath(file_path))는 file_path의 상대경로를 path에 저장한다. 따라서 path = '..'이다. os.path.abspath(file_path)를 사용하면 절대경로를 찾는다.

⑧ #3-2에서 sys.path.insert(0, path)는 sys.path의 가장 앞에 path를 추가한다. sys.path[:3]= ['..', 'D:/python_example', 'D:/python_example/lib']이다.

⑨ #3-3은 user 모듈을 임포트한다. #2-3에서 user 모듈이 이미 임포트되어 __name__과 __file__을 출력하지 않았다. fact(5) = 120, fact.__module__= user를 출력한다.

Step 37

외부 모듈 사용 pip install

파이썬은 PYPI Python Package Index; https://pypi.org/ 사이트에 등록된 다양한 소프트웨어를 pip 명령을 이용하여 설치하여 사용할 수 있다.

여기서는 PyInstaller를 설치하고 파이썬 프로그램의 배포를 위한 실행 파일을 생성하는 방법에 대해 설명한다.

[그림 37.1]은 PYPI에서 PyInstaller를 검색하여 pyinstaller에 대한 설명을 보여주는 웹 페이지 https://pypi.org/project/pyinstaller/로 pyinstaller에 대한 프로젝트 설명, 홈페이지 링크, 라이센스, 지원 운영체제, 프로그래밍 언어 등의 다양한 정보가 있다. pyinstaller v5.3이 현재 최신버전이다.

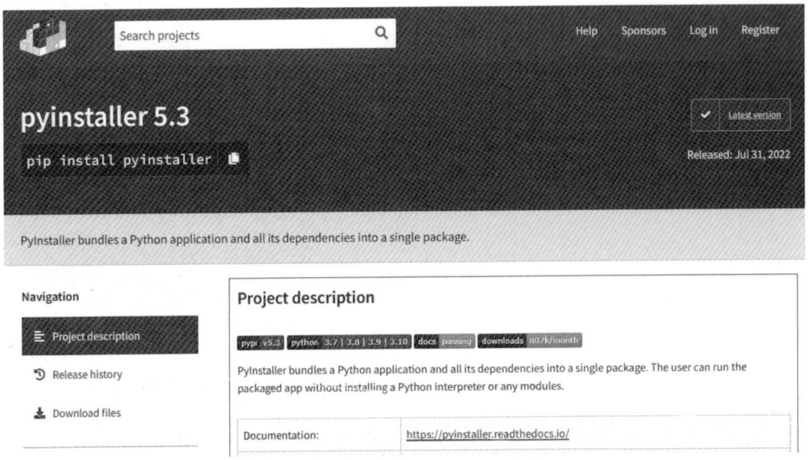

그림 37.1 • PyInstaller 프로젝트

윈도우즈 명령 창 cmd 창에서 [그림 37.2]와 같이 pip 명령을 실행하면 자동으로 다운로드되어 설치된다. pip는 패키지 설치 install, 삭제 uninstall, 업그레이드 install --upgrade 등의 옵션을 사용할 수 있다. 패키지를 삭제하는 명령은 "pip uninstall 〈패키지_이름〉"이다.

```
C:\>
C:\>pip install pyinstaller                                  # 설치
Collecting pyinstaller
  Using cached pyinstaller-5.3-py3-none-win_amd64.whl (1.2 MB)
... 생략 ...
Installing collected packages: pyinstaller
Successfully installed pyinstaller-5.3
C:\>
C:\>pip install --upgrade pyinstaller                        # 업그레이드
Requirement already satisfied: pyinstaller in c:\users\master\
appdata\local\prog
rams\python\python310\lib\site-packages (5.3)
C:\>
C:\>pip list                                                 # 설치된 패키지 리스트
Package                    Version
-------------------------- -----------
... 생략 ...
pip                        22.2.1
... 생략 ...
pyinstaller                5.3
... 생략 ...
C:\>
```

그림 37.2 • PyInstaller 설치와 설치 확인

[그림 37.3]은 예제 1802의 키보드에서 입력한 정수 n까지의 합계를 계산하는 프로그램 '1802.py'를 pyinstaller를 이용하여 실행 파일 exe을 생성하는 세 가지 방법을 나타낸 것이다.

윈도우즈의 명령 창에서 [그림 37.3]의 명령을 하나씩 실행한다. 파이썬 프로그램 파일은 'D:\python_example' 폴더에 있다고 가정한다. 여기서는 --onefile 옵션을 사용하여 하나의 실행 파일로 생성한다. 실행 파일은 'D:\python_example\dist' 폴더에 생성된다. [그림 37.4]는 생성한 실행 파일 '1802.exe', 'mysum.exe'을 명령 창에서 실행한 결과이다.

```
D:\python_example>
D:\python_example>pyinstaller 1802.py --onefile                   # ① 하나의 파일
D:\python_example>
D:\python_example>pyinstaller 1802.py --onefile --name mysum      # ② 이름 지정
D:\python_example>
D:\python_example>pyinstaller 1802.py --onefile --clean --name mysum  # ③
D:\python_example>
```

그림 37.3 • PyInstaller를 이용한 실행 파일 생성 방법

①은 --onefile 또는 -F 옵션으로 '1802.py'을 번역하여 하나의 실행 파일로 '1802.exe'를 생성한다.

②는 --name mysum 옵션으로 '1802.py'을 번역하여 하나의 실행 파일 'mysum.exe'를 생성한다.

③은 --clean 옵션으로 이전 번역할 때 생긴 임시파일을 삭제하고 새로 번역하여 실행 파일 'mysum.exe'를 생성한다.

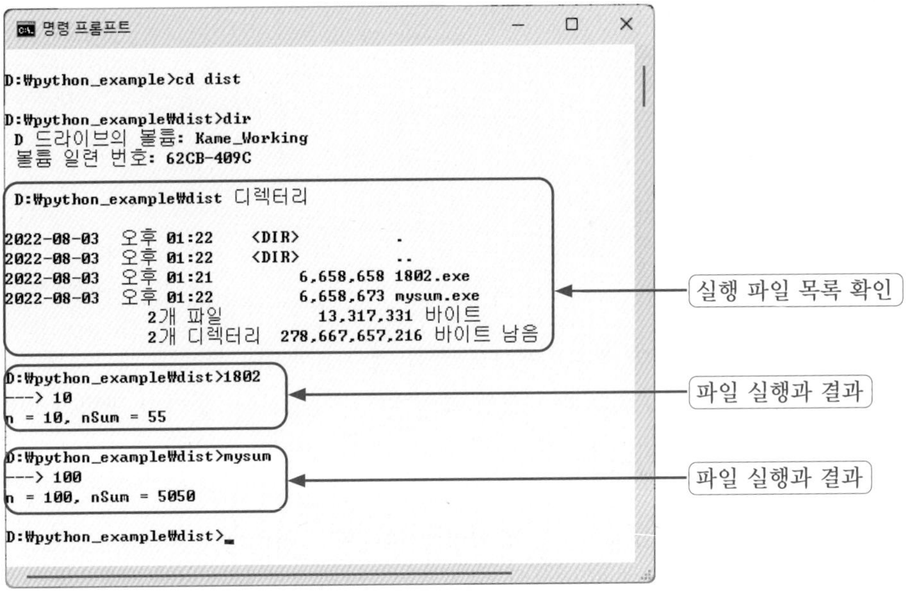

그림 37.4 • 명령 창에서 실행 파일 실행하기

CHAPTER 9
터틀 그래픽

turtle 모듈은 거북이 turtle가 돌아다니며 흔적을 남기는 방식으로 2차원 그래픽을 생성한다.

Step 38
터틀과 윈도우 생성

Turtle 또는 Pen을 이용하여 터틀 거북이 객체를 생성한다. Turtle은 거북이가 꼬리를 내리거나 들거나 하며 움직이거나, 펜을 들거나 내리고 움직이면서 글씨나 그림을 그리는 것과 같이 그래픽을 생성한다. 터틀을 생성할 때 윈도우가 없으면 자동으로 윈도우를 생성한다. 윈도우는 하나만 생성된다. 윈도우에서 터틀이 움직이는 영역이 스크린이다.

예제 3801 터틀 생성 · 윈도우 생성 · 스크린 생성하기

```
>>> # 3801.py
>>> import turtle
>>> t = turtle.Turtle()            # turtle.Pen(), 터틀 생성, 윈도우 생성
>>> screen = turtle.getscreen()    # turtle.Screen(),t.getscreen(), t.screen
>>> turtle.window_width()          # screen.window_width()
    960
>>> turtle.window_height()         # screen.window_height()
    810
>>> turtle.setup(320, 240)         # screen.setup(320, 240)
>>> turtle.window_width(), turtle.window_height()
    (320, 240)
>>> turtle.setup(320, 240, 0, 0)
    turtle.title('터틀 그래픽')      # screen.title('터틀 그래픽')
>>> list(combinations_with_replacement('abc', 2))
>>> turtle.bgcolor('#0000ff')      # screen.bgcolor('#0000ff')
>>> t.ht()                         # 터틀 감추기, t.hideturtle()
>>> t.st()                         # 터틀 보이기, t.showturtle()
>>> turtle.bye()                   # screen.bye()
>>> del t                          # 터틀 삭제
```

프로그램 설명

① t = turtle.Turtle()는 [그림 38.1](a)과 같이 윈도우를 생성하고, 터틀 t를 생성하여 윈도우 중앙에 보인다. 생성된 윈도우는 타이틀 바와 테두리 그리고 터틀이 움직이며 그래픽을 표시할

스크린을 갖는다. 생성된 윈도우의 크기는 윈도우즈 환경에서 화면의 기본 해상도에 따라 다를 수 있다.

② 스크린의 중앙이 원점 (0, 0)이고, 가로축이 X축, 세로축이 Y축이다.

③ 터틀은 기본으로 머리 방향 화살표이 오른쪽을 바라보고 있다.

④ screen = turtle.getscreen()은 터틀이 있는 스크린을 변수 screen에 저장한다. 터틀을 많이 생성해도 스크린 객체는 하나만 생성된다.

⑤ turtle.window_width(), turtle.window_height()는 스크린의 크기이다.

⑥ turtle.setup(320, 240)은 스크린 크기를 (320×240)으로 변경한다. turtle.setup(320, 240, 0, 0)은 스크린 크기를 (320×240)으로 변경하고 터틀 윈도우를 모니터의 왼쪽 상단에 표시한다.

⑦ turtle.title('터틀 그래픽')은 터틀 윈도우의 타이틀을 '터틀 그래픽'으로 변경한다. turtle.bgcolor('#0000ff')는 터틀 윈도우의 배경 색상을 'blue'로 변경한다. [그림 38.1](b)은 윈도우의 크기와 타이틀 그리고 윈도우의 배경 색상을 변경한 결과이다. t.ht()는 터틀 t를 감추고, t.st()는 터틀 t를 스크린에 보인다. turtle.bye()는 윈도우를 파괴한다. del t는 터틀 객체를 삭제한다.

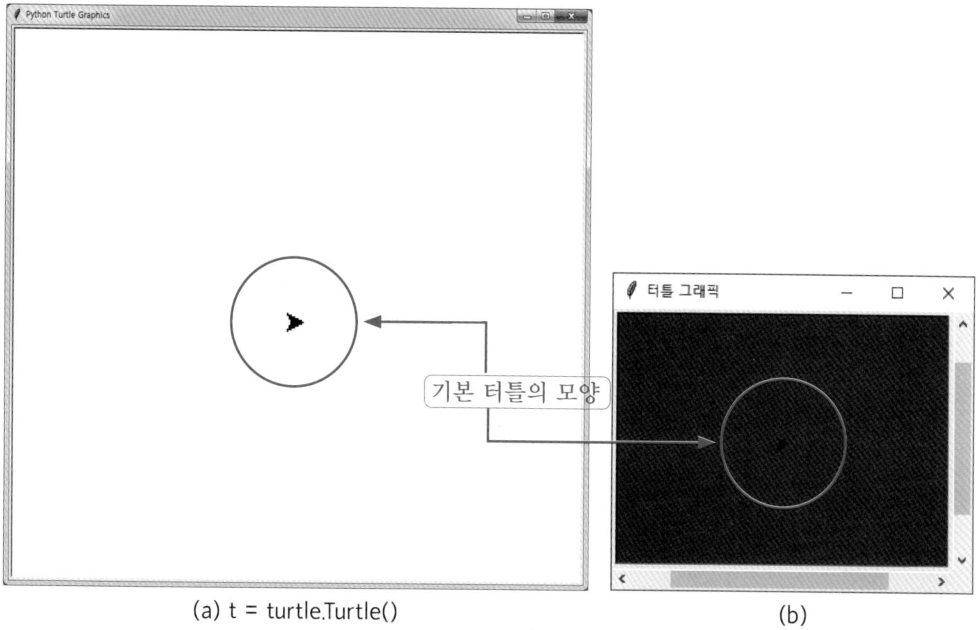

그림 38.1 • 터틀 생성, 윈도우 크기, 타이틀, 배경 색상 변경

예제 3802 터틀의 크기와 모양 변경하기

```
>>> # 3802.py
>>> import turtle
>>> t = turtle.Turtle()
>>> turtle.getshapes()
    ['arrow', 'blank', 'circle', 'classic', 'square', 'triangle', 'turtle']
>>> t.shapesize(10, 10)           # [그림 38.2](a)
>>> t.shape('turtle')             # [그림 38.2](b)
>>> t.reset()
>>> turtle.turtles()
    [<turtle.Turtle object at 0x000001A645530790>]
>>> turtle.clearscreen()          # t.getscreen().clear()
>>> turtle.turtles()
>>> []
```

프로그램 설명

① turtle.getshapes()는 터틀 모양의 이름 목록을 리스트로 반환한다. t.shapesize(10, 10)는 터틀 t의 크기를 변경한다([그림 38.2](a)).

② t.shape('turtle')은 터틀의 모양을 'turtle'로 변경한다([그림 38.2](b)).

turtle.reset()는 스크린에 터틀이 그리기한 결과를 지우고 터틀의 위치를 시작 위치로 초기화 한다.

③ turtle.turtles()는 생성된 터틀 객체를 리스트로 반환한다. turtle.clearscreen()은 스크린의 그래픽을 모두 지우고 터틀을 모두 삭제한다. 윈도우는 파괴되지 않는다.

(a) t.shapesize(10, 10)　　(b) t.shape('turtle')

그림 38.2 • 터틀의 크기와 모양

예제 3803 배경영상 설정 및 영상 터틀

```
# 3803.py

import turtle

turtle.bgpic('solvang.gif')              # 'solvang.png'

image_name = './image/shape1.gif'
turtle.register_shape(image_name)        # turtle.addshape(image_name)

img_t = turtle.Turtle()
img_t.shape(image_name)
#turtle.bgpic('nopic')                   # 배경영상 삭제
```

프로그램 설명

① turtle.bgpic()은 스크린의 배경을 'solvang.gif' 파일로 설정한다. turtle.bgpic('nopic')은 설정된 배경영상을 삭제한다. register_shape()은 터틀의 모양으로 사용할 GIF 이미지 파일을 등록한다.

② img_t.shape(image_name)는 터틀 객체 img_t의 터틀 모양을 image_name으로 설정한다([그림 38.3]).

그림 38.3 • 배경영상 및 영상 터틀

Step 39 터틀 움직이기

터틀 객체를 생성하지 않은 상태에서 터틀 관련 함수를 처음 사용하면 자동으로 윈도우와 터틀을 생성한다. 터틀을 움직여 그림을 그릴 수 있다. [표 39.1]은 터틀 움직임과 그리기 기능의 주요 메서드이다. [표 39.2]는 터틀의 상태 및 각도 관련 메서드이다. pendown()으로 터틀의 꼬리 펜를 내리고 움직이면 캔버스에 터틀의 이동 흔적이 선으로 그려진다. penup()으로 터틀의 꼬리를 들고 움직이면 선이 그려지지 않는다. turtle.clear()는 터틀이 그린 그래픽을 모두 지운다. turtle.reset() 함수는 터틀이 그린 그래픽을 모두 지우고 터틀의 위치를 스크린의 중심인 시작 위치로 초기화한다.

[표 39.1] 터틀의 움직임과 그리기 기능 주요 메서드

메서드	설명
forward(dist)	dist 만큼 앞으로 이동; fd()
backward(dist)	dist 만큼 뒤로 이동; back(), bk()
right(angle)	현재를 기준으로 angle만큼 오른쪽으로 방향 변경; rt() degrees(), radians(), mode()에 의존
left(angle)	현재를 기준으로 angle만큼 왼쪽으로 방향 변경; lt() degrees(), radians(), mode()에 의존
setposition(x, y = None)	x, y 위치로 이동; setpos(), goto()
setheading(to_angle)	방향을 절대 각도 to_angle로 변경; seth() mode()에 의존, standard 모드는 0:동, 90:북, 180:서, 270:남
home()	터틀을 (0, 0) 위치로 이동하고 방향은 초기 상태
circle(radius)	반지름이 radius인 원, radius > 0이면 반시계 방향으로 원, radius < 0이면 시계방향으로 원
dot(size = None, *color)	size 크기와 color의 점
undo()	터틀의 마지막 행동 취소

speed(speed = None)	스피드를 0에서 10까지의 숫자 또는 문자열로 지정 "fastest": 0, "fast": 10, "normal": 6, "slow": 3, "slowest": 1

[표 39.2] 터틀의 상태를 설정하는 주요 메서드

메서드	설명
pendown()	펜 down, 디폴트; down()
penup()	펜 up; up()
pensize(width = None)	펜의 두께를 width로 설정; width()
position()	터틀의 현재 위치; pos()
heading()	x, y 위치로 이동; setpos(), goto()
distance(x, y = None)	터틀의 현재 위치에서 x, y까지의 거리
clear()	그리기된 내용을 지우고 터틀의 위치와 머리 방향은 유지
reset()	그리기된 내용을 지우고 터틀을 위치를 스크린의 중심으로 초기화하고 머리 방향도 초기화(오른쪽 방향)

예제 3901 사각형 그리기: forward(), left()

```
# 3901.py

#from turtle import *
from turtle import Turtle

#1
t = Turtle()
for i in range(4):
    t.fd(200)                          # t.forward(200)
    t.lt(90)                           # t.left(90)

#2
##import turtle
##for i in range(4):
##    turtle.fd(200)
##    turtle.lt(90)
```

프로그램 설명

① from turtle import *는 turtle의 모든 클래스를 임포트하고, from turtle import Turtle는 Turtle 클래스만 임포트한다. 모듈 이름 turtle을 사용하지 않는다. t = Turtle()는 터틀 객체 t를 생성한다.

② #1은 for 문에서 터틀 객체 t를 t.fd(200)으로 200 전진시키고, t.lt(90)로 90도 왼쪽 회전하는 문장을 4번 반복하여 [그림 39.1]의 정사각형을 그린다.

③ #2와 같이 터틀을 명시적으로 생성하지 않아도 처음 turtle.fd(200)를 실행할 때 윈도우와 기본 터틀이 자동으로 생성된다.

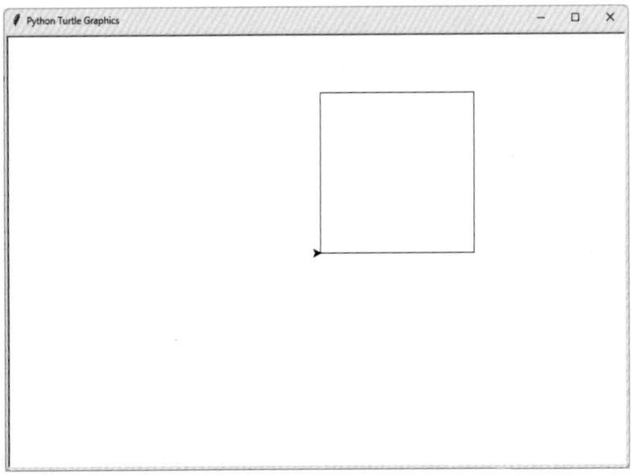

그림 39.1 • 터틀로 정사각형 그리기

예제 3902 XY 좌표축 그리기

```
# 3902.py

from turtle import *
def line(x1, y1, x2, y2):
    # global g_pen  생략 가능
    g_pen.up()
    g_pen.setpos(x1, y1)
    g_pen.down()
    g_pen.setpos(x2, y2)

def main():
    global g_pen
    max_x = window_width() / 2 -  50
    max_y = window_height() / 2 - 50
    min_x = -max_x
    min_y = -max_y

    g_pen = Turtle()
    g_pen.write(str(g_pen.position()), font = ('Times', 20))
    line(min_x, 0, max_x, 0)                        # X축
```

```
    g_pen.write('X', font = ('Times', 20))

    line(0, min_y, 0, max_y)                    # Y축
    g_pen.write('Y', font = ('Times', 20))

if __name__ == '__main__':
    main()
    mainloop()
```

프로그램 설명

① 사용자 정의 함수인 line() 함수는 터틀 객체 g_pen을 이용하여 좌표 (x1, y1)에서 (x2, y2)까지 직선을 그린다. 여기서 g_pen은 main() 함수에서 생성한 g_pen이다.

② main() 함수는 X, Y 축을 직선으로 표시하고 텍스트를 출력한다. g_pen을 전역변수로 선언하고, 스크린 윈도우의 가로, 세로 크기인 window_width(), window_height()를 이용하여 중앙이 원점 (0,0)인 좌표계에서 X축의 최소값 min_x, 최대값 max_x, Y축의 최소값 min_y, 최대값 max_y를 테두리 및 여백 50을 고려하여 계산한다.

g_pen.write(str(g_pen.position()), font = ('Times', 20))는 터틀 g_pen의 현재 위치 (0, 0)의 위치에 font에서 설정한 글꼴과 글자 크기로 터틀의 현재 위치를 문자열로 출력한다.

line(min_x, 0, max_x, 0)은 X축을 그리고, g_pen.write('X')는 문자열 'X'를 기본 글꼴로 출력하고, line(0, min_y, 0, max_y)은 Y축을 그리고, t.write('Y')은 문자열 'Y'를 기본 글꼴로 출력한다([그림 39.2]).

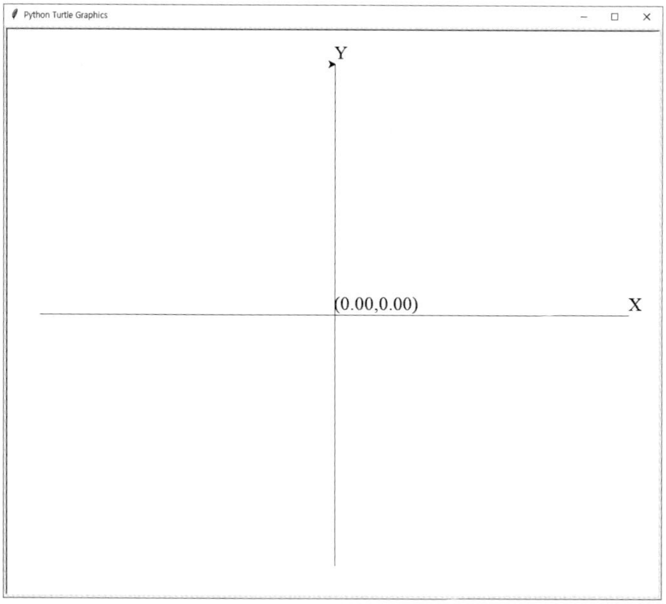

그림 39.2 • XY 좌표축 그리기

③ if 문의 __name__ == '__main__' 조건은 프로그램을 직접 실행하면 True이다. import 하면 False이다.

④ mainloop()는 윈도우가 계속 남아 있게 한 IDLE에서는 mainloop()가 없어도 터틀이 위치한 윈도우가 계속 남아 있다. 그러나 mainloop()가 없는 프로그램을 명령 창에서 실행하면 프로그램을 모두 실행하면 윈도우가 사라진다.

Step 40
펜 색상과 채우기 색상

[표 40.1]은 펜 색상과 채우기 색상과 관련된 메서드이다.

pencolor()는 터틀의 펜 색상을 설정한다. 인수 없이 pencolor()를 호출하면 현재 설정된 펜 색상을 반환한다. pencolor(colorstring)는 colorstring 문자열에 주어진 색상으로 펜 색상을 설정하며, colorstring은 'red', 'green', 'blue', '#ff0000' 등으로 설정한다. pencolor((r, g, b)) 또는 pencolor(r, g, b)는 r, g, b 값으로 펜 색상을 설정한다. colormode() = 1이면 r, g, b는 0에서 1의 실수값을 사용하고, colormode() = 255이면 0에서 255의 정수를 사용한다.

fillcolor()는 begin_fill()과 end_fill() 사이에 그려지는 닫힌 도형의 채우기 색상을 설정한다.

color()는 펜 색상과 채우기 색상을 모두 설정할 수 있다. color(colorstring), color((r,g,b)), color(r,g,b)와 같이 인수에 하나의 색만 사용하면 펜 색상과 채우기 색상을 모두 같은 색으로 설정한다. color(colorstring1, colorstring2), color((r1,g1,b1), (r2,g2,b2))는 첫 번째 인수는 펜 색상, 두 번째 인수는 채우기 색상을 설정하는 것으로 pencolor(colorstring1)와 fillcolor(colorstring2)를 호출하는 것과 같다.

[표 40.1] 펜 색상과 채우기 색상 관련 메서드

메서드	설명
pencolor(*args)	펜 색상 설정; 문자열 'red', '#ff0000' 또는 colormode()에 따라 0~1 또는 0~255의 R, G, B
fillcolor(*args)	도형 내부를 채울 색상 설정
color(*args)	펜 색상 및 채우기 색상 설정

filling()	채우기 상태면 True, 그렇지 않으면 False
begin_fill()	채우기 시작
end_fill()	채우기 끝

예제 4001 펜 색상 설정하기

```
# 4001.py

from turtle import *

#1
t = Turtle()
t.pensize(5)
print('t.pencolor() = ', t.pencolor())      # 'black'
print('colormode() = ',  colormode())

#2
t.pencolor('red')
t.fd(300)
t.lt(90)

#3
t.pencolor('#0000ff')                        # t.pencolor('blue')
t.fd(300)

#4
t.pencolor(0, 1, 0)                          # t.pencolor('green')
t.setpos(0, 0)
```

프로그램 설명

① #1의 t.pensize(5)는 펜의 두께를 width = 5로 설정한다. t.pencolor()는 펜의 기본 색상인 'black'을 반환하고, colormode()은 1.0을 반환한다.

② #2의 t.pencolor('red')는 터틀 t의 펜 색상을 빨간색으로 설정한다.

#3의 t.pencolor('#0000ff')는 펜 색상을 파란색으로 설정한다.

#4의 t.pencolor(0, 1, 0)는 펜 색상을 녹색으로 설정한다. [그림 40.1]은 실행 결과이다.

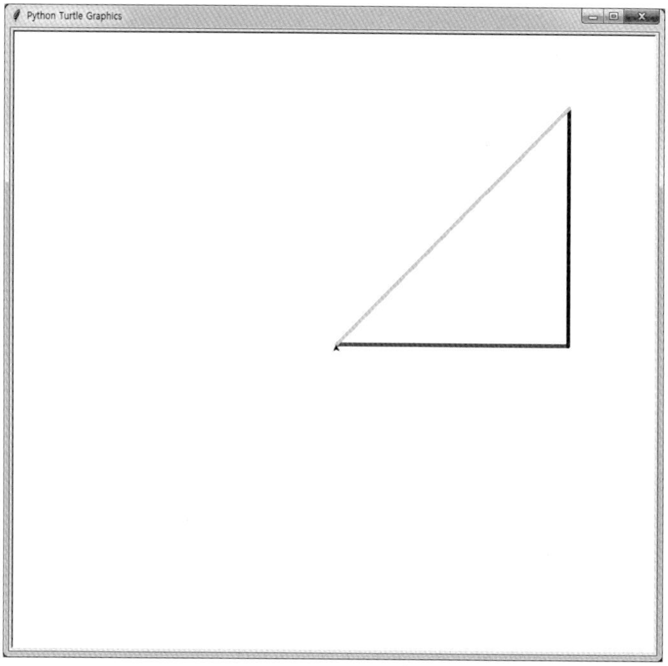

그림 40.1 • 펜 색상 변경하기

예제 4002 원의 내부 색상 채우기

```
# 4002.py

from turtle import *

t = Turtle()
t.pensize(10)
t.color('blue', 'red')              # t.pencolor('blue'); t.fillcolor('red')
t.begin_fill()
t.circle(100)
t.end_fill()
```

프로그램 설명

① t.pensize(10)는 펜의 두께를 width = 10으로 설정한다. t.color('blue', 'red')는 펜 색상을 파란색 'blue', 채우기 색상을 빨간색 'red'으로 설정한다.

② t.begin_fill()은 채우기 시작을 설정하고, t.circle(100)는 반지름 100, 원의 테두리를 파란색, 펜 두께 10으로 반시계 방향으로 원을 그린다. t.end_fill()은 채우기 종료를 설정하여 채우기를 끝내고 원의 내부를 빨간색으로 채운다. 색상 채우기는 end_fill() 함수가 실행되어야 완성된다. [그림 40.2]는 실행 결과이다.

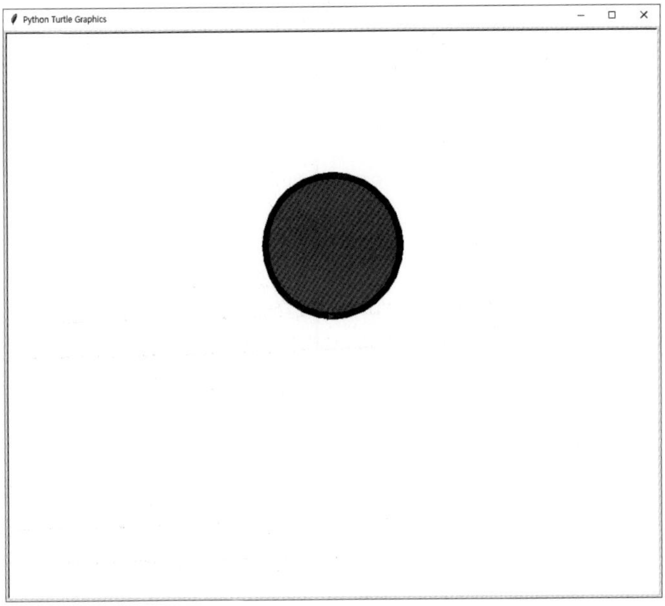

그림 40.2 • 원의 테두리 색상과 내부 색상 채우기

예제 4003 사각형 그리기와 색상 채우기

```
# 4003.py

from turtle import *
def draw_rect(pen, x, y, w, h,
              fill_color = 'white', pen_color = 'black', psize = 4):
    pen.pensize(psize)
    pen.color(pen_color, fill_color)
    pen.setheading(0)
    pen.up()
    pen.setpos(x, y)
    pen.down()

    pen.begin_fill()
    pen.setpos(x + w, y)
    pen.setpos(x + w, y + h)
    pen.setpos(x, y + h)
    pen.setpos(x, y)
    pen.end_fill()

def main():
    t = Turtle()
    draw_rect(t, -300, -300, 600, 600)
```

```
    draw_rect(t, -200, -200, 400, 400, 'red', 'blue')
    draw_rect(t, -100, -100, 200, 200, 'yellow', 'green')
    draw_rect(t, -50, -50, 100, 100, 'pink', 'purple', 10)

if __name__ == '__main__':
    main()
    mainloop()
```

프로그램 설명

① draw_rect() 함수는 터틀 객체인 매개변수 pen을 이용하여 사각형의 왼쪽 위 left-top 좌표 (x, y)를 기준으로 가로 크기 w, 세로크기 h인 사각형을 채우기 색상 fill_color, 테두리 선 색상 pen_color, 펜 두께 psiz로 사각형을 그린다.

② main() 함수에서 터틀 t를 생성하고, draw_rect()로 왼쪽 위 좌표 (−300, −300)이고, 가로와 세로 크기가 600, 흰색 배경, 검은색 선, 선의 두께 4로 정사각형을 그린다. 왼쪽 위 좌표 (−200, −200)이고, 가로와 세로 크기가 400, 빨간색 배경, 파란색 선, 선의 두께 4로 정사각형을 그린다. 왼쪽 위 좌표 (−100, −100)이고, 가로와 세로 크기가 200, 노란색 배경, 초록색 선, 선의 두께 4로 정사각형을 그린다. 왼쪽 위 좌표 (−5, −5)이고, 가로와 세로 크기가 100, 핑크색 배경, 자주색 선, 선의 두께 10으로 정사각형을 그린다. [그림 40.3]은 main() 함수를 실행한 결과이다.

③ mainloop()는 윈도우가 화면에 계속 남아 있게 한다.

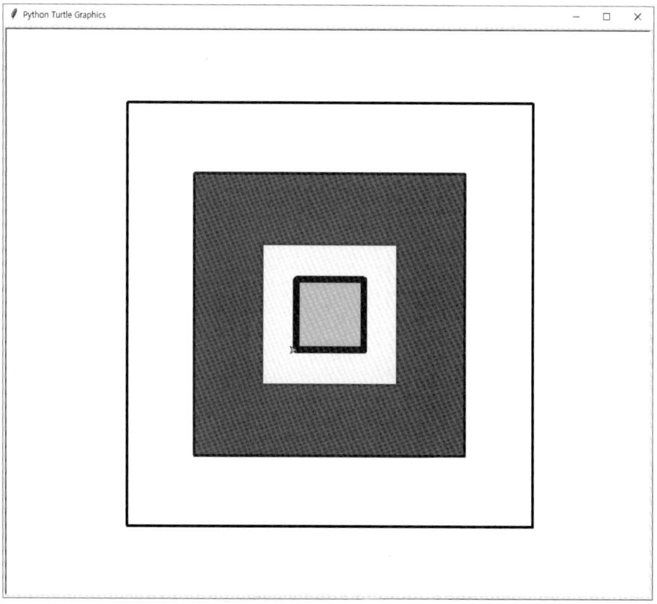

그림 40.3 • 테두리 선 색상과 채우기 색상을 갖는 사각형 그리기

Step 41
사용자 정의 좌표계

setworldcoordinates()는 스크린 좌표계를 새로 설정할 수 있다.

형식 예 setworldcoordinates(llx, lly, urx, ury)

llx, lly는 캔버스 스크린의 왼쪽 아래 lower-left 좌표 (x, y)이다.
urx, ury는 오른쪽 위 upper-right 좌표 (x, y)이다.

예제 4101 사용자 정의 좌표계 설정하기: setworldcoordinates()

```
>>> # 4101.py
>>> from turtle import *
>>> t = Turtle()
>>> setworldcoordinates(-2.0, -2.0, 2.0, 2.0)      # [그림 41.1](a)
>>> t.up()                         # t.penup()
>>> t.setpos(-1, -1)               # t.goto(-1, -1)
>>> t.down()                       # t.pendown()
>>> for i in range(4):
...     t.fd(2)                    # t.forward(2)
...     t.lt(90)                   # t.left(90)
...
>>> setworldcoordinates(-1.2, -1.2, 1.2, 1.2)      # [그림 41.1](b)
>>> setworldcoordinates(-4, -4, 4, 4)              # [그림 41.1](c)
```

프로그램 설명

① setworldcoordinates(−2.0, −2.0, 2.0, 2.0)는 윈도우 스크린의 왼쪽 아래 llx, lly 좌표를 (−2.0, −2.0), 오른쪽 위 urx, ury 좌표를 (2.0, 2.0)로 설정한다.

② t.up()으로 그리지 않고 t.setpos(−1, −1) 위치로 펜을 이동한다. 그리기를 시작하기 위해

t.down()을 호출한다. for 문은 ([그림 41.1](a))와 같이 한 변의 길이가 2인 정사각형을 그린다. 사각형의 왼쪽 아래 좌표가 (−1.0, −1.0)이고, 오른쪽 위 좌표가 (1.0, 1.0)이다.

③ setworldcoordinates(−1.2, −1.2, 1.2, 1.2)로 사용자 좌표 영역을 줄이면, 사각형을 다시 그리지 않아도, ([그림 41.1](b))와 같이 줌인 zoom-in하여 앞서 그린 사각형을 확대하여 크게 표시한다.

④ setworldcoordinates(−4, −4, 4, 4)로 사용자 좌표 영역을 크게 변경하면, ([그림 41.1](c))와 같이 줌 아웃 zoom-out되어 사각형을 축소하여 작게 표시한다.

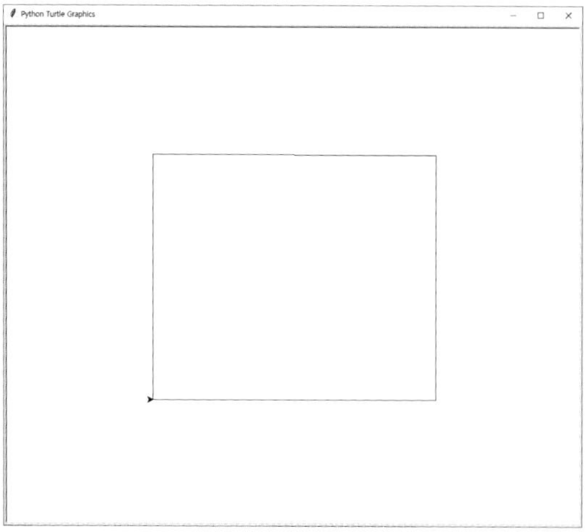

(a) setworldcoordinates(-2.0,-2.0, 2.0, 2.0)

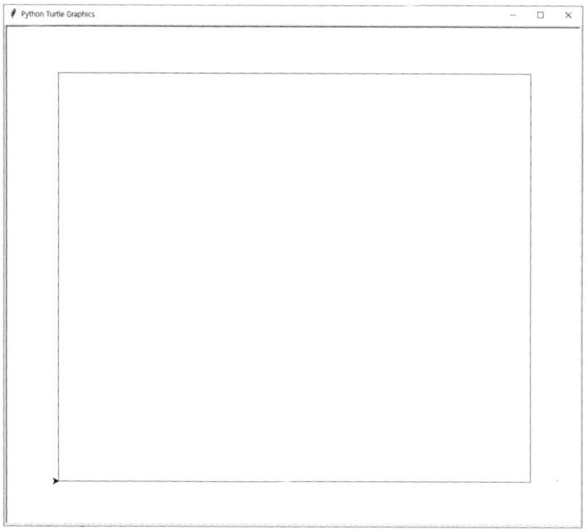

(b) setworldcoordinates(-1.2, -1.2, 1.2, 1.2)

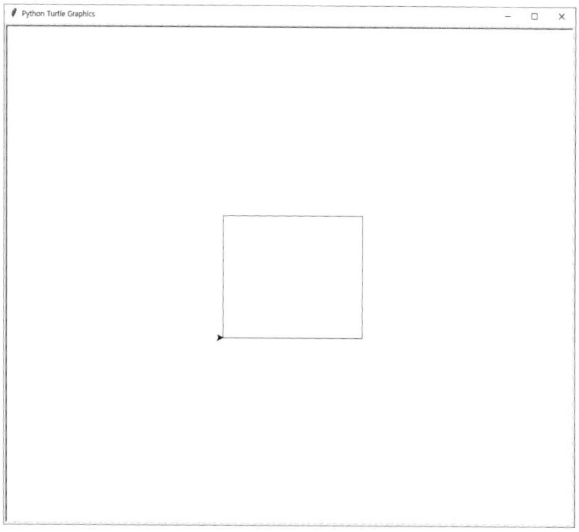

(c) setworldcoordinates(-4, -4, 4, 4)

그림 41.1 • setworldcoordinates() 함수로 사용자 좌표계 설정하기

예제 4102 sin 곡선과 cos 곡선 그리기

```
# 4102.py

from turtle import *
from math import pi, sin, cos

def line(x1, y1, x2, y2):
    #global g_pen
    g_pen.up();
    g_pen.setpos(x1, y1)
    g_pen.down();
    g_pen.setpos(x2, y2)

def plot(f, min_x = -2 * pi, max_x = 2 * pi, dx = 0.1):
    #global g_pen
    x = min_x
    g_pen.up();
    g_pen.setpos(x, f(x));
    g_pen.down()
    while x <= max_x:
        g_pen.setpos(x, f(x))
        x += dx

def main():
    global g_pen
    g_pen = Turtle()
    setworldcoordinates(-2 * pi, -2, 2 * pi, 2)
    line(-2 * pi, 0, 2 * pi, 0)      # X-축 그리기
    line(0, -2, 0, 2)                # Y-축 그리기
    plot(sin)
    plot(cos)

if __name__ == '__main__':
    main()
    mainloop()
```

프로그램 설명

① turtle 모듈을 임포트하고, math 모듈에서 sin, cos 함수, pi 상수를 임포트한다. line() 함수는 전역변수 터틀 g_pen을 이용하여 좌표 (x1, y1)에서 (x2, y2)까지 직선을 그린다.

② plot() 함수는 전역변수 g_pen을 이용하여 x 축의 최소값 min_x에서 최대값 max_x까지의 구간에서 간격 dx = 0.1로 증가하면서 함수 f(x)를 계산하여 그래프를 그린다.

③ main() 함수에서 스크린의 사용자 좌표계를 (−2 * pi, −2, 2 * pi, 2)로 설정한다.

line(−2 * pi, 0, 2 * pi, 0)는 직선으로 X축을 표시하고, line(0, −2, 0, 2)는 직선으로 Y축을 표시한다. plot(sin)은 f(x) = sin(x)의 그래프를 그리고, plot(cos)는 f(x) = cos(x)의 그래프를 그린다. [그림 41.2]는 sin과 cos 곡선을 그린 결과이다.

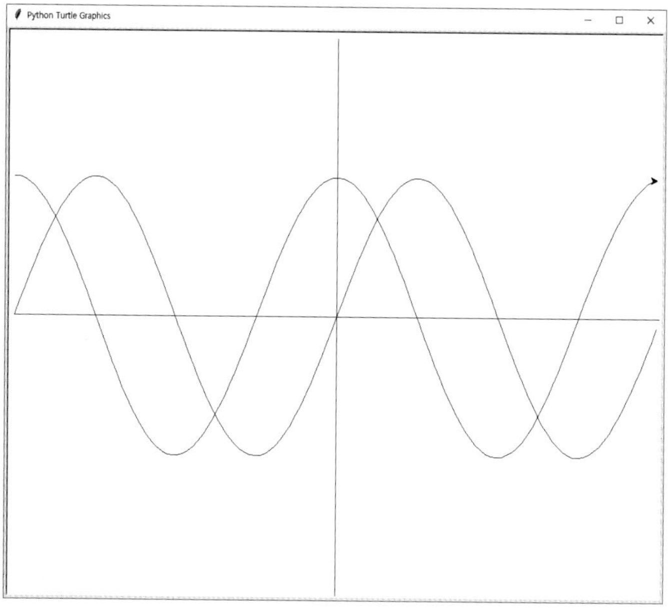

그림 41.2 • sin()과 cos() 함수로 sin•cos 곡선 그리기

Step 42
터틀 애니메이션

터틀은 기본으로 speed(3)의 속도로 설정되어 움직인다. speed(), delay(), tracer(), update() 그리고 time 모듈의 time.sleep() 함수 등을 사용하여 스크린을 갱신 update하여 간단한 프레임 애니메이션을 구현할 수 있다.

1. speed() • delay() • time.sleep() 함수

터틀의 기본 속도는 speed(speed = 3)이다. speed() 함수는 0에서 10까지의 숫자 또는 문자열 "fastest": 0, "fast": 10, "normal": 6, "slow": 3, "slowest": 1로 터틀의 이동 속도를 설정한다. delay()는 이동속도를 지연한다. time 모듈의 time.sleep(seconds)은 seconds 실수 초 동안 프로그램의 실행 시간을 지연한다.

예제 4201 speed() • delay() 함수를 사용한 터틀 애니메이션

```
# 4201.py

from turtle import *

#1
max_y = 200
min_y = -200

ball = Turtle()
ball.speed(1)                # 1, 3, 5, 10, 0
#delay(100)

```

```
#2
ball.shape('circle')
ball.color('blue', 'red')
ball.shapesize(3, 3, 4)
ball.up()
ball.setpos(0, min_y)
ball.down()

#3
##while True:
##    ball.setpos(0, max_y)
##    ball.setpos(0, min_y)

#4
while True:
    try:
        ball.setpos(0, max_y)
        ball.setpos(0, min_y)
    except:
        print('Good bye')
        break
```

프로그램 설명

① #1은 Y축에서 애니메이션이 움직일 범위의 최대값과 최소값 max_y = 200, min_y = −200으로 설정한다. 터틀 객체 ball을 생성하고, ball.speed(1)는 ball의 움직임 속도를 1로 가장 느리게 설정한다. ball.speed() 함수를 사용하여 터틀의 스피드를 높이면 터틀 객체인 ball이 빨리 움직인다. ball.speed(10) fast 또는 ball.speed(0) fastest는 속도가 빨라 두 좌표위에서 깜빡이는 것처럼 보이게 된다. delay(100)은 지연시간을 100 밀리초로 설정한다. 지연 시간을 크게 하면 움직임 속도가 느려진다.

② #2는 ball 객체의 모양을 'circle'로 설정하고, 선 색상은 'blue', 채우기 색상은 'red'로 설정한다. ball.shapesize(3, 3, 4)는 가로, 세로 3배로 확대하고 테두리 두께를 4로 변경한다. ball.up()과 ball.setpos(0, min_y)는 선을 그리지 않고 좌표 (0, min_y)로 ball을 이동하며, ball.down()는 선을 그리기 위하여 터틀의 펜을 내린다.

③ #3은 while 문으로 두 좌표 (0, max_y)와 (0, min_y) 사이를 ball.speed() 함수에 설정된 스피드로 [그림 42.1]과 같이 선을 그리며 무한 반복하며 이동한다. 창을 파괴, 즉 강제로 창을 닫으면 _tkinter.TclError 예외가 발생한다.

④ #4는 while 문에서 try～except 문을 사용하여 예외를 처리한다. 실행 창을 파괴하면, 즉 창을 강제로 닫으면 예외가 발생하여 except의 print('Good bye')를 실행하고 break에 while 문을 탈출한다. while 문에 의해 윈도우가 계속 화면에 보이기 때문에 mainloop()가 필요 없다.

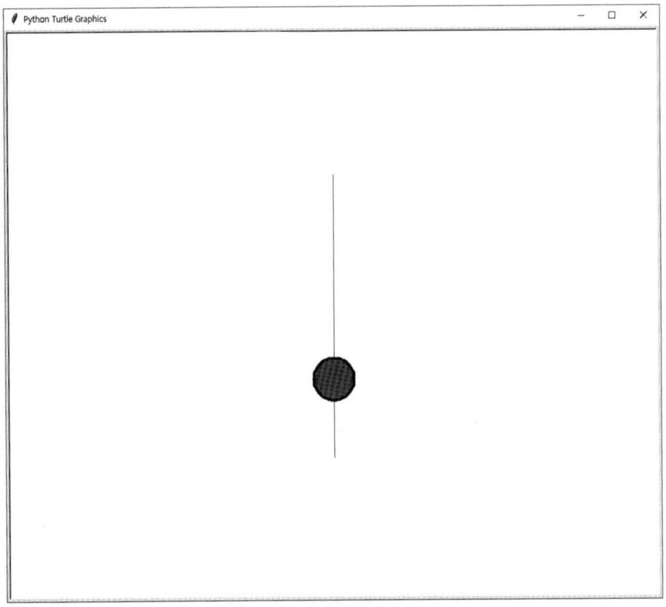

그림 42.1 • speed() • delay() 함수를 사용한 터틀 애니메이션

예제 4202 time 모듈의 sleep() 함수를 사용한 터틀 애니메이션

```
# 4202.py

from turtle import *
import  time

max_y = 200; min_y = -200
ball = Turtle()
ball.shape(‘circle’)
ball.color(‘blue’, ‘red’)
ball.shapesize(3, 3, 4)
ball.up()
ball.setpos(0, min_y)
ball.down()

STEP = 20                       # 한번 이동 거리
tick = 50
delay_time = tick / 1000
print(f‘{delay_time} sec’)

while True:
    try:
```

```
            #start = time.clock()
            start = time.perf_counter()
            ball_x, ball_y = ball.position()
            ball_y += STEP
            if (ball_y < min_y) or (ball_y > max_y): STEP *= -1
            ball.setpos(ball_x, ball_y)

            #elapsed = time.clock() - start
            elapsed = time.perf_counter() - start
            delay_time2  = max(0, delay_time - elapsed)
            time.sleep(delay_time2)
#            print('elapsed = {}sec, delay_time2 = {}sec'.format(elapsed,
#                                                                    delay_time2))
        except:
            print('Good bye')
            break
```

프로그램 설명

① STEP = 20은 한번 이동할 거리로 STEP이 크면 터틀 객체 ball은 더 빨리 움직인다. tick = 50, delay_time = tick / 1000은 지연시간을 설정한다. tick = 50이면, 0.05초의 지연시간 delay_time을 설정하여, 1초에 20번 움직일 수 있다. tick이 커지면 delay_time이 커져 ball이 느리게 움직인다.

② while 문은 터틀 객체 ball의 y 좌표에 STEP을 덧셈하여 움직인다. start = time.perf_counter()는 실수 초 sec를 start에 저장한다.

ball.position()으로 현재 ball의 위치(ball_x, ball_y)를 계산하여 ball_y += STEP로 ball의 이동 위치를 계산하며, Y-축의 최소값(min_y)과 최대값(max_y)의 범위를 벗어나면 STEP *= −1로 부호를 변경하여 방향을 전환하게 한다.

ball.setpos(ball_x, ball_y)는 ball을 좌표(ball_x, ball_y)로 실제 움직인다.

start부터 경과시간 elapsed을 계산하고, 지연시간 delay_time보다 작으면 delay_time2 = (delay_time − elapsed)를 계산하여 time.sleep()으로 delay_time2 초만큼 프로그램의 실행을 더 지연하게 한다.

③ while 문에서 try ~ except 문을 사용하여 예외를 처리하고 있다. 실행 창을 파괴하면, 즉 창을 강제로 닫으면 예외가 발생하여 except 절의 print('Good bye')를 실행하고, break 문으로 while 문을 탈출한다.

while 문에 의해 윈도우가 계속 화면에 보이기 때문에 mainloop()는 필요 없다. 실행 결과는 [그림 42.1]과 유사하다. ball의 움직임 속도를 높이려면 tick을 줄이거나 STEP을 크게 설정한다.

2. tracer() • update() 함수

tracer(0)는 터틀의 움직임 사이의 애니메이션을 해제 off한다. update() 함수는 스크린을 갱신한다. tracer(0)로 애니메이션을 해제하고 터틀을 이용하여 스크린에 그리고, update()로 한꺼번에 그림을 표시하는 방법으로 복잡한 애니메이션을 구현할 수 있다.

예제 4203 time 모듈의 sleep() 함수를 사용한 터틀 애니메이션

```
# 4203.py

from turtle import *
import random

#1
def make_ball(size = 30):
    x = random.randint(min_x, max_x)
    y = random.randint(min_y, max_y)
    color = random.choice([‘red’, ‘green’, ‘blue’, ‘yellow’, ‘pink’, ‘purple’])
    while True:
        dx = random.randint(-4, 4)              # 이동 벡터
        dy = random.randint(-4, 4)              # 이동 벡터
        if dx != 0 and dy != 0:
            break
    return [x, y, size, color, dx, dy]

#2
def animate_ball(pen, ball_list):
    tracer(0)                                   # 애니메이션 끄기(turn off)
    while True:
        try:
            pen.clear()                         # 스크린 지우기
            for i in range( len(ball_list) ):   # 모든 원을 움직임
                ball_x, ball_y, size, color, dx, dy = ball_list[i]
                ball_x += dx
                ball_y += dy
                ball_list[i][0] = ball_x
                ball_list[i][1] = ball_y
                if (ball_x < min_x) or (ball_x > max_x): ball_list[i][4] *= -1
                if (ball_y < min_y) or (ball_y > max_y): ball_list[i][5] *= -1
                pen.setpos(ball_x, ball_y)
                pen.dot(size, color)
```

```
            update()                        # 스크린 갱신
        except:
            print('Good bye')
            break

#3
def main():
    global min_x, max_x, min_y, max_y
    max_x = 400; min_x=  -max_x
    max_y = 300; min_y = -max_y
    setup(max_x * 2, max_y * 2)

    my_pen = Turtle()
    my_pen.up()
    my_pen.ht()                             # hide turtle
    ball_list = []
    for i in range(50):
        ball = make_ball(random.randint(30, 60))
        ball_list.append(ball)
    animate_ball(my_pen, ball_list)         # 애니메이션

if __name__ == '__main__':
    main()
```

프로그램 설명

① main() 함수에서 생성한 하나의 터틀 my_pen으로 ball_list의 ball을 움직인다.

② make_ball(size = 30) 함수는 난수를 사용하여 랜덤 위치 (x, y)에서 랜덤 색상 color, 이동 벡터 (dx, dy)의 원에 대한 정보 리스트 [x, y, size, color, dx, dy]를 반환한다. while 문을 사용하여 dx, dy가 모두 0이 아니어야 한다.

③ animate_ball(pen, ball_list) 함수는 매개변수인 하나의 터틀 객체 pen을 사용하여 리스트 ball_list에 저장된 각각의 원을 이동 벡터 (dx, dy)의 방향으로 움직이고, ball이 경계에 부딪히면 반대 방향으로 움직인다.

애니메잇는 애니메이션을 해제하고, 리스트 ball_list에 저장된 50개의 원이 모두 움직이면 한 번에 update()에 의해 스크린을 갱신하여 표시한다.

while True는 원을 무한 반복하여 움직인다. pen.clear()는 화면에 그려진 모든 원을 지운다. for i in range(len(ball_list)) 문에서 각각의 원 정보인 ball_list[i]를 ball_x += dx, ball_y += dy로 이동시키고, ball_list[i][0] = ball_x, ball_list[i][1] = ball_y에 의해 ball_list[i]의 위치를 변경한다. if 문에 의해 스크린의 경계를 확인하여 부딪히면, ball_list[i][4] *= −1, ball_list[i][5] *= −1로 이동 벡터의 방향을 반대 방향으로 변경한다. pen.setpos(ball_x, ball_y)는 pen을 (ball_x, ball_y) 위치로 움직인다. pen.dot(size, color)는 지름 크기 size, 색상 color인 점 dot으로 원을 표시한다. update()는 for 문에서 움직인 스크린 위의 모든 원을 한 번에 표시한다.

④ main() 함수에서 setup(max_x * 2, max_y * 2)는 스크린 크기를 800×600으로 설정하여 메인 윈도우의 크기를 변경한다. my_pen.Turtle()은 터틀 객체 my_pen을 생성한다. my_pen.up()는 터틀이 움직이는 선을 표시하지 않도록 하고, my_pen.ht()는 터틀을 감추고 my_pen.dot()로 생성된 원을 터틀을 대신해서 표시되도록 한다.

for 문에서 make_ball()로 30에서 60 사이의 랜덤 크기의 ball을 생성하고, 리스트 ball_list에 추가하여 50개의 원 정보를 생성한다. animate_ball(my_pen, ball_list)은 my_pen을 사용하여 ball_list 리스트에 저장된 원을 움직인다.

⑤ [그림 42.2]는 실행 결과이다. 하나의 터틀 객체 my_pen 이용하여 50개의 bal을 자연스럽게 움직인다.

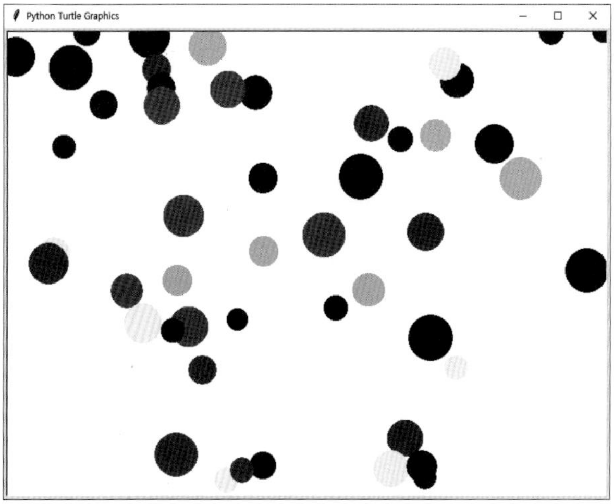

그림 42.2 • 원 애니메이션

예제 4204 tracer(0)와 update() 함수를 사용한 터틀 애니메이션: 여러 개의 터틀 사용

```
# 4204.py

from turtle import *
import random

#1
def make_ball(size = 2):
    tracer(0)                        # 애니메이션 끄기(turn off)
    ball = Turtle()
```

```
    ball.up()
    ball.shape('circle')
    ball.shapesize(size, size)
    x = random.randint(min_x, max_x)
    y = random.randint(min_y, max_y)
    ball.setpos(x, y)

    color = random.choice(['red', 'green', 'blue', 'yellow', 'pink', 'purple'])
    ball.color(color)

    while True:
        dx = random.randint(-4, 4)
        dy = random.randint(-4, 4)
        if dx != 0 or dy != 0:
            break
    return [ball, dx, dy]

#2
def animate_ball(ball_list):
    tracer(0)                          # 애니메이션 끄기(turn off)
    while True:
        try:
            for i in range( len(ball_list) ):
                ball, dx, dy   = ball_list[i]
                ball_x, ball_y = ball.position()
                ball_x += dx
                ball_y += dy
                if (ball_x < min_x) or (ball_x > max_x): ball_list[i][1] *= -1
                if (ball_y < min_y) or (ball_y > max_y): ball_list[i][2] *= -1
                ball.setpos(ball_x, ball_y)
            update()
        except:
            print('Good bye')
            break

#3
def main():
    global min_x, max_x, min_y, max_y
    max_x = 400; min_x = -max_x
    max_y = 300; min_y = -max_y
    setup(max_x * 2, max_y * 2)

    ball_list = []
    for i in range(50):
        ball = make_ball()          # ball = make_ball(random.randint(1, 3))
```

```
        ball_list.append(ball)
    animate_ball(ball_list)

if __name__ == '__main__':
    main()
```

프로그램 설명

① 예제 4203을 변경하여 움직이는 각 ball을 터틀로 생성하여 움직인다. 실행 결과는 [그림 42.2]와 유사하다.

② make_ball() 함수는 터틀 객체 ball을 생성하여 원 모양으로 설정하고, 가로와 세로를 size 배로 확대하여 랜덤 위치 (x, y)로 이동시키고, 랜덤 색상 color로 선 색상과 채우기 색상을 같은 색상으로 설정한다. [-4, 4] 범위에서 dx, dy가 모두 0이 아닌 이동벡터 (dx, dy)를 생성하여 리스트 [ball, dx, dy]를 반환한다. tracer(0)는 애니메이션을 해제하여 ball.setpos(x, y)의 움직임을 보이지 않게 한다.

③ animate_ball(ball_list) 함수는 리스트 ball_list에 저장된 각각의 터틀을 이동 벡터(dx, dy)의 방향으로 움직이고, 경계에 부딪히면 반대 방향으로 움직인다. tracer(0)는 터틀의 애니메이션을 해제한다.

while 문에서 무한 반복하며 for 문으로 ball_list의 각각의 볼을 움직인다. update()는 스크린을 갱신하여 for 문에서 움직인 모든 원을 한 번에 표시한다.

④ main() 함수에서 스크린 크기를 800×600으로 설정하여 윈도우의 크기를 변경한다. for 문으로 리스트 ball_list에 50개의 원을 생성한다. animate_ball(ball_list)은 ball_list 리스트에 저장된 원을 계속 움직인다.

Step 43
키보드 이벤트

[표 43.1]은 키보드 이벤트를 처리하는 메서드이다. onkey()는 스크린에서 키보드를 눌렀다가 놓을 때 호출할 함수를 설정한다. onkeypress()는 누를 때 호출할 함수를 설정한다. listen()은 윈도우 스크린에 포커스를 설정하고, 키보드 이벤트가 발생하기를 기다린다. mainloop()는 이벤트 루프를 시작하고 윈도우를 계속 화면에 보여주면서 이벤트를 받을 수 있게 한다.

[표 43.1] 키보드 이벤트 처리 메서드

메서드	설명
onkey(fun, key) onkeyrelease(fun, key)	key를 뗄 때 이벤트 함수 fun() 설정 key는 'a' 등의 문자 또는 'space', 'Up', 'Down', 'Left', 'Right' 등
onkeypress(fun, key = None)	key를 누를 때 이벤트 함수 fun() 설정
listen(xdummy = None, ydummy = None)	키보드 이벤트 대기

예제 4301 키보드 이벤트 처리하기 1

```
# 4301.py

from turtle import *

#1
def key_left():
    g_pen.lt(90)

def key_right():
    g_pen.rt(90)
```

```

def key_up():
    g_pen.fd(10)

def key_down():
    g_pen.bk(10)

def key_home():
    g_pen.up()
    g_pen.home()

def key_space():
    if g_pen.isdown():
        g_pen.up()
        g_pen.shape( ‘classic’)
    else:
        g_pen.down()
        g_pen.shape(‘turtle’)

def key_clear():
    g_pen.clear()

#2
def main():
    global g_pen
    screen = Screen()
    screen.title(‘Turtle Key Event processing’)

    g_pen = Turtle()
    g_pen.up()
    g_pen.pensize(5)
    g_pen.shapesize(3, 3)

    onkey(screen.bye,’Escape’)
    onkey(key_up,    ‘Up’)
    onkey(key_down,  ‘Down’)
    onkey(key_left,   ‘Left’)
    onkey(key_right, ‘Right’)
    onkey(key_home,  ‘Home’)
    onkey(key_space, ‘space’)
    onkey(key_clear, ‘c’)

    screen.listen()
#   screen.mainloop()

```

```
if __name__ == '__main__' :
    main()
    mainloop()
```

프로그램 설명

① #1은 키보드 이벤트 처리 함수를 정의한다. key_left() 함수는 터틀을 왼쪽으로 90회전하고, key_right() 함수는 터틀을 오른쪽으로 90도 회전한다. key_up() 함수는 앞으로 10만큼 전진하여 이동하고, key_down() 함수는 뒤로 10만큼 후진으로 이동한다. key_home()은 터틀의 꼬리를 들고, 중앙 home으로 이동한다. key_space()는 g_pen.up()과 g_pen.down()을 교대로 실행하여 g_pen.isdown()이 True이면 g_pen.down()을 실행하여 이동할 때 그리기를 하지 않게 하고, 터틀의 모양을 기본모양인 'classic'으로 변경한다. g_pen.isdown()이 False이면 g_pen.up()을 실행하여 이동할 때 그리기를 할 수 있게 하고 터틀의 모양을 거북이 모양인 'turtle'로 변경한다. 따라서 거북이 모양일 때만 선이 표시되고 기본 모양일 때는 선이 표시되지 않는다. key_clear() 함수는 g_pen이 스크린에 그린 그림을 모두 지운다.

② #2의 main() 함수는 터틀을 생성하고, 사용할 키에 대한 이벤트 함수를 설정하고, 이벤트를 대기한다. 터틀 g_pen을 전역변수로 선언하고, 스크린 객체 screen을 생성하고, 메인 윈도우의 타이틀을 'Turtle Key Event processing'으로 변경하고, 터틀 g_pen을 생성한다. 터틀의 초기 모양이 기본모양인 'classic'이므로 g_pen.up()으로 펜을 들어 선이 그려지지 않게 한다. 펜 두께를 5로 설정하고, 가로와 세로 크기를 3배 확대한다.

③ onkey()는 키를 눌렀다 뗄 때 호출될 함수를 설정한다. Esc 키는 screen.bye() 함수가 호출되어 프로그램을 종료하고, ↑ 키는 key_up(), ↓ 키는 key_down(), ← 키는 key_left(), → 키는 key_right(), Home 키는 key_home(), SPACE Bar 키는 key_space(), C 키는 key_clear() 함수로 설정한다.

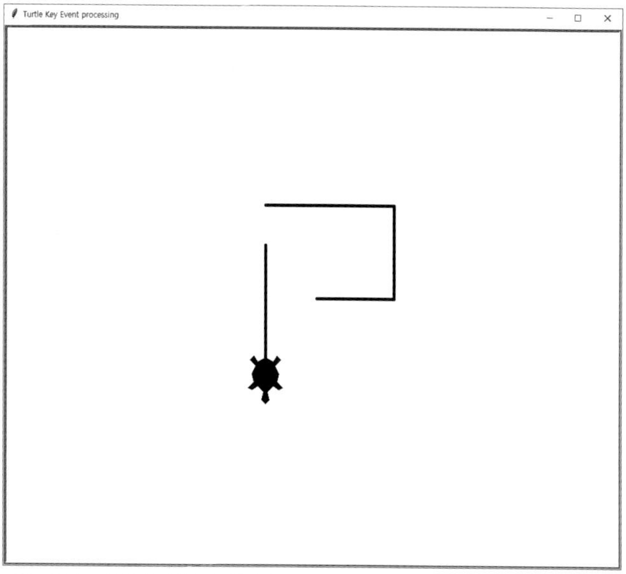

그림 43.1 • 키보드 이벤트 처리 1

screen.listen()은 screen에서 키보드 이벤트를 받을 수 있도록 대기한다. [그림 43.1]은 실행 결과이다. 방향키로 터틀의 방향을 조정하며 움직이고, 스페이스 바는 터틀의 모양을 변경하고, C 키는 스크린의 그림을 지우고, Esc키는 프로그램을 종료한다.

예제 4302 키보드 이벤트 처리하기 2

```
# 4302.py

from turtle import *

#1
def key_left():
    g_sprite.seth(180)

def key_right():
    g_sprite.seth(0)

def key_up():
    g_sprite.seth(90)

def key_down():
    g_sprite.seth(270)

def key_space():
    if g_sprite.isdown():
        g_sprite.up()
    else:
        g_sprite.down()

def escape_loop():
    global loop_on
    loop_on = False

#2
def main():
    global g_sprite, loop_on
    onkey(key_right,   'Right')
    onkey(key_left,    'Left')
    onkey(key_up,      'Up')
    onkey(key_down,    'Down')
    onkey(key_space,   'space')
    onkey(escape_loop, 'Escape')
    listen()
```

```

    g_sprite = Turtle('arrow')
    g_sprite.speed(0)
    g_sprite.color('blue', 'red')
    g_sprite.shapesize(3, 3, 4)
    g_sprite.pensize(3)
    g_sprite.up()

    STEP = 4
    max_x = window_width() / 2 - 10
    max_y = window_height() / 2 - 10
    min_x = -max_x
    min_y = -max_y

    #3
    loop_on = True
    while loop_on:
        try:
            g_sprite.fd(STEP)
            x, y = g_sprite.position()
            if (x < min_x) or (x > max_x): g_sprite.lt(180)
            if (y < min_y) or (y > max_y): g_sprite.lt(180)
        except:
            loop_on = False
            #break
##    try:
##        bye()
##    except:
##        print('Goodbye!')
    Screen().bye()

if __name__ == '__main__':
    main()
```

프로그램 설명

① #1에서 네 가지 방향키에 따라 g_sprite.seth()는 'standard' 모드에서 동쪽 0도, 북쪽 90도, 서쪽 180도, 남쪽 270도의 절대 각도로 터틀 객체 g_sprite 방향을 변경한다. key_left()는 서쪽 **왼쪽**, key_right()는 동쪽 **오른쪽**, key_up()는 북쪽 **위쪽**, key_down()는 남쪽 **아래쪽**으로 터틀 객체 g_sprite의 방향을 변경한다. key_space() 함수는 g_sprite.up()과 g_sprite.down()을 교대로 실행하고, escape_loop()는 전역변수 loop_on을 loop_on = False로 하여 while 반복을 중단할 수 있도록 한다.

② #2의 main() 함수는 터틀 객체 g_sprite와 변수 loop_on을 전역변수로 선언하고, onkey() 함수로 ←, →, ↑, ↓, SPACE Bar, Esc 키보드 이벤트 처리 함수를 설정하고, listen() 함수로 이벤트 발생을 대기한다.

③ #3에서 loop_on = True로 초기화하고, while 문이 loop_on = True인 동안 g_sprite.fd(STEP)로 터틀 객체를 이동하고, 키 이벤트 처리에 의해 방향을 전환한다. 상하좌우 스크린 경계에 부딪히면, g_sprite.lt()로 180도 회전하여 방향을 전환한다.

④ 윈도우 파괴 창 닫기와 같은 예외가 발생하면, loop_on = False 또는 break 문으로 반복을 종료한다. 반복이 종료되면 Screen().bye()로 윈도우를 파괴 창 닫기한다. bye() 문을 사용하려면 예외 처리가 가능하도록 주석 처리된 try~catch 블록의 주석을 해제해야 한다. [그림 43.2]는 실행 결과이다.

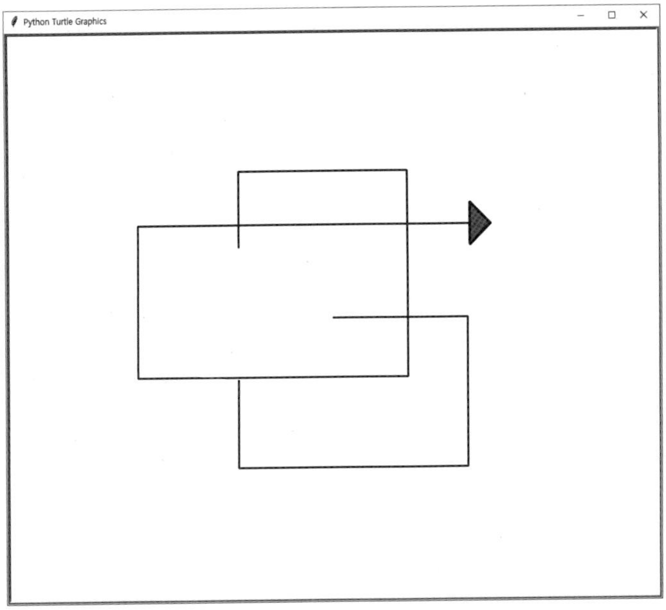

그림 43.2 • 키보드 이벤트 처리 2

Step 44
터틀 마우스 이벤트

[표 44.1]은 터틀의 마우스 이벤트를 처리하는 메서드이다. onclick()은 터틀에서 마우스 클릭 이벤트를 처리할 함수 fun(x, y)을 설정한다. x, y는 마우스를 클릭한 스크린의 좌표이다. onrelease()는 터틀에서 마우스 클릭을 해제하는 이벤트이고, ondrag()는 터틀에서 마우스를 이동하는 이벤트를 처리한다.

[표 44.1] 마우스 이벤트 처리 메서드

메서드	설명
onclick(fun, btn = 1, add = None)	터틀에서 마우스 클릭 이벤트 함수 fun(x, y) 설정 btn = 1이면 마우스 왼쪽 버튼 btn = 3이면 마우스 오른쪽 버튼 add = True이면 새로운 설정을 추가 add = False이면 이전 설정을 대체
onrelease(fun, btn = 1, add = None)	터틀에서 마우스 클릭 해제 함수 설정
ondrag(fun, btn = 1, add = None)	터틀에서 마우스 이동 함수 설정

예제 4401 터틀 마우스 이벤트 처리하기 1: onclick()

```
# 4401.py

from turtle import *

#1
def onRed(x, y):
    screen.bgcolor('red')

def onGreen(x, y):
    screen.bgcolor('green')
```

```

def onBlue(x, y):
    screen.bgcolor(‘blue’)

#2
def main():
    global screen
    tracer(0)                        # 애니메이션 끄기

    screen = Screen()
    red = Turtle(‘square’)
    red.color(‘black’, ‘red’)
    red.shapesize(5, 5, 4)
    red.up()
    red.bk(200)

    green = Turtle(‘square’)
    green.color(‘black’, ‘green’)
    green.shapesize(5, 5, 4)

    blue = Turtle(‘square’)
    blue.color(‘black’, ‘blue’)
    blue.shapesize(5, 5, 4)
    blue.up()
    blue.fd(200)

    red.onclick(onRed)
    green.onclick(onGreen)
    blue.onclick(onBlue)
    update()                         # 스크린 갱신, 그림 보이기

if __name__ == ‘__main__’ :
    main()
    mainloop()
```

프로그램 설명

① #1에서 onRed(), onGreen(), onBlue() 함수는 각각 스크린의 배경 색상을 'red', 'green', 'blue'로 설정한다.

② #2의 main() 함수에서 tracer(0)는 터틀의 애니메이션을 해제하고, update()에 의해 한꺼번에 스크린의 그리기를 표시한다. Screen()으로 스크린 객체를 전역변수 screen에 생성한다.

③ 'square' 모양의 터틀 객체 red를 생성하여 테두리 색상 'black', 채우기 색상 'red', 크기는 가로와 세로를 5로 설정하고, 테두리의 두께를 4로 설정한 뒤에 뒤로 200 이동하여 배치한다.

④ 터틀 객체 green을 생성하여 테두리 색상 'black', 채우기 색상 'green', 크기는 가로와 세로

5로 설정하고, 테두리의 두께를 4로 설정한다. 같은 방법으로 터틀 객체 blue를 생성하고 앞으로 200 이동하여 배치한다.

⑤ 터틀 객체 red를 마우스로 클릭하면, red.onclick(onRed)에 의해서 onRed(x, y) 함수를 호출하여 스크린의 배경색을 'red'로 변경한다. green을 마우스로 클릭하면 green.onclick(onGreen)에 의해서 onGreen(x, y) 함수를 호출하여 스크린의 배경색을 'green'으로 변경한다. 같은 과정으로 터틀 객체 blue를 마우스로 클릭하면, blue.onclick(onBlue)에 의해서 onBlued(x, y) 함수를 호출하여 스크린의 배경색을 'blue'로 변경한다. (x, y)는 마우스를 클릭한 위치이다.

⑥ [그림 44.1]은 터틀 객체 red를 마우스로 클릭하여 스크린의 배경색을 'red'로 변경한 결과이다.

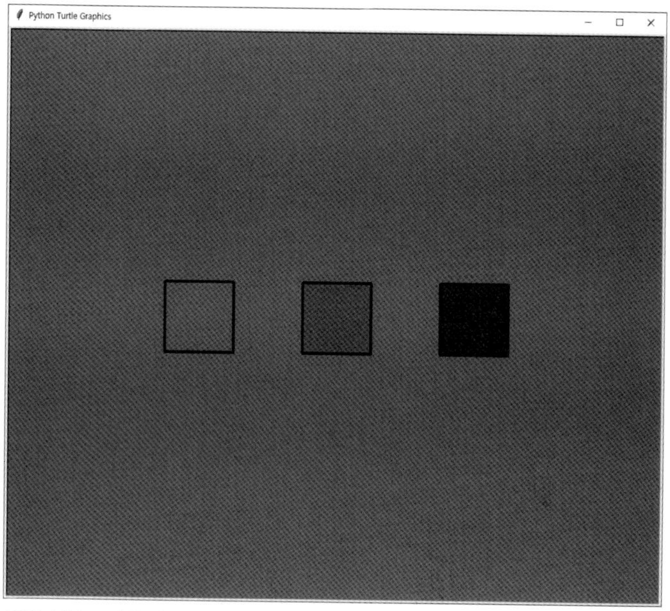

그림 44.1 • 터틀 마우스 클릭 이벤트 처리

예제 4402 터틀 마우스 이벤트 처리하기 2: ondrag()

```
# 4402.py

from turtle import *

screen = Screen()
screen.delay(0)
```

```

pen = Turtle('circle')
pen.color('blue', 'red')
pen.pensize(4)
pen.speed(0)

pen.ondrag(pen.setpos)
mainloop()
```

프로그램 설명

① 스크린 객체 screen을 생성하여 윈도우를 표시한다. screen.delay(0)은 스크린의 갱신 속도를 빠르게 fastest 설정한다. screen.delay(0)이 설정되지 않으면 실행 중에 프로그램이 중지될 수도 있다.

② 'circle' 모양의 터틀 객체 pen을 생성한다. pen을 선 색상 'blue', 채우기 색상 'red', 펜 두께를 4로 설정하고, pen의 이동속도를 가장 빠르게 0, fastest 설정한다.

③ pen.ondrag(pen.setpos)은 마우스로 터틀 객체 pen을 클릭한 채로 드래그하면 pen.setpos(x, y) 함수가 호출되어 [그림 44.2]와 같이 자유 곡선을 그릴 수 있다.

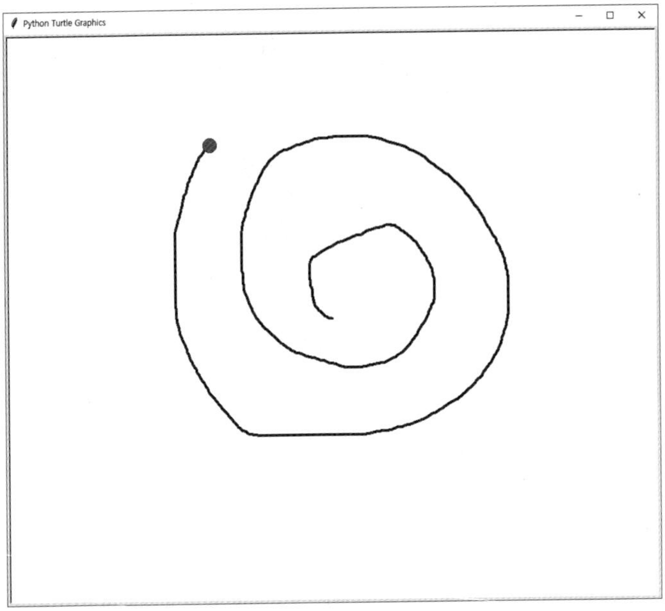

그림 44.2 • 터틀 마우스 드래그 이벤트 처리

Step 45 스크린 마우스 이벤트

onscreenclick(fun, btn = 1, add = None)은 스크린에서 마우스를 클릭할 때 호출할 함수 fun(x, y)을 설정한다. btn = 1이면 마우스 왼쪽 버튼 클릭, btn = 3은 마우스 오른쪽 버튼 클릭을 설정한다. 스크린 객체의 onclick() 메서드를 사용할 수도 있다.

예제 4501 스크린 마우스 이벤트 처리하기

```
# 4501.py

from turtle import *

def move_turtle(x, y):
    g_pen.up()
    g_pen.setpos(x, y)
    g_pen.down()

def main():
    global g_pen
    screen = Screen()
    screen.delay(0)
    g_pen = Turtle('circle')
    g_pen.color('blue', 'red')
    g_pen.pensize(4)
    g_pen.speed(0)

    g_pen.ondrag(g_pen.setpos)       # g_pen.ondrag(g_pen.goto)
    onscreenclick(move_turtle)       # screen.onclick(move_turtle)

if __name__ == '__main__' :
    main()
    mainloop()
```

프로그램 설명

① move_turtle(x, y) 함수는 터틀 객체 g_pen을 선을 그리지 않고 (x, y) 위치로 이동한다.

② main() 함수에서 터틀 객체 g_pen을 전역변수로 설정하고, screen 객체를 생성한다. 스크린의 갱신 속도를 빠르게 0, fastest 설정하고, 'circle' 모양의 터틀을 전역변수 g_pen에 생성하여 g_pen의 선 색상 'blue', 채우기 색상 'red', 펜 두께 4로 설정하고 이동속도를 가장 빠르게 0, fastest 설정한다.

③ g_pen.ondrag(g_pen.setpos) 함수 호출은 마우스로 g_pen을 드래그하여 자유 곡선을 그린다. onscreenclick(move_turtle) 함수 호출은 마우스로 스크린을 클릭하면 move_turtle(x, y) 함수가 호출되어 마우스를 클릭한 위치 (x, y)로 선을 그리지 않고 터틀 객체 g_pen의 위치를 이동한다.

④ [그림 45.1]은 main() 함수를 호출하여 g_pen을 드래그해서 자유 곡선을 그리고, 스크린을 마우스로 클릭하여 g_pen을 클릭한 위치로 선을 그리지 않고 이동한 결과이다.

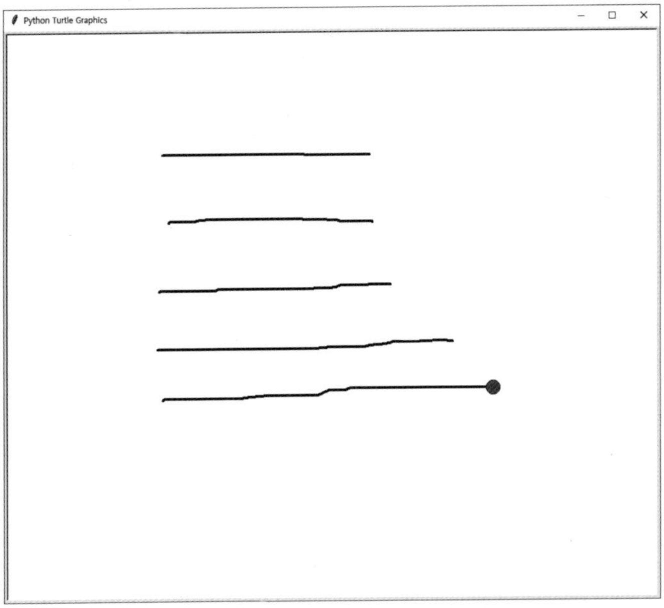

그림 45.1 • 스크린 마우스 드래그 이벤트 처리

예제 4502 스크린 마우스 왼쪽/오른쪽 버튼 클릭 이벤트 처리하기

```
# 4502.py

from turtle import *
```

```
from random import choice

def change_color(x, y):
    colors = ('red', 'green', 'blue', 'purple', 'orange')
    g_pen.color(choice(colors))

def main():
    global g_pen
    g_pen = Turtle('circle')
    g_pen.color('blue')
    g_pen.pensize(4)
    g_pen.speed(0)

    onscreenclick(g_pen.setpos)                    # btn = 1
    onscreenclick(change_color, btn = 3)

if __name__ == '__main__' :
    main()
    mainloop()
```

프로그램 설명

① change_color(x, y) 함수는 마우스 오른쪽 버튼 btn = 3 클릭을 처리하는 함수이다. colors 튜플에서 choice() 함수를 사용하여 랜덤으로 색상을 선택하고, 터틀 객체 g_pen의 색상을 설정한다.

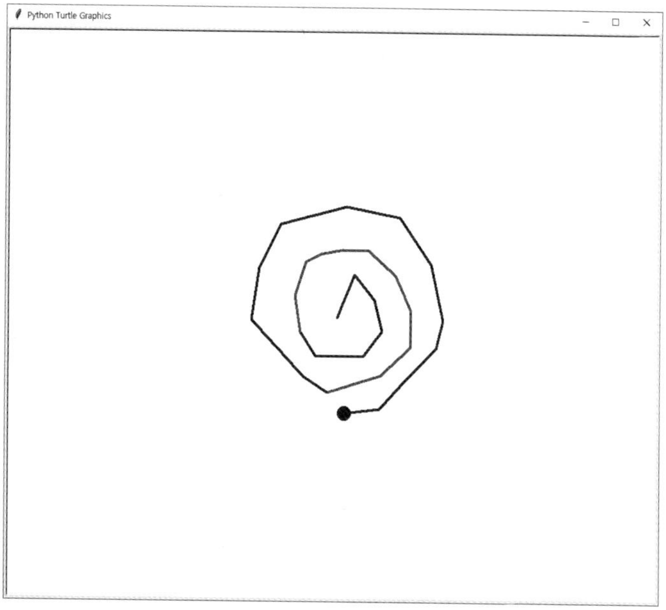

그림 45.2 • 스크린 마우스 왼쪽/오른쪽 버튼 클릭 이벤트 처리

② main() 함수에서 전역변수 g_pen에 원 'circle' 모양의 터틀을 생성한다. g_pen의 색상 'blue', 펜 두께 4로 설정한 뒤에 g_pen의 이동 속도를 가장 빠르게 0, fastest 설정한다.

③ onscreenclick(g_pen.setpos)은 스크린에서 마우스 왼쪽 버튼 btn = 1을 클릭하면, g_pen.setpos(x,y)에 의해 마우스 클릭 위치(x, y)로 g_pen을 이동하며 선을 그린다. onscreenclick(change_color, btn = 3)은 스크린

에서 마우스 오른쪽 버튼 btn = 3을 클릭하면, change_color(x, y) 함수를 호출하여, g_pen의 선 색상 및 채우기 색상을 colors 튜플에서 랜덤으로 선택하도록 한다.

④ [그림 45.2]는 main() 함수를 실행하여 스크린에서 마우스 오른쪽 버튼으로 색을 변경하고, 마우스 왼쪽 버튼으로 자유 곡선을 그린 결과이다.

예제 4503 컬러 터틀 스크린 배경색 변경하기

```
# 4503.py

from turtle import *

def move_red(x, y):
    global R
    red.sety(max(0, min(y, 255)))
    R = int(red.ycor())
    screen.bgcolor(R, G, B)

def move_green(x, y):
    global G
    green.sety(max(0,min(y,255)))
    G = int(green.ycor())
    screen.bgcolor(R, G, B)

def move_blue(x, y):
    global B
    blue.sety(max(0,min(y,255)))
    B = int(blue.ycor())
    screen.bgcolor(R, G, B)

def make_turtle_and_bar(x, y, color):
    t = Turtle('turtle')
    t.lt(90)
    t.color(color)
    t.shapesize(3, 3, 5)
    t.pensize(10)
    t.pencolor('black')
    t.up()
    t.setpos(x, 0)
    t.down()
    t.sety(255)
    t.up()
    t.sety(y)
    return t
```

```
def main():
    global screen, red, green, blue
    global R, G, B
    R = G = B = 255

    screen = Screen()
    screen.delay(0)
    screen.setworldcoordinates(-50, -50, 250, 300)
    screen.colormode(255)

    red   = make_turtle_and_bar(0,   R, ‘red’)
    green = make_turtle_and_bar(100, G, ‘green’)
    blue  = make_turtle_and_bar(200, B, ‘blue’)

    red.ondrag(move_red)
    green.ondrag(move_green)
    blue.ondrag(move_blue)

if __name__ == ‘__main__’ :
    main()
    mainloop()
```

프로그램 설명

① 파이썬의 'Lib/turtledemo/colormixer.py'를 참고하여 세 가지 색상의 터틀을 생성하고 각 터틀을 드래그하면 스크린의 배경색 변경할 수 있도록 한 예이다.

② move_red(x, y), move_green(x, y), move_blue(x, y) 함수는 터틀 객체 red, green, blue를 마우스로 드래그할 때 호출되는 함수이다. max(0, min(y, 255))에 의해 y 좌표를 0에서 255의 값으로 제한한다. red.ycor(), green.ycor(), blue.ycor()는 터틀 객체 red, green, blue를 드래그할 때 각 터틀의 y 좌표를 실수로 반환한다. screen.bgcolor(R, G, B)는 전역변수 R, G, B를 이용하여 스크린의 배경색을 변경한다.

③ make_turtle_and_bar(x, y, color) 함수는 x, y 위치에서 color 색상의 터틀 t를 생성하고, 펜 두께 10으로 y위치 0에서 255까지 선을 그린 뒤에 터틀 객체 t를 반환한다.

④ main() 함수는 스크린 screen, 터틀 red, green, blue, 색상 R, G, B를 전역변수로 설정한다. 전역변수 screen에 스크린을 생성하고, 스크린을 빠른 갱신으로 설정하고, 사용자 정의 세계 좌표계를 왼쪽 아래 좌표를 (−50, −50), 오른쪽 위 좌표를 (250, 300)로 설정한다.

colormode(255) 함수를 사용하여 색상은 0에서 255의 정수를 사용한다. make_turtle_and_bar() 함수로 x = 0에 터틀 객체 red를 생성하고, x = 100에 터틀 객체 green을 생성하고, x = 200에 터틀 객체 blue를 생성한다.

⑤ red.ondrag()로 red, green, blue 터틀을 드래그할 때 호출되는 함수를 move_red(), move_ green(), move_blue()로 설정한다. 각 터틀을 드래그하면 대응되는 색으로 스크린의 배경색을 변경한다. [그림 45.3]은 R = 0, G = 255, B = 0의 실행 결과이다.

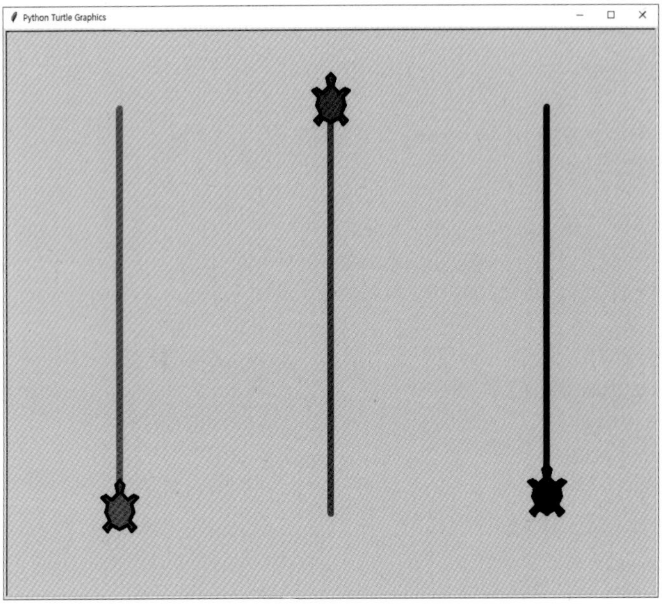

그림 45.3 • 컬러 터틀을 이용한 슬라이더로 스크린 배경 색상 변경

Step 46
타이머 이벤트

ontimer(fun, t = 0)는 스크린에서 t 밀리초 1/1000 초 후에 fun() 함수를 한 번 호출하도록 타이머를 설정한다. ontimer()에 의한 타이머 설정은 한 번만 함수를 호출하기 때문에 반복적으로 타이머를 설정하려면 함수 내부에서 타이머를 설정해야 한다.

예제 4601 타이머 이벤트 처리하기 1

```
# 4601.py

from turtle import *

def animate():
    global STEP
    try:
        ball_x, ball_y = ball.position()
        ball_y += STEP
        if (ball_y < min_y) or (ball_y > max_y):  STEP *= -1
        ball.setpos(ball_x, ball_y)
        update()
        ontimer(animate, 10)
    except:
        print('bye')

def main():
    global ball, min_y, max_y, STEP
    max_y = 200; min_y = -max_y

    tracer(0)                           # 애니메이션 해제
    ball = Turtle()
    ball.shape('circle')
    ball.color('blue', 'red')
    ball.shapesize(3, 3, 4)
    ball.up()
```

```
    ball.setpos(0, min_y)
    ball.down()

    STEP = 10
    tracer(1, 10)                # n = 1, delay = 10
    animate()

if __name__ == '__main__':
    main()
    mainloop()
```

프로그램 설명

① animate() 함수는 전역변수 터틀 ball을 STEP만큼 움직이고, min_y, max_y의 경계를 벗어나면 방향을 전환하도록 타이머를 사용하여 구현한다. STEP은 전역변수이다. ontimer(animate, 10)는 10밀리초 후에 animate() 함수를 호출한다. ontimer()는 지정된 시간 후에 한 번만 호출하고 타이머 설정이 끝나기 때문에, 타이머를 이용하여 반복적으로 animate()를 호출하려면 animate() 함수 안에서 ontimer()를 설정해야 한다. 재귀 recursion로 호출한 것과는 다르다. 만약 ontimer() 대신 animate() 함수를 직접 호출하면, 즉 명시적으로 재귀를 사용하면 일정 횟수를 반복하다 최대 재귀 회수 초과에 의한 RecursionError 예외가 발생한다. try ~ except 문을 사용하여 윈도우가 파괴될 때 예외를 처리한다.

② main() 함수는 ball, min_y, max_y, STEP를 전역변수로 설정하고, 터틀 객체 ball을 생성한다. tracer(0)는 애니메이션을 해제하여 ball이 ball.setpos(0, min_y) 위치로 이동하는 것을 보이지 않게 한다. tracer(1, 10)는 매번 n = 1 update()가 실행되도록 하며, delay = 10으로 ball의 이동 애니메이션이 보이게 한다. 실행 결과는 [그림 42.1]과 유사하다.

예제 4602 타이머 이벤트 처리하기 2: 시계

```
# 4602.py

from turtle import *
from datetime import datetime

def make_arrow_shape(name, length, tside):
    pen = Turtle()
    if pen.screen.mode() == 'standard':
        pen.lt(90)
    pen.begin_poly()
    pen.fd(length)
    pen.lt(90)
    pen.fd(tside / 2)
    pen.rt(120)
    pen.fd(tside)
```

```
    pen.rt(120)
    pen.fd(tside)
    pen.rt(120)
    pen.fd(tside / 2)
    pen.end_poly()

    p = pen.get_poly()
    register_shape(name, p)
    pen.reset()
    #pen.ht()
    pen.shape(name)
    return pen

def jump(pen, dist):
    pen.up(); pen.fd(dist); pen.down()

def clock_face(R):
    pen = Turtle()
    pen.pensize(7)

    for i in range(60):
        jump(pen, R)
        if i % 5 == 0:
            pen.fd(20)
            jump(pen,-(R + 20))
        else:
            pen.dot(5)
            jump(pen, -R)
        pen.rt(6)
    pen.ht()

def run_clock():
    t = datetime.today()
    sec = t.second + t.microsecond * 0.000001
    minute = t.minute + sec / 60.0
    hour = t.hour + minute / 60.0
    screen.title(t.strftime(‘%Y-%m-%d, %I:%M%p’))
    try:
        #tracer(0)
        second_hand.seth(6 * sec)
        minute_hand.seth(6 * minute)
        hour_hand.seth(30 * hour)
        update()                          # tracer(1)
        ontimer(run_clock, 100)
    except Terminator:
        pass                              # STOP
```

```
def main():
    global screen, second_hand, minute_hand, hour_hand
    screen = Screen()
    screen.mode(‘logo’)
    R = 200                         # clock radius

    tracer(0)                       # 애니메이션 해제
    second_hand = make_arrow_shape(‘clock_hand’, R - 30, 20)
    second_hand.color(‘red’)
    second_hand.shapesize(1, 1, 3)

    minute_hand = Turtle(‘clock_hand’)
    minute_hand.color(‘gray50’)
    minute_hand.shapesize(1, 0.9, 4)

    hour_hand = Turtle(‘clock_hand’)
    hour_hand.color(‘gray20’)
    hour_hand.shapesize(1, 0.7, 5)

    clock_face(R)
    run_clock()

if __name__ == ‘__main__’:
    main()
    mainloop()
```

프로그램 설명

① 파이썬의 ‘Lib/turtledemo/clock.py’를 참고하여 datetime.today()의 현재 시간을 시, 분, 초침으로 나타내는 화살표로 시계를 구현한다.

② datetime.today()로 현재 시간을 읽기 위하여 datetime 모듈에서 datetime 클래스를 임포트한다. make_arrow_shape(name, length, tside) 함수는 터틀 객체 pen을 생성하여 화살표 모양을 생성하고, name으로 등록하고, 등록된 모양의 터틀을 반환한다.

pen.begin_poly()와 pen.end_poly()는 pen의 이동 위치를 다각형의 꼭지점으로 기록하고, p = pen.get_poly()는 기록된 꼭지점을 반환하여 튜플 p에 저장한다. register_shape(name, p)은 p를 name으로 등록한다. pen.shape(name)은 등록된 name으로 pen 모양을 변경한다.

③ clock_face(R)은 반지름이 R인 원의 둘레에 시계 눈금을 그린다. 60개의 점을 찍고, 5칸마다 크기 20의 직선을 표시한다. jump(pen, R)은 pen을 현재의 방향에서 반지름 R인 원 위로 선을 그리지 않고 이동한다. i % 5 == 0이면 pen.fd(20)으로 선을 그리고, jump(pen, −(R + 20))에 의해 원의 중심 위치로 펜을 들고 이동한다. i가 5의 배수 위치가 아니면, pen.dot(5)로 지름이 5인 점을 찍고, jump(pen, −R)에 의해 원의 중심 위치로 펜을 들고 이동한다. pen.rt(6)에 의해 pen의 방향을 6도 회전한다. 6도씩 60번 회전하면 360도 회전하게

된다. 즉, 원의 중심에서 눈금 하나의 각도는 6도이다. for 문으로 모든 눈금을 그리고, pen.ht()로 pen을 감춘다.

④ run_clock() 함수는 오늘 현재 시간을 t에 읽어서 ontimer(run_clock, 100) 함수로 100밀리초마다 run_clock() 함수를 호출하여 초침 second_hand과 분침 minute_hand 그리고 시침 hour_hand을 움직인다.

screen.title(t.strftime('%Y-%m-%d, %I:%M%p'))은 현재 시간 t를 '2022-07-13, 12:33AM' 형식의 문자열을 윈도우의 타이틀에 출력한다.

tracer(0)으로 설정하여 초침과 분침, 시침의 애니메이션을 해제한다(예에서는 시간 간격이 너무 짧아 필요 없다). 시계는 초침이 한 바퀴 360도 돌면 60초이고, 분침이 한 바퀴 돌면 60분이므로 6 * sec 각도를 초침 second_hand, 6 * minute 각도를 분침 minute_hand의 방향으로 설정한다. 시침은 원을 한 바퀴 돌면 12시간이므로 30 * hour 각도를 시침 hour_hand의 방향으로 설정한다.

update() 또는 tracer(1)는 초침, 분침, 시침을 그린다. ontimer(run_clock, 100)는 100밀리초 뒤에 다시 run_clock() 함수를 호출한다. try ~ except 문으로 사용자가 윈도우를 파괴하면 발생하는 Turtle.Terminator 예외를 정상적으로 처리하여 프로그램을 종료한다. pass 문은 아무 일도 하지 않고, 문법상 문장이 필요한 곳에 사용한다.

⑤ main() 함수는 스크린 모드를 'logo' 모드로 하여, 초침, 분침, 시침이 북쪽을 0도, 시계방향으로 움직이도록 설정한다. R은 시계의 눈금을 표시할 원의 반지름이다. tracer(0)는 make_arrow_shape() 함수에서 'clock_hand' 모양을 그리는 과정을 감춘다.

초침 second_hand은 make_arrow_shape() 함수에서 'clock_hand' 모양을 등록하고 반환하여 생성한다. 분침 minute_hand, 시침 hour_hand는 Turtle('clock_hand')로 생성한다. clock_face(R)은 원의 반지름이 R인 시계의 눈금을 표시한다.

run_clock()은 datetime.today()로 읽은 현재 시간을 시계의 시침, 분침, 초침으로 반복하여 표시한다.

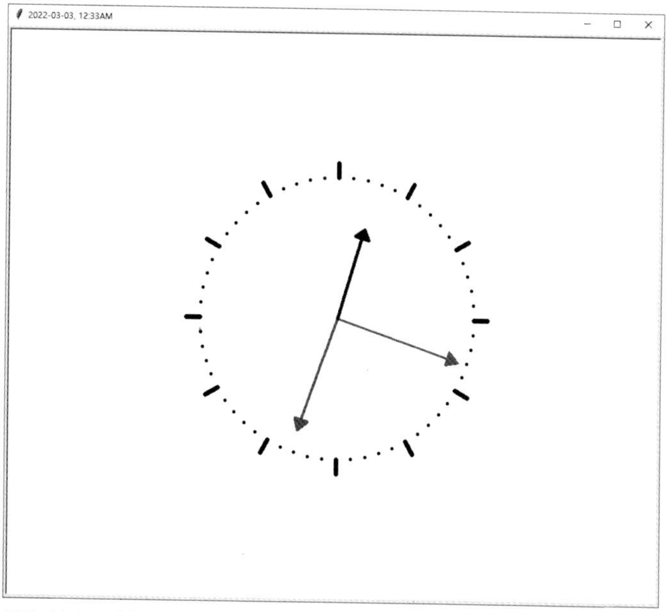

그림 46.1 • 시계

[그림 46.1]은 실행 결과이다.

Step 47
입력 대화 상자

textinput(title, prompt)는 스크린에서 문자열 입력 대화 상자를 표시하는 메서드이다. numinput(title, prompt, default = None, minval = None, maxval = None)는 숫자 입력 대화 상자를 표시하는 메서드이다.

예제 4701 문자열 및 숫자 입력 대화 상자

```
# 4701.py

from turtle import *

screen = Screen()
name = screen.textinput('Input', 'name:')
print('name = ', name)

age = screen.numinput('Input', 'age:', 20, minval = 20, maxval = 100)
print('age = ', age)
```

프로그램 설명

① 스크린 객체 screen을 생성하고, 윈도우를 표시한다. name = screen.textinput('Input', 'name:')는 [그림 47.1]의 문자열 입력 대화 상자를 팝업한다. 문자열을 입력하고 OK 버튼을 클릭하면 대화 상자는 사라지고 입력 문자열을 반환하여 name에 저장한다.

② age = screen.numinput('Input', 'age:', 20, minval = 20, maxval = 100)는 [그림 47.2]의 숫자 입력 대화 상자를 팝업한다.

default = 20, 최소값 minval = 20, 최대값 maxval = 100 사이의 정수를 입력할 수 있다.

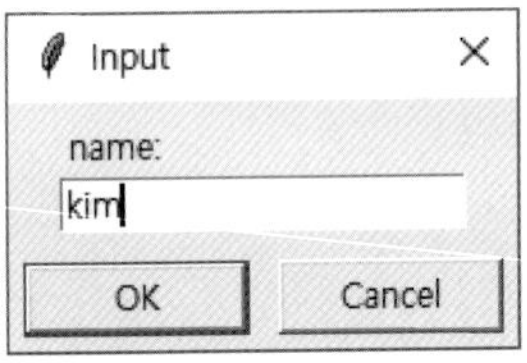

그림 47.1 • textinput()

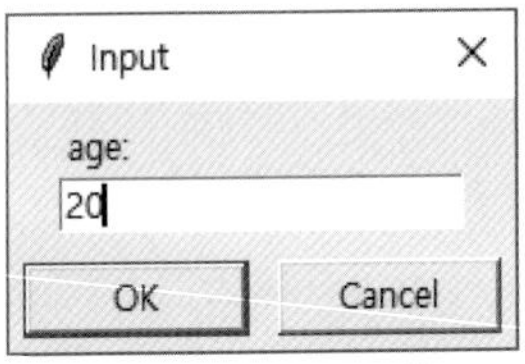

그림 47.2 • numinput()

Step 48
Turtle 클래스 상속

Turtle 클래스를 상속받아 사용자 정의 클래스를 정의할 수 있다. 사용자 정의 클래스의 __init__() 메서드에서 터틀의 모양, 크기, 색 등을 초기화하고 필요한 메서드를 정의한다.

예제 4801 class MyTurtle(Turtle)

```
# 4801.py

from turtle import *

class MyTurtle(Turtle):
    def __init__(self, shape = ‘classic’, color1 = ‘black’, color2 = ‘blue’,
                 animate = None):
        super().__init__(shape)         # self.shape(shape)
        self.color(color1, color2)
        self.shapesize(2, 2, 3)
        self._animate = animate

    def animated(self, flag = None):
        if not flag is None:
            self._animate = flag
        return self._animate

    def line(self, x1, y1, x2, y2):
        if not self.animated():
            tracer(False)               # tracer(0)
        self.up();   self.setpos(x1, y1)
        self.down(); self.setpos(x2, y2)
        #self.ht()
        if not self.animated():
            tracer(True)                # tracer(1)

```

```
    def rectangle(self, x1, y1, x2, y2, fill = None):
        if not self.animated():
            tracer(False)               # tracer(0)
        if fill:
            self.begin_fill()
        self.up()
        self.setpos(x1, y1)
        self.down()

        self.setpos(x2, y1)
        self.setpos(x2, y2)
        self.setpos(x1, y2)
        self.setpos(x1, y1)

        if fill:
            self.end_fill()
        #self.ht()
        if not self.animated():
            tracer(True)                # tracer(1)

def main():
    pen1 = MyTurtle()
    pen1.rectangle(-200, -200, 200, 200)

    pen1.animated(True)
    pen1.rectangle(-200, -200, 150, 150, True)

    pen2 = MyTurtle(‘turtle’, ‘red’, ‘green’, True)
    pen2.line(-200, -200, 200, 200)

    pen2.animated(False)
    pen2.pensize(4)
    pen2.line(-200, 200, 200, -200)

if __name__ == ‘__main__’ :
    main()
    mainloop()
```

프로그램 설명

① Turtle 클래스를 상속받은 MyTurtle 클래스는 __init__(), animated(), line(), rectangle() 메서드를 갖는다.

② __init__() 메서드는 객체를 생성할 때 자동으로 호출되어 속성을 초기화한다. shape는 터틀의 모양, color1은 선 색상, color2는 채우기 색상, animate는 터틀의 애니메이션을 결정한다. animate = None이면 애니메이션을 해제하고, animate = True이면 터틀의 움직임을 보여준다.

③ animated(self, flag = None)는 애니메이션 속성 self._animate을 변경하거나 설정된 값을 반환한다.

④ line(self, x1, y1, x2, y2)는 (x1, y1)에서 (x2, y2)까지 직선을 그린다. self.animated()가 False이면 애니메이션 없이 바로 직선을 그린다. self.ht()를 사용하면 터틀을 감춘다.

⑤ rectangle(self, x1, y1, x2, y2, fill = None)는 모서리가 (x1, y1), (x2, y2)인 사각형을 그린다. fill = True이면, 채우기 색으로 사각형을 채운다. self.animated()가 False이면 애니메이션 없이 바로 사각형을 그린다.

⑥ pen1 = MyTurtle()은 기본값으로 MyTurtle 클래스 객체인 터틀 pen1을 생성한다. pen1.rectangle(−200, −200, 200, 200)은 사각형을 터틀 pen1으로 애니메이션과 채우기 없이 바로 그린다.

⑦ pen1.animated(True)는 pen1의 애니메이션 속성을 True로 설정한다.

pen1.rectangle(−200, −200, 150, 150, True)는 터틀 애니메이션을 보이며 사각형 테두리를 그리고, self.fillcolor() = 'blue'로 사각형을 채운다.

⑧ pen2 = MyTurtle('turtle', 'red', 'green', True)는 모양 'turtle', 선 색상 'red', 채우기 색상 'green', 애니메이션을 True로 설정하여 터틀 pen2를 생성한다. pen2.line(−200, −200, 200, 200)은 애니메이션을 보이며 직선을 그린다.

⑨ pen2.animated(False)는 pen2의 애니메이션을 끄고, pen2.pensize(4)는 펜의 두께를 4로 설정하고, pen2.line(−200, 200, 200, −200)은 애니메이션 없이 바로 그린다.

[그림 48.1]은 실행 결과이다.

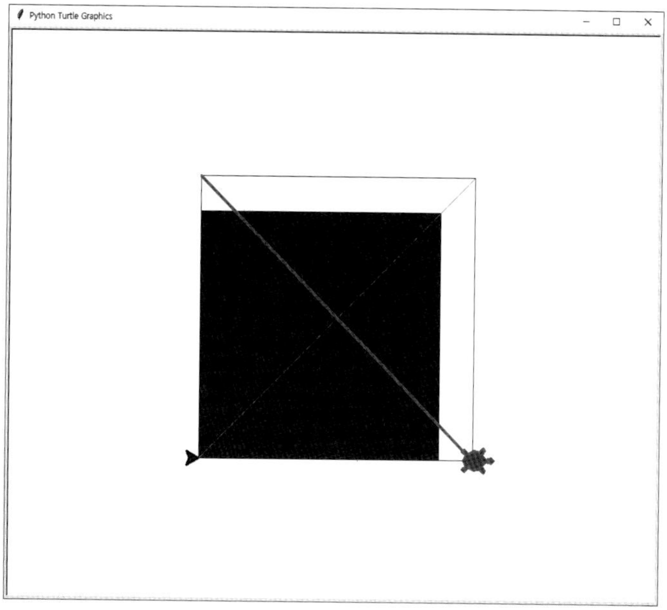

그림 48.1 • MyTurtle 클래스

예제 4802 class AnimateTurtle(Turtle)

```
# 4802.py

from turtle import *
import random

class AnimateTurtle(Turtle):
    _turtles = []

    def __init__(self, shape = 'circle', xPos = 0, yPos = 0, heading = 0, \
                 size = 2, fillColor = 'black', step = 4):
        super().__init__(shape, visible = False)
        self.speed = 0
        self.color(fillColor)
        self.up()
        self.setpos(xPos, yPos)
        self.seth(heading)
        self.shapesize(size, size)
        self._step = step
        self.st()
        AnimateTurtle._turtles.append(self)   # 클래스 속성 _turtles에 인스턴스 저장
        #self.animate_each()                  # 터틀 수가 많아지면, 너무 느림

    def move(self):
        self.fd(self._step)
        if  max_x <= abs(self.xcor()) or max_y <= abs(self.ycor()) :
            self.left(180)

    @staticmethod
    def animate_all():
        try:
            tracer(False)                     # tracer(0)
            for t in AnimateTurtle._turtles:
                t.move()
            tracer(True)                      # update(), # tracer(1)
            ontimer(AnimateTurtle.animate_all, 1)
        except Terminator:
            pass                              # STOP

    # 터틀 수가 많아지면, 너무 느림
    def animate_each(self):
        try:
            tracer(False) # tracer(0)
            self.move()
```

```
            tracer(True)                      # update(), # tracer(1)
            ontimer(self.animate_each, 1)
        except Terminator:
            pass                              # STOP

def main():
    global max_x, max_y
    screen = Screen()
    max_x = screen.window_width() // 2  - 10
    max_y = screen.window_height() // 2 - 10

    tracer(False)                             # tracer(0)
    for i in range(100):
        x = random.randint(-max_x, max_x)
        y = random.randint(-max_y, max_y)
        angle = random.randint(0, 360)
        color = random.choice([‘red’,    ‘green’, ‘blue’, \
                               ‘yellow’, ‘pink’,  ‘purple’])
        STEP  = random.randint(1, 20)
        if i % 2:
            SHAPE = ‘circle’
        else:
            SHAPE = ‘turtle’
        AnimateTurtle(shape = SHAPE, xPos = x, yPos = y,
                      heading = angle, fillColor = color, step = STEP)
    tracer(True)                              # update(), # tracer(1)
    AnimateTurtle.animate_all()
    return ‘Done’

if __name__ == ‘__main__’:
    msg = main()
    mainloop()
    print(msg)
```

프로그램 설명

① Turtle 클래스를 상속받은 AnimateTurtle 클래스는 클래스 속성으로 리스트 _turtles를 가지며, 인스턴스 메서드로 __init__()과 move() 그리고 정적 메서드 animate_all()을 갖는다. animate_all()을 사용하여 한꺼번에 터틀을 애니메이션한다.

② __init__() 메서드는 터틀의 이동속도를 가장 빠르게 설정하고, 모양 shape, 위치 (xPos, yPos), 방향 heading, 크기 size, 채우기 색상 fillColor, 이동 거리 step를 설정하고, AnimateTurtle._turtles.append(self)에 의해 클래스 속성인 리스트 _turtles에 터틀 인스턴스를 추가한다.

③ move() 메서드는 터틀을 현재 설정된 방향으로 설정된 거리(self._step)만큼 앞으로 움직인다. 경계에 부딪히면 self.left(180)에 의해 반대 방향으로 방향을 전환한다.

④ 데코레이터 @staticmethod로 animate_all()을 정적 메서드를 설정하고, AnimateTurtle._turtles에 있는 각 터틀을 t.move() 메서드로 움직인다. ontimer(AnimateTurtle.animate_all, 1)로 타이머에 의해 반복적으로 움직인다. tracer(False)로 전체 터틀을 모두 움직일 때 까지는 보이지 않고, tracer(True)에 의해 한꺼번에 터틀을 보이게 한다. Terminator 예외를 처리하여 정상적으로 프로그램이 종료되도록 한다.

⑤ main() 함수에서 스크린의 절반 크기를 max_x, max_y에 계산하고, 전역변수로 선언한다. for 문을 사용하여 100개의 터틀을 임의 랜덤 위치 (x, y), 랜덤 각도 angle, 랜덤 색상 color, 랜덤 이동 거리 STEP을 사용하여, 홀수 번째 (i % 2 == 1)이면 SHAPE = 'circle', 짝수 번째이면 SHAPE = 'turtle' 모양의 AnimateTurtle 클래스로 터틀을 생성한다. AnimateTurtle.animate_all()에 의해 생성된 터틀을 애니메이션으로 움직인다. [그림 48.2]는 실행 결과로 50개의 원과 50개의 터틀이 움직인다.

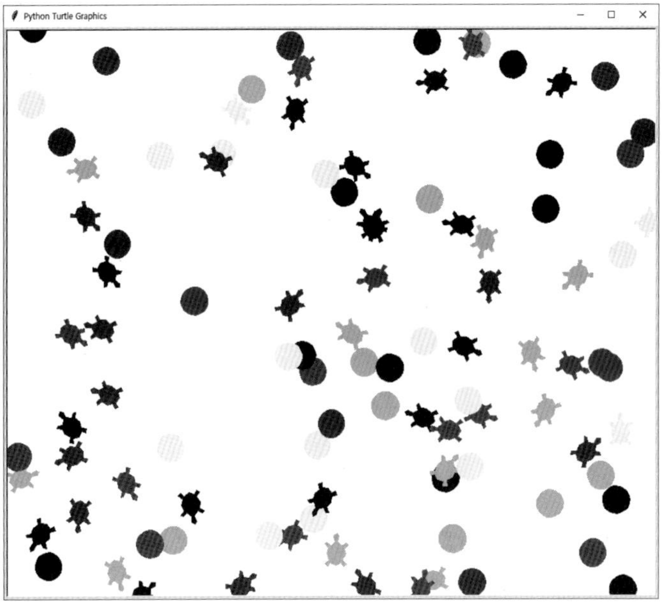

그림 48.2 • AnimateTurtle 클래스

예제 4803 class CTurtle(Turtle): 컬러 터틀로 스크린 배경색 변경하기

```
# 4803.py

from turtle import *

```

```
class CTurtle(Turtle):
    _RGB = [255, 255, 255]              # 클래스 속성

    def __init__(self, shape = ‘turtle’, x = 0, color = ‘red’):
        super().__init__(shape)
        self.lt(90)
        self.color(color)
        self.shapesize(3, 3, 5)
        self.pensize(10)
        self.speed = 0
        self.up()
        self.setpos(x, 0)
        self.down()
        self.sety(255)
        self.up()

        # 초기에 _RGB의 위치와 일치
        if color == ‘red’:
            y = CTurtle._RGB[0]
        elif  color == ‘green’:
            y = CTurtle._RGB[1]
        else:                           # ‘blue’
            y = CTurtle._RGB[2]
        self.sety(y)
        bgcolor(CTurtle._RGB)           # 초기 배경색 변경
        self.pencolor(‘black’)
        self.ondrag(self.move)

    def move(self, x, y):
        self.sety(max(0,min(y,255)))
        color = self.fillcolor()
        if color == ‘red’:                      # int(x) ==  0
            CTurtle._RGB[0] = int(self.ycor())
        elif  color == ‘green’:                 # int(x) == 100
            CTurtle._RGB[1] = int(self.ycor())
        else: # ‘blue’
            CTurtle._RGB[2] = int(self.ycor())
        bgcolor(CTurtle._RGB)           # 배경색 변경

def main():
    screen = Screen()
    screen.delay(0)
    screen.setworldcoordinates(-50, -50, 250, 300)
    screen.colormode(255)
    red   = CTurtle(x = 0)
```

```
    green = CTurtle(x=100, color='green')
    blue  = CTurtle(x=200, color='blue')
    return 'Done'

if __name__ == '__main__':
    msg = main()
    mainloop()
    print(msg)
```

프로그램 설명

① 함수로 작성한 예제 4503의 컬러 터틀을 이용하여 스크린의 배경색을 변경하는 CTurtle 클래스로 구현한다. 클래스의 속성으로 리스트 _RGB와 인스턴스 메서드로 __init__(), move() 메서드를 갖는다. 컬러 터틀로 표시된 컬러 막대를 드래그하면 대응하는 _RGB의 값을 변경하고 _RGB 값으로 스크린의 배경 색상을 변경한다.

② 클래스 속성인 리스트 변수 _RGB = [255, 255, 255]로 흰색으로 초기화한다. __init__() 메서드에서 self.setpos(x, 0), self.down(), self.sety(255)로 펜 두께 10으로 직선을 그리고, self.sety(y)로 터틀의 위치를 움직여 초기의 _RGB 값에 따라 bgcolor(CTurtle._RGB)로 초기 배경색을 변경한다. self.ondrag(self.move)로 터틀을 드래그할 때 호출 함수 self.move()를 설정한다.

③ move() 메서드는 self.sety(max(0,min(y,255)))에 의해 터틀의 y 좌표 위치를 마우스의 y 위치에 따라 0에서 255 사이에서 움직이고, self.fillcolor()로 'red', 'green', 'blue' 터틀을 구분하여 클래스 속성 CTurtle._RGB를 변경하고, bgcolor(CTurtle._RGB)로 스크린의 배경색을 변경한다.

④ main() 함수에서 스크린 screen을 생성하고 스크린의 빠른 갱신을 허용하여 사용자 정의 세계좌표계를 왼쪽 아래 lower-left 좌표 (-50, 50), 오른쪽 위 upper-right 좌표 (250, 300)으로 설정한다. screen.colormode(255)로 컬러 모드로 설한다. x = 0 위치에서 red, x = 100 위치에서 green, x = 200 위치에서 blue 터틀을 생성한다. 각 터틀을 드래그하면 스크린의 배경색을 변경할 수 있다. 실행 결과는 [그림 45.3]과 같다.

Step 49
tkinter 사용

터틀 그래픽은 일반적인 그래픽 사용자 인터페이스 GUI인 tkinter를 이용하여 구현되어 있어 터틀 그래픽과 tkinter를 함께 사용할 수 있다. TurtleScreen 클래스의 getcanvas() 메서드를 사용하면 tkinter의 create_arc(), create_line(), create_rectangle(), create_text(), create_oval(), create_polygon(), create_bitmap(), canvas.delete() 등의 다양한 메서드를 사용할 수 있다.

예제 4901 tkinter의 메인 윈도우 속성

```
# 4901.py

from turtle import *

#1
screen = Screen()
#screen.title('tkinter sample')
screen.setup(width = 600, height = 600)
print('screen.window_width() = ', screen.window_width())
print('screen.window_height() = ', screen.window_height())

#2
screen.screensize(canvwidth = 400, canvheight = 400, bg = 'blue')
canvas = screen.getcanvas()
print('canvas.canvwidth = ', canvas.canvwidth)
print('canvas.canvheight = ', canvas.canvheight)

canvas.master.title('tkinter sample')
canvas.master.resizable(0,0)                # 윈도우 크기 고정
canvas.master.wm_attributes('-topmost', 1)
```

프로그램 설명

① #1은 스크린 윈도우 객체 screen을 생성하고 화면에 윈도우를 표시한다. 스크린은 윈도우의

흰색 부분이다. screen.title()은 윈도우 타이틀을 인수로 주어진 문자열 'tkinter sample'로 변경한다. screen.window_width(), screen.window_height()는 스크린의 크기이다. 메인 윈도우의 크기는 윈도우 타이틀과 윈도우 테두리 등 때문에 스크린의 크기보다 조금 크다. screen.setup(width = 600, height = 600)는 스크린의 크기를 변경한다.

② #2에서 screen.screensize()는 캔버스의 크기와 배경 색상을 변경한다. canvas = screen.getcanvas()는 스크린의 그림을 그릴 수 있는 영역인 캔버스를 canvas에 저장한다. canvas를 이용하여 tkinter의 캔버스 메서드를 사용할 수 있다.

canvas.canvwidth, canvas.canvheight는 캔버스의 크기이다. 캔버스 크기보다 작게 윈도우 크기를 변경하면 스크롤바가 생성된다.

③ canvas.master는 최상위 윈도우 객체이다. resizable(0,0)은 마우스를 사용하여 윈도우의 크기를 변경하지 못하게 한다. wm_attributes('-topmost', 1)는 윈도우를 항상 가장 위에 나타나도록 한다.

예제 4902 tkinter 캔버스 그리기

```
# 4902.py

from turtle import *

#1
screen = Screen()
width, height = screen.window_width() / 2, screen.window_height() / 2
max_x = width  - 50
max_y = height - 50

#2
canvas = screen.getcanvas()
ret = canvas.create_line(-max_x, 0, max_x, 0)
print('ret = ', ret)        #2
canvas.create_line(0, -max_y, 0, max_y, fill = 'blue', width = 4)

canvas.create_text(20,     max_y, text = 'Y',  font = ('굴림', 20))
canvas.create_text(20,    -max_y, text = '-Y', font = ('굴림', 20))
canvas.create_text(max_x, -20,    text = 'X',  font = ('굴림', 20))
canvas.create_text(-max_x, -20,   text = '-X', font = ('굴림', 20))

canvas.create_rectangle(0, 0, 300, 300)
ret = canvas.create_rectangle(0, 0, -300, -300, fill = 'blue', outline = 'red')
print('ret = ', ret)        # 9
print('canvas.find_all() = ', canvas.find_all())
```

```
#canvas.delete(9)              # 9번 그리기 객체 삭제

#3
#screen.setworldcoordinates(-width, height, width, -height)
```

프로그램 설명

① #1은 스크린 윈도우 객체 screen을 생성하고 화면에 윈도우를 표시한다. max_x, max_y에 테두리 여백 마진을 50만큼 두고, 중앙의 원점 (0, 0)을 기준으로 X, Y 축의 양수 최대값을 계산하고, 스크린의 캔버스를 canvas 객체에 저장한다.

② #2에서 그리기 메서드인 canvas.create_line()은 직선을 그리고, 직선의 고유번호를 반환하여 ret에 저장한다. fill 인수로 채우기 색상, width 인수로 선 두께를 설정할 수 있다.

③ canvas.create_text()는 text 인수의 문자열을 출력한다. font는 폰트와 폰트크기를 설정한다.

④ canvas.create_rectangle()는 사각형을 그린다. outline 인수로 테두리 선 색상, fill 인수로 채우기 색상, width 인수로 테두리 선 두께를 설정할 수 있다. canvas.find_all()은 생성한 객체 번호를 튜플로 반환한다. canvas.delete(9)는 캔버스의 9번 마지막 fill = 'blue'로 채운 사각형 그리기 객체를 삭제한다.

⑤ [그림 49.1](a)는 실행 결과이다. Y-축이 반전되어 있다. [그림 49.1](b)는 #3에서 screen.setworldcoordinates()로 Y축을 반전한 결과이다.

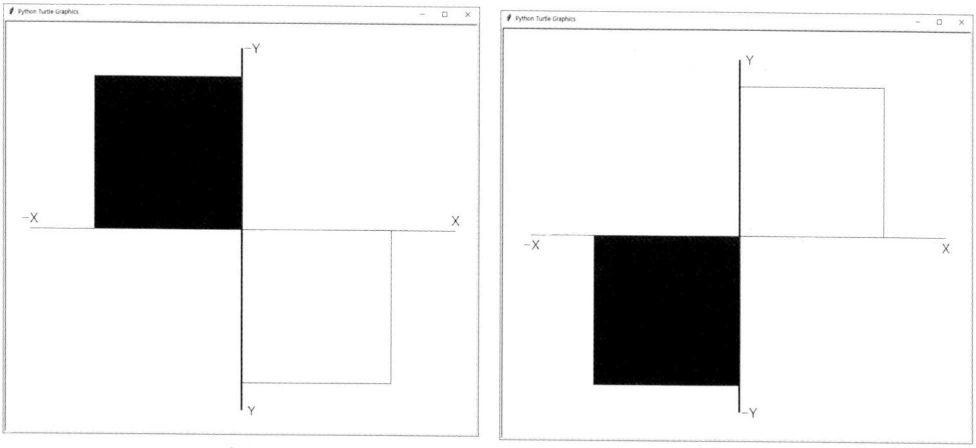

(a) (b)

그림 49.1 • tkinter 캔버스 그리기

예제 4903 tkinter의 마우스 이벤트 처리하기 1

```
# 4903.py

from turtle import *

def onMouseLeftDown(event):
    print('event.x = {}, event.y = {}'.format(event.x, event.y))
    x =  canvas.canvasx(event.x)
    y = -canvas.canvasy(event.y)
    print('x = {}, y = {}'.format(x, y))
    setpos(x, y)

canvas = getcanvas()
canvas.bind('<Button-1>', onMouseLeftDown)
```

프로그램 설명

① onMouseLeftDown() 함수는 마우스 왼쪽 버튼을 클릭하면 호출되는 함수이다. event.x, event.y는 스크린의 왼쪽 위가 (0, 0)인 윈도우 좌표이다. 윈도우의 중심을 원점(0, 0)으로 이동한 좌표는 x = canvas.canvasx(event.x), 터틀 스크린의 좌표계는 Y축이 반대 방향이기 때문에 y = −canvas.canvasy(event.y)로 변환한다. setpos(x, y)는 기본 터틀을 지정한 위치로 이동한다.

② 스크린이 생성되고 스크린의 캔버스를 canvas에 저장한다. canvas.bind('〈Button−1〉', onMouseLeftDown)은 캔버스에서 마우스 왼쪽 버튼 '〈Button−1〉'을 클릭하면 onMouseLeftDown() 함수가 호출되도록 설정한다. [그림 49.2]는 마우스 왼쪽 버튼을 클릭하여 터틀을 마우스 위치로 움직인 결과이다.

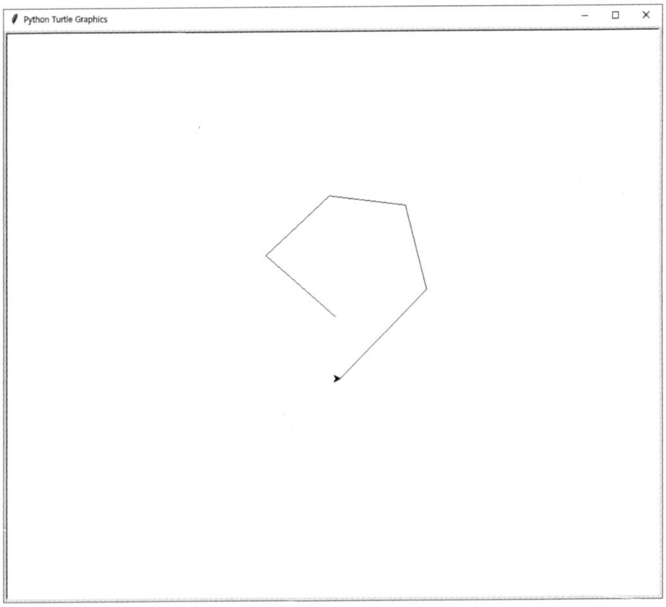

그림 49.2 • tkinter의 마우스 이벤트 처리

예제 4904 tkinter의 마우스 이벤트 처리하기 2: 자유곡선 그리기

```
# 4904.py

import turtle as T

def onMouseLeftDown(event):
    x =  canvas.canvasx(event.x)
    y = -canvas.canvasy(event.y)
    T.penup()
    T.setpos(x, y)
    T.pendown()

def onMouseMove(event):
    x = canvas.canvasx(event.x)
    y = -canvas.canvasy(event.y)
    T.setpos(x, y)

def onMouseLeftUp(event):
    T.penup()

def onClear(event):
    T.clear()

def onExit(event):
    T.bye()

    global canvas
    screen = T.Screen()
    screen.delay(0)
    canvas = screen.getcanvas()
    T.listen()

    T.speed(0)
    T.pensize(4)
    T.ht()
    canvas.bind('<Button-1>',        onMouseLeftDown)
    canvas.bind('<B1-Motion>',       onMouseMove)
    canvas.bind('<ButtonRelease-1>', onMouseLeftUp)
    canvas.bind('<space>',           onClear)
    canvas.bind('<Escape>',          onExit)
    canvas.mainloop()                # screen.mainloop()

if __name__ == '__main__':
    main()
```

프로그램 설명

① 마우스 왼쪽 버튼을 누른 상태로 움직이며 자유곡선을 그린다. import turtle as T는 turtle을 T로 임포트한다.

② onMouseLeftDown(event) 함수는 마우스 왼쪽 버튼 '<Button-1>'을 누르면 호출된다. event.x, event.y는 스크린의 왼쪽 위가 (0,0)인 윈도우 좌표이다. 윈도우의 중심을 원점(0, 0)으로 이동한 터틀 스크린의 좌표는 x = canvas.canvasx(event.x), y = −canvas.canvasy(event.y)로 계산한다. T.penup(), T.setpos(x, y), T.pendown()으로 (x,y) 위치로 이동한다.

③ onMouseMove(event) 함수는 마우스 왼쪽 버튼을 누르고 움직이면 '<B1-Motion>' 호출된다. x = canvas.canvasx(event.x), y = −canvas.canvasy(event.y)로 마우스 위치를 계산하고, T.setpos(x, y)로 터틀을 움직인다.

onMouseLeftUp(event) 함수는 마우스 왼쪽 버튼을 떼면 '<ButtonRelease-1>' 호출되어, T.penup()에 의해 펜을 올린다.

onClear(event) 함수는 SPACE Bar '<space>' 키를 누르면 호출되어 T.clear()에 의해 터틀이 그린 내용을 지운다.

onExit(event) 함수는 Esc '<Escape>' 키를 누르면 호출되어, T.bye() 함수로 터틀 윈도우를 파괴하고 종료한다.

④ main() 함수에서 canvas를 전역변수로 선언하고, 스크린 객체 screen을 생성하고, screen.delay(0)로 스크린의 갱신 속도를 빠르게 설정한다. 스크린의 캔버스를 canvas에 저장하고, T.listen()은 키보드 이벤트를 대기한다.

T.speed(0)는 기본 터틀의 이동속도를 가장 빠르게 설정하고, T.pensize(4)는 펜 두께를 4로 설정하고, 마우스 포인터만 보이기 위해 T.ht()로 터틀을 감춘다.

그림 49.3 • 마우스 이벤트 처리 2: 자유곡선 그리기

canvas.bind('<Button-1>', onMouseLeftDown)는 캔버스에서 마우스 왼쪽 버튼 클릭 이벤트 핸들러로 onMouseLeftDown 함수를 설정한다. 같은 방법으로 canvas.bind() 함수를 이용하여 '<B1-Motion>' 마우스 이벤트는 onMouseMove(), '<ButtonRelease-1>' 마우스

이벤트는 onMouseLeftUp(), '〈space〉' 키보드 이벤트는 onClear(), '〈Escape〉' 키보드 이벤트는 onExit() 함수를 이벤트 핸들러로 설정한다. [그림 49.3]은 마우스 왼쪽 버튼을 드래그하여 자유곡선을 그린 결과이다.

예제 4905 tkinter의 PhotoImage 영상 보이기

```
# 4905.py

import turtle  as T
import tkinter as tk

screen = T.Screen()
canvas = screen.getcanvas()

myImage =
canvas.create_image(0, 0, anchor = tk.CENTER, image = myImage)

##max_x, max_y = screen.window_width() // 2, screen.window_height() // 2
##canvas.create_image(-max_x, -max_y, anchor = tk.NW, image = myImage)
```

프로그램 설명

① 스크린 객체 screen을 생성하고 스크린의 캔버스를 canvas에 저장한다.

② tkinter의 PhotoImage(file = 'solvang.png')로 PhotoImage 클래스를 사용하여 파일 객체를 생성한다.

PhotoImage 클래스는 gif, png, pgm, ppm 파일 포맷의 컬러영상 객체를 생성할 수 있다.

③ create_image() 메서드로 캔버스의 중앙인 (0, 0) 위치와 영상의 anchor = tk.CENTER 위치가 일치하도록 image = myImage를 표시한다.

그림 49.4 • PhotoImage 이미지 출력

anchor는 tk.NW, tk.N, tk.NE, tk.W, tk.CENTER, tk.E, tk.SW, tk.S, tk.SE 등이 있다.

예제 4906 tkinter에서 2개의 스크린을 갖는 윈도우 다루기

```
# 4906.py

import turtle as T
import tkinter as tk
from turtle import Turtle, TurtleScreen, RawTurtle, TK

def main():
#1
    window = tk.Tk()                    # TK.Tk(),  T.TK.Tk()
    window.title('two screen in tkinter')

    canvas1 = tk.Canvas(window, width = 400, height = 300)
    canvas2 = tk.Canvas(window, width = 400, height = 300)
    canvas1.pack()                      # side = 'top'
    canvas2.pack()

##    canvas1.pack(side = 'left')
##    canvas2.pack(side = 'right')     # 'left'

#2
    screen1 = TurtleScreen(canvas1)
    screen1.bgcolor('white')

    screen2 = TurtleScreen(canvas2)
    screen2.colormode(255)
    screen2.bgcolor(128, 128, 128)

#3
    t1 = RawTurtle(screen1)             # screen1에 터틀 t1 생성
    t2 = RawTurtle(screen2)             # screen2에 터틀 t2 생성
    #t3 = Turtle()                      # 새로운 독립된 터틀그래픽 스크린, 터틀생성

    t2.shape('turtle')
    t2.pencolor('red')
    t2.pensize(5)
    for i in range(4):
        t1.fd(100)
        t1.lt(90)

        t2.fd(100)
        t2.lt(90)
    window.mainloop()

```

```
if __name__ == '__main__':
    main()
#   tk.mainloop()
```

프로그램 설명

① 파이썬의 'Lib/turtledemo/two_canvases.py'를 참고하여 두 개의 캔버스를 갖는 윈도우를 생성한다. turtle의 TK는 tkinter이다.

② main() 함수의 #1에서 tk.Tk()로 루트 윈도우 window를 생성한다.

tk.Tk()는 TK.Tk(), T.TK.Tk()와 같다. window 윈도우에 400×300 캔버스 canvas1과 canvas2를 생성한다.

canvas1.pack()과 canvas2.pack()으로 캔버스 canvas1과 canvas2를 window에 배치한다. side 인수는 기본값인 'top'과 'bottom', 'left', 'right'가 있다.

③ #2에서 캔버스 canvas1과 canvas2에서 TurtleScreen 객체인 screen1과 screen2를 생성한다. screen1의 배경 색상은 'white'로 설정하고, screen2의 컬러 모드를 255로 설정하고 배경색은 (128, 128, 128)로 설정한다.

④ #3에서 RawTurtle 클래스로 스크린 screen1에 터틀 t1을 생성하고, 스크린 screen2에 터틀 t2를 생성한다. t1의 모양과 선 색상, 펜 두께는 모두 기본값을 사용하고, t2의 모양은 'turtle', 선 색상은 'red', 펜 두께는 5로 설정한다. for 문으로 한 변의 길이가 100인 정사각형을 t1, t2를 사용하여 각각의 스크린에 그린다. 만약 Turtle() 클래스로 터틀 객체를 생성하면 새로운 독립된 터틀 그래픽 스크린 윈도우를 생성한다. window.mainloop()는 이벤트 루프를 실행한다.

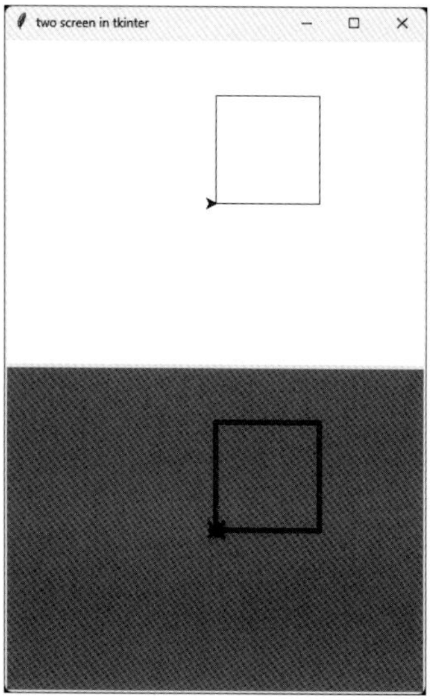

그림 49.5 • canvas1.pack(), canvas2.pack()

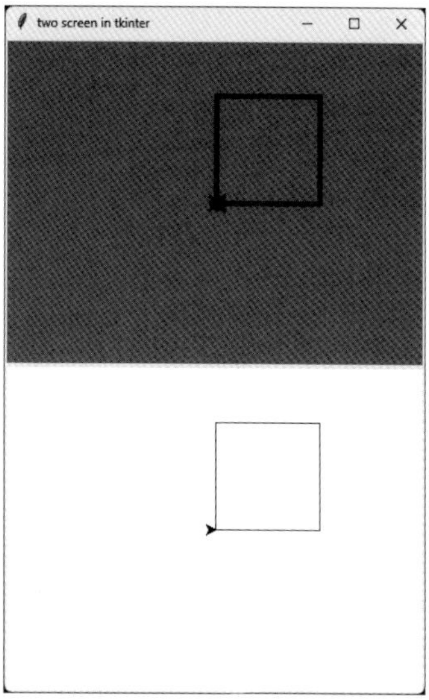

그림 49.6 • canvas2.pack(), canvas1.pack()

⑤ main() 함수를 실행하면 윈도우의 2개 스크린에 각각 사각형을 그린다. [그림 49.5]는 side = 'top'으로 canvas1.pack(), canvas2.pack() 순서로 window에 배치한 결과이다. [그림 49.6]은 canvas2.pack(), canvas1.pack() 순서로 window에 배치한 결과이다. [그림 49.7]은 canvas1.pack(side = 'left'), canvas2.pack(side = 'right')로 배치한 결과이다.

그림 49.7 • canvas1.pack(side = 'left'), canvas2.pack(side = 'right')

예제 4907 tkinter의 Canvas에서 마우스 버튼으로 터틀 움직이기

```
# 4907.py

import tkinter as tk
from turtle import TurtleScreen, RawTurtle, TK

def main():
#1
    window = tk.Tk()                # TK.Tk()
    window.title('turtle in tkinter')
    canvas = tk.Canvas(window, width = 600, height = 500)
    canvas.pack()                   # side = 'top'

#2
    screen = TurtleScreen(canvas)
    screen.bgcolor('white')

    pen = RawTurtle(screen)         # 스크린 screen에 pen 생성
    pen.shape('turtle')
    pen.shapesize(3, 3, 4)
    pen.pencolor('red')
    pen.pensize(5)

```

```
#3
    STEP = 20
    tk.Button(master = window, text = 'Forward', width = 20,
              command = lambda: pen.fd(STEP)).pack(side = 'top')  # tk.TOP
    tk.Button(master = window, text = 'Backward', width = 20,
              command = lambda: pen.bk(STEP)).pack(side = 'bottom')
    tk.Button(master = window, text = 'Turn left',
              command = lambda: pen.lt(90)).pack(side = 'left',
                                                  expand = tk.YES,
                                                  fill = tk.BOTH)
    tk.Button(master = window, text = 'Turn right',
              command = lambda: pen.rt(90)).pack(side = 'right',
                                                  expand = tk.YES,
                                                  fill = tk.BOTH)

    window.mainloop()

if __name__ == '__main__':
    main()
#   tk.mainloop()
```

프로그램 설명

① 예제 4906을 참고하여 tkinter의 Canvas에서 버튼으로 터틀을 움직이는 예를 작성한다.

② main() 함수의 #1에서 루트 윈도우 window와 캔버스 canvas를 생성한다. #2에서 TurtleScreen(canvas)로 캔버스에서 스크린 screen을 생성하고, RawTurtle(screen)으로 스크린 screen에서 터틀 pen 생성하고 속성을 변경한다.

③ #3에서 윈도우 window에 tk.Button()으로 버튼을 생성하고, 버튼 클릭 명령 함수를 command 인수에 lambda 함수로 설정한다.

'Forward' 버튼은 pen.fd(STEP), 'Backward' 버튼은 pen.bk(STEP), 'Turn left' 버튼은 pen.lt(90), 'Turn right' 버튼은 pen.rt(90)를 호출한다.

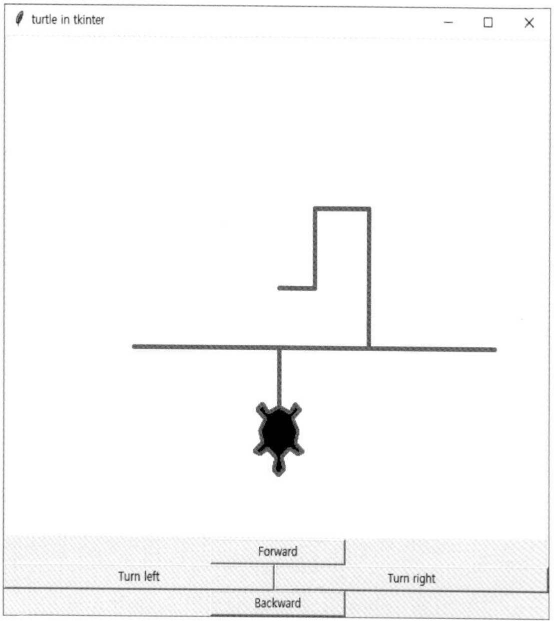

그림 49.8 • tkinter의 Canvas에서 버튼으로 터틀 움직이기

pack()을 이용하여 버튼을 윈도우에 배치한다. [그림 49.8]은 실행 결과이다.

예제 4908 tkinter의 Frame과 Canvas에서 버튼으로 터틀 움직이기

```
# 4908.py

import tkinter as tk
from turtle import Turtle, TurtleScreen, RawTurtle, TK
from functools import partial

#1
STEP = 50
DIRECTION = {0: ‘right’, 90: ‘up’, 180: ‘left’, 270: ‘down’}

def move_forward(pen, canvas):
    cx, cy = canvas.winfo_width() / 2, canvas.winfo_height() / 2    # 중심
    #print(f‘cx = {cx}, cy = {cy}’)

    tx, ty = pen.position()                          # 터틀 캔버스 위치
    direction = DIRECTION[int(pen.heading())]   # 터틀 방향

    if direction == ‘left’:
        _x = max(-cx, tx-STEP)
        pen.setx(_x)
    elif direction == ‘right’:
        _x = min(cx,  tx+STEP)
        pen.setx(_x)
    elif direction == ‘down’:
        _y = max(-cy, ty-STEP)
        pen.sety(_y)
    else: #direction == ‘up’:
        _y = min(cy,  ty+STEP)
        pen.sety(_y)

#2
def turtle_up(pen):
    pen.up()
    pen.shape(‘classic’)
    pen.pencolor(‘blue’)

def turtle_down(pen):
    pen.down()
    pen.shape(‘turtle’)
    pen.pencolor(‘red’)
    pen.pensize(5)

def turtle_reset(pen):
    #pen.clear()

```

```
    pen.reset()
    pen.shapesize(3, 3, 4)
    pen.pencolor(‘red’)
    pen.pensize(5)

#3
def main():

#3-1
    window = tk.Tk()                        # TK.Tk()
    window.resizable(False, False)
    window.title(‘turtle in tkinter’)

    frame = tk.Frame(window, bg = ‘gray40’, bd = 5,
                     padx = 50, pady = 50, relief = ‘flat’)       # tk.FLAT
    frame.pack(expand = tk.YES, fill = tk.BOTH)

    canvas = tk.Canvas(frame, bg = ‘white’, width = 600, height = 500)
    canvas.pack()                           # side = ‘top’

#3-2
    screen = TurtleScreen(canvas)
    screen.bgcolor(‘white’)

    pen = RawTurtle(screen)                 # 스크린 screen에 pen 생성
    pen.shape(‘turtle’)
    pen.shapesize(3, 3, 4)
    pen.pencolor(‘red’)
    pen.pensize(5)

#3-3
    tk.Button(master = window, text = ‘Turn left’, width = 20,
            command = lambda: pen.lt(90)).pack(side = ‘left’)  # tk.LEFT

    tk.Button(master = window, text = ‘Move forward’, width = 40,
            command =
                partial(move_forward, pen, canvas)).pack(side = ‘left’)

    tk.Button(master = window, text = ‘Turn right’, width = 20,
            command = lambda: pen.rt(90)).pack(side = ‘left’)

    tk.Button(master = window, text = ‘Reset’,
            command=
                partial(turtle_reset, pen)).pack(side = ‘right’,
                                                expand = ‘yes’,
                                                fill = ‘both’)
```

```
    window.mainloop()

if __name__ == '__main__':
    main()
```

프로그램 설명

① tkinter를 이용하여 윈도우를 생성한다. 윈도우에 프레임을 생성하고 프레임에 캔버스를 생성한 뒤에 캔버스에 터틀 pen을 생성하여 버튼을 이용하여 간단한 그래픽을 작성한다.

② #1의 move_forward() 함수는 터틀 pen과 캔버스 canvas를 전달받아 pen의 위치 (tx, ty), 방향 direction으로 STEP만큼 전진한다. 캔버스의 경계를 확인하여 벗어나면 경계 위치에서 멈춘다.

③ #2의 turtle_up(pen) 함수는 pen.up()하고 터틀의 모양을 'classic' 모양으로 변경한다. turtle_down(pen)은 pen.down()하고 'turtle' 모양으로 변경한다. turtle_reset(pen)은 pen이 그린 내용을 모두 지우고 원점으로 이동한다.

④ #3-1에서 window와 frame 그리고 canvas를 생성한다. #3-2에서 canvas의 screen에 터틀 pen을 생성하고 터틀의 모양을 'turtle' 모양으로 변경하여 크기와 테두리를 설정한다.

⑤ #3-3에서는 버튼을 생성하고 버튼 클릭 명령 함수를 설정한다. 함수에 인수를 전달할 때는 functools의 partial을 이용하여 전달한다. 예를 들어 'Move forward' 버튼에서 command = partial(move_forward, pen, canvas)은 move_forward(pen, canvas)를 호출한다. [그림 49.9]는 실행 결과이다.

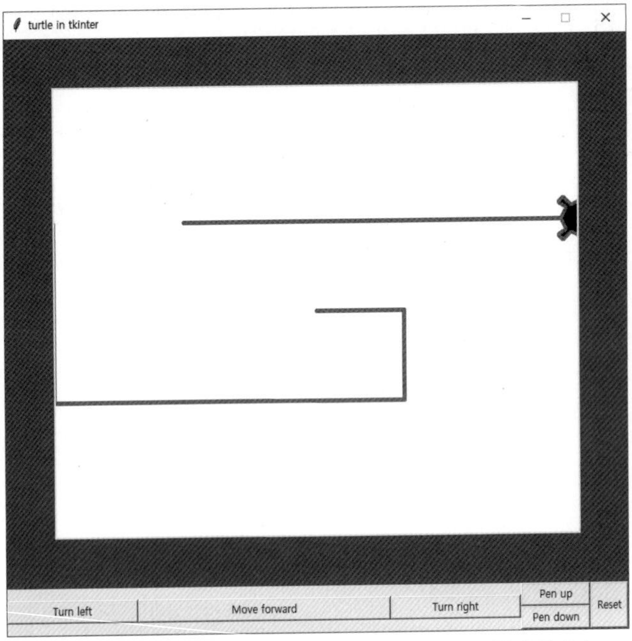

그림 49.9 • tkinter의 Frame과 Canvas에서 버튼으로 터틀 움직이기

CHAPTER 10
응용 프로그램

터틀 그래픽을 이용한 사각 보드 블록을 그리고, 2차원 배열의 데이터에 따라 블록에 색상, 도형, 그림을 표시하는 방법을 설명하고, 그림 짝 찾기 게임, 삼목, 오목 게임을 구현한다.

약간은 수학적인 수치미분, 적분, 경사하강법, 최소자승법을 설명한다.

Step 50
사각형 보드 그리기

터틀 그래픽을 이용하여 사각형 보드를 그리는 방법을 설명한다. [그림 50.1]은 스크린의 크기 (W, H)가 512×512인 윈도우에 블록 셀의 개수 (nW, nH)가 3×3인 보드를 그린 것이다. gap은 블록 사이의 간격이고, M은 윈도우의 네 모서리로부터의 여백이다. [그림 50.1](a)는 gap = 0, [그림 50.1](b)은 gap = 20일 때의 모습이다.

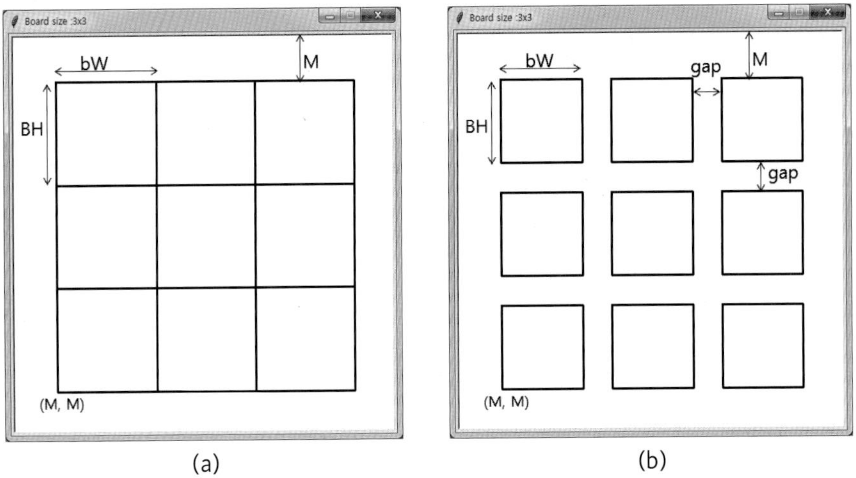

그림 50.1 • 3×3 보드: W = 512, H = 512

좌표계의 원점은 setworldcoordinates()를 사용하여 스크린의 왼쪽-아래 left-bottom이다. 윈도우 스크린의 크기에 맞는 블록의 크기를 계산하여 그리는 방법과 주어진 블록의 크기에 맞는 스크린의 크기를 계산하여 그리는 방법이 있다.

1. 스크린 크기를 변경하지 않고 보드 그리기: 블록 크기 변경

윈도우 스크린의 크기 (W, H)를 변경하지 않으려면 블록의 크기를 변경해야 한다. 보드 크기인 블록의 가로세로 개수 (nW, nH)와 여백 M 그리고 블록 사이의 간격 gap이 주어지면 하나의 블록 크기 (bW, bH)를 계산할 수 있다. 스크린 테두리 여백 M은 가로에 2×M, 세로에 2×M이 되고, 블록 간격 gap은 가로 방향에 (nW − 1)×gap과 세로 방향에 (nH − 1)×gap이 있다. 같은 크기의 윈도우에서 블록의 개수가 증가하면, 블록 하나의 크기는 감소한다. 블록 하나의 크기는 다음과 같다.

```
bW = (W - 2 * M - (nW - 1) * gap) // nW
bH = (H - 2 * M - (nH - 1) * gap) // nH
```

2. 한 블록의 크기를 변경하지 않고 보드 그리기: 스크린 크기 변경

주어진 하나의 블록 크기 (bW, bH)에 맞는 스크린의 크기를 계산하여 윈도우 크기를 변경한다. 보드 크기인 블록의 가로세로 개수 (nW, nH)와 여백 M 그리고 블록 사이의 간격 gap이 주어지면 윈도우 스크린의 크기 (W, H)를 계산하여 setup()으로 윈도우 크기를 변경할 수 있다. 블록의 크기를 원하는 크기로 고정할 수 있는 장점이 있어 보드게임에서 많이 사용한다. 스크린 테두리 여백 M은 가로에 2×M, 세로에 2×M이 되고, 블록 간격 gap은 가로 방향에 (nW − 1)×gap과 세로 방향에 (nH − 1)×gap이 있고, 블록은 가로 방향은 bW 크기가 nW개 있고, 세로방향은 bH 크기가 nH개 있다. 블록의 개수가 증가하면 윈도우 크기가 증가한다. 윈도우 스크린의 크기 (W, H)는 다음과 같다.

```
W = 2 * M + (nW - 1) * gap + (bW * nW)
H = 2 * M + (nH - 1) * gap + (bH * nH)
```

3. 보드 전체 사각형 좌표

블록의 개수 (nW, nH), 한 개 블록의 크기 (bW, bH), 블록 사이의 간격 gap을 이용하면 [그림 50.2](a)의 모든 블록을 포함하는 보드 전체 사각형의 모서리 좌표 (x1, y1), (x2, y2)는 다음과 같이 계산할 수 있다.

x1 = M, y1 = M
x2 = x1 + nW * bW + (nW – 1) * gap
y2 = y1 + nH * bH + (nH – 1) * gap

4. 블록 모서리 좌표

정수 인덱스 (iy, ix) 블록의 모서리 좌표 (x1, y1), (x2, y2)는 오른쪽 수식과 같이 계산할 수 있다. [그림 50.2](b)는 (iy = 2, ix = 2) 블록의 좌표를 보이고 있다.

x1 = M + (bW + gap) * ix
y1 = M + (bH + gap) * iy
x2 = x1 + bW, y2 = y1 + bH

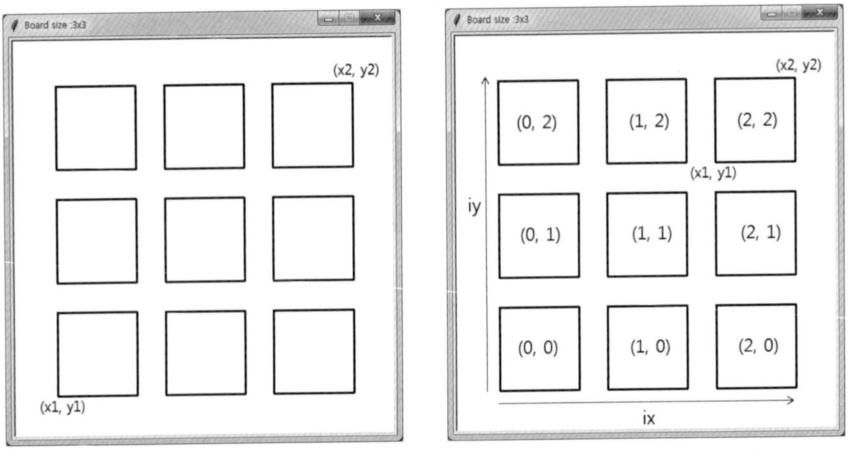

(a) 보드 전체 사각형 좌표　　(b) 블록 (iy = 2, ix = 2) 좌표

그림 50.2 • 블록의 모서리 좌표(x1, y1, x2, y2)

예제 5001 스크린 크기를 변경하지 않고 보드 그리기: 블록 크기 변경

```
# 5001.py

import turtle as T

class BoardGame(T.Turtle):
    def __init__(self, nW = 3, nH = 3, W = 512, H = 512, M = 50, gap = 0,
                 pensize = 3, bgcolor = ‘white’):
        title = ‘Board size : ’ + str(nW) + ‘x’ + str(nH)
        T.title(title)
        screen = T.Screen()
        screen.bgcolor(bgcolor)
        screen.screensize(100, 100)          # 스크롤바가 나타나는 크기 설정
        screen.setup(W, H)                   # 윈도우 크기 변경
        T.setworldcoordinates(0, 0, W, H)    # 좌표계 설정

        self.canvas = screen.getcanvas()
        self.canvas.master.resizable(0, 0)
        self.canvas.master.wm_attributes(‘-topmost’, 1)

        self.nW  = nW
        self.nH  = nH
        self.M   = M
        self.gap = gap

        self.bW = (W - 2 * M - (nW - 1) * gap) // nW    # 블록 크기 계산
        self.bH = (H - 2 * M - (nH - 1) * gap) // nH

        if self.bW < 0 or self.bH < 0:
            print(‘블럭크기가 작아요, 윈도우 크기(W, H)를 크게 해요!’)
            T.bye()                          # 윈도우 파괴
            import sys
            sys.exit()                       # 프로그램 종료

        self.pen = T.Turtle()                # 터틀 생성
        self.pen.ht()                        # 터틀 감추기
        self.pen.pensize(pensize)
        self.drawBoard()

    def drawBlock(self, ix, iy,
                  fill_color = ‘white’, outline_color = ‘black’):
        x1 = self.M + (self.bW + self.gap) * ix
        y1 = self.M + (self.bH + self.gap) * iy
        x2 = x1 + self.bW
        y2 = y1 + self.bH
```

```python

        self.pen.color(outline_color, fill_color)
        self.pen.begin_fill()
        self.pen.up()
        self.pen.setpos(x1, y1)
        self.pen.down()

        self.pen.setpos(x2, y1)
        self.pen.setpos(x2, y2)
        self.pen.setpos(x1, y2)
        self.pen.setpos(x1, y1)
        self.pen.end_fill()

    def drawBoard(self):
        T.tracer(0)                               # 애니메이션 끄기(turn off)
        for iy in range(self.nH):
            for ix in range(self.nW):
                self.drawBlock(ix, iy)
        T.update()                                # T.tracer(1)

if __name__ == '__main__':
    game = BoardGame(5, 4)                        # BoardGame(5, 4, gap = 10)
    T.mainloop()
```

프로그램 설명

① 스크린 크기 W×H는 변경하지 않는다. 보드 크기 nW×nH, 윈도우 모서리 여백 M, 블록 간격 gap을 고려하여 한 개 블록의 크기 bW×bH를 계산하여 블록을 그린다.

② __init__() 메서드에서 스크린의 크기 (W, H)는 변경하지 않고, screen.setup(W, H)으로 스크린 크기를 설정한다. T.setworldcoordinates(0, 0, W, H)는 좌표계를 설정한다. 블록 하나의 크기를 self.bW, self.bH에 계산한다. self.pen에 터틀을 생성하고, self.drawBoard()로 보드를 그린다.

③ drawBlock() 메서드는 [그림 50.2](b)와 같은 2차원 배열 번호 (ix, iy)를 전달받아 블록의 왼쪽 아래 좌표 (x1, y1)와 오른쪽 위 좌표 (x2, y2)를 계산하여 채우기 색상 fill_color, 테두리 색상 outline_color로 사각형을 그린다.

④ drawBoard() 메서드는 for 문을 사용하여 2차원 배열의 번호 (ix, iy)를 차례로 생성하여 drawBlock() 메서드로 블록을 사각형으로 그린다. T.tracer(0)을 사용하여 보드를 그리는 과정을 보이지 않고, T.update()로 한 꺼번에 그려진 모습을 보여준다.

⑤ [그림 50.3]은 스크린 크기 W = 512, H = 512, 여백 M = 50에서 nW = 5, nH = 4의 보드를 그린 결과이다. [그림 50.3](a)는 BoardGame(5, 4)로 gap = 0의 결과이다. [그림 50.3](b)는 BoardGame(5, 4, gap = 10)의 결과이다. 채우기 색상 fill_color, 테두리 색상 outline_color을 명시하여 블록을 그릴 수 있다.

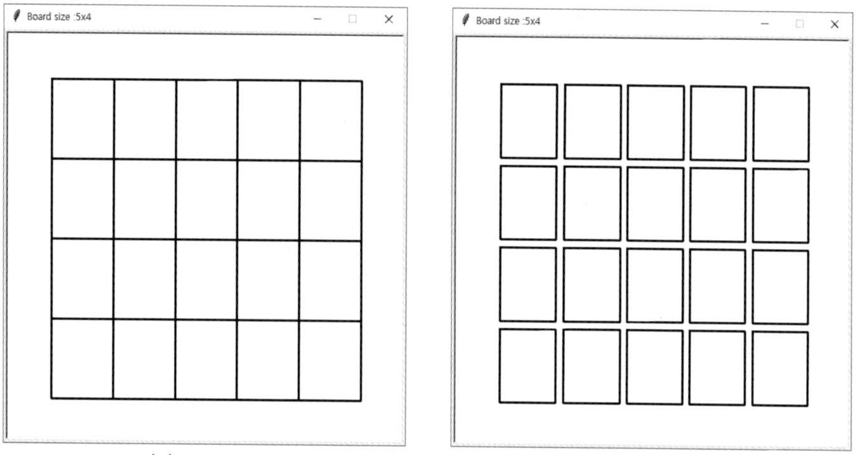

(a) gap = 0 (b) gap = 10

그림 50.3 • 5×4 보드: W = 512, H = 512

예제 5002 한 블록의 크기를 변경하지 않고 보드 그리기: 스크린 크기 변경

```
# 5002.py

import turtle as T

class BoardGame(T.Turtle):
    def __init__(self, nW = 3, nH = 3, bW = 100, bH = 100, M = 20, gap = 0,
                pensize = 3, bgcolor = 'white'):
        title = 'Board size :' + str(nW) + 'x' + str(nH)
        T.title(title)
        screen = T.Screen()
        screen.bgcolor(bgcolor)

        W = 2 * M + (nW - 1) * gap + (bW * nW)      # 윈도우 스크린 크기 계산
        H = 2 * M + (nH - 1) * gap + (bH * nH)

        screen.screensize(100, 100)                 # 스크롤바가 나타나는 크기 설정
        screen.setup(W, H)                          # 윈도우 크기 변경
        T.setworldcoordinates(0, 0, W, H)           # 좌표계 설정

        self.canvas = screen.getcanvas()
        self.canvas.master.resizable(0, 0)
        self.canvas.master.wm_attributes('-topmost', 1)

        self.bW = bW
        self.bH = bH
```

```
        self.nW = nW
        self.nH = nH
        self.M  = M
        self.gap= gap

        if self.bW < 0 or self.bH < 0:
            print('블럭크기가 작아요, 윈도우 크기(W, H)를 크게 해요!')
            T.bye()                      # 윈도우 파괴
            import sys
            sys.exit()                   # 프로그램 종료

        self.pen = T.Turtle()            # 터틀 생성
        self.pen.ht()                    # 터틀 감추기
        self.pen.pensize(pensize)
        self.drawBoard()

    def drawBlock(self, ix, iy,
                  fill_color = 'white', outline_color = 'black'):
        x1 = self.M + (self.bW + self.gap) * ix
        y1 = self.M + (self.bH + self.gap) * iy
        x2 = x1 + self.bW
        y2 = y1 + self.bH

        self.pen.color(outline_color, fill_color)
        self.pen.begin_fill()
        self.pen.up()
        self.pen.setpos(x1, y1)
        self.pen.down()

        self.pen.setpos(x2, y1)
        self.pen.setpos(x2, y2)
        self.pen.setpos(x1, y2)
        self.pen.setpos(x1, y1)
        self.pen.end_fill()

    def drawBoard(self):
        T.tracer(0)                      # 애니메이션 끄기(turn off)
        for iy in range(self.nH):
                for ix in range(self.nW):
                        self.drawBlock(ix, iy)
        T.update()                       # T.tracer(1)

if __name__ == '__main__':
    game = BoardGame(5, 4, gap=10)
    T.mainloop()
```

프로그램 설명

① 하나의 블록 크기 (bW×bH), 보드 크기 (nW×nH), 윈도우 모서리 여백 M, 블록 간격 gap을 고려하여 윈도우 스크린의 크기 (W×H)를 계산하여 윈도우 크기를 변경한다.

② __init__() 메서드에서 스크린의 크기 (W, H)를 계산하여 screen.setup(W, H)로 윈도우 스크린 크기를 변경한다. T.setworldcoordinates(0, 0, W, H)는 좌표계를 설정한다. self.pen에 터틀을 생성하고, self.drawBoard()로 보드를 그린다.

③ drawBlock()과 drawBoard() 메서드는 예제 5002와 같다.

④ [그림 50.4]는 game = BoardGame(5, 4, gap = 10)로 블록 하나의 크기가 bW= 100, bH = 100인 5×4 보드를 그린 결과이다. 윈도우 스크린 크기는 W = 580, H = 470으로 변경된다.

그림 50.4 • 5×4 보드: gap = 10, bW = 100, bH = 100

Step 51
키보드와 마우스 이벤트 처리

Step 50의 보드 그리기 프로그램에 키보드 이벤트와 마우스 이벤트를 추가한다. Esc 키를 누르면 T.bye()에 의해 윈도우를 파괴하고 프로그램을 종료하며, SPACE Bar 키를 누르면 채우기 색상을 변경한다. 마우스 왼쪽 버튼을 누르면 누른 위치의 블록에 원을 채우기 색상으로 표시한다.

예제 5101 키보드와 마우스 이벤트 처리하기

```
# 5101.py

import turtle as T

colors = {0: 'white', 1: 'red', 2: 'green', 3: 'blue'}      # 전역변수

class BoardGame(T.Turtle):
    def __init__(self, nW = 3, nH = 3, bW = 100, bH = 100, M = 20, gap = 0,
                 pensize = 3, bgcolor = 'white'):
        title = 'Board size :' + str(nW) + 'x' + str(nH)
        T.title(title)
        screen = T.Screen()
        screen.bgcolor(bgcolor)

        W = 2 * M + (nW - 1) * gap + (bW * nW)              # 스크린 크기 계산
        H = 2 * M + (nH - 1) * gap + (bH * nH)

        screen.screensize(100, 100)           # 스크롤바가 나타나는 크기 설정
        screen.setup(W, H)                    # 윈도우 크기 변경
        T.setworldcoordinates(0, 0, W, H)     # 좌표계 설정

        self.canvas = screen.getcanvas()
        self.canvas.master.resizable(0,0)
        self.canvas.master.wm_attributes('-topmost', 1)

```

```
        self.bW  = bW
        self.bH  = bH
        self.nW  = nW
        self.nH  = nH
        self.M   = M
        self.gap = gap

        self.nx = -1                          # 현재 마우스 클릭 위치
        self.ny = -1
        self.nfill = 0
        self.colors = {0: ‘white’, 1: ‘red’, 2: ‘green’, 3: ‘blue’}

        if self.bW < 0 or self.bH < 0:
            print(‘블럭크기가 작아요, 윈도우 크기(W, H)를 크게 해요!’)
            T.bye()                           # 윈도우 파괴
            import sys
            sys.exit()                        # 프로그램 종료

        self.pen = T.Turtle()                 # 터틀 생성
        self.pen.ht()                         # 터틀 감추기
        self.pen.pensize(pensize)
        self.drawBoard()

        # 키보드 마우스 이벤트 설정
        T.onscreenclick(self.onMouseLeftDown)
        T.onkey(self.onSpaceDown, ‘space’)
        T.onkey(T.bye, ‘Escape’)
        T.listen()

    def onSpaceDown(self):                    # 키보드 이벤트 처리
        self.nfill += 1
        if self.nfill == 4:
            self.nfill = 0
        self.drawBoard()

    def getClickCell(self, x, y):       # gap = 0, (x, y) 위치 블록(셀) 찾음
        ix = int((x - self.M) // self.bW)
        iy = int((y - self.M) // self.bH)
        if (0 <= ix < self.nW) and (0 <= iy < self.nH):
            return ix, iy
        return -1, -1                         # 보드 외부 클릭

    def getClickCell2(self, x, y):      # (x, y) 위치 블록(셀) 찾음
        for iy in range(self.nH):
```

```
            for ix in range(self.nW):
                x1 = self.M + (self.bW + self.gap) * ix
                y1 = self.M + (self.bH + self.gap) * iy
                x2 = x1 + self.bW
                y2 = y1 + self.bH
                if x1 <= x <= x2 and y1 <= y <= y2:
                    return ix, iy
        return -1, -1                               # 보드 외부 클릭

    def onMouseLeftDown(self, x, y):
##          ix, iy = self.getClickCell(x, y)       # gap = 0 경우
        ix, iy = self.getClickCell2(x, y)
##        print('ix = %s, iy = %s'%(ix, iy))
        if ix >= 0:                                 # 선택 블록 있음, ix만 비교해도 됨
            self.nx = ix                            # 현재 클릭 셀 저장
            self.ny = iy
            self.drawBoard()

    def drawCircle(self, ix, iy,
                   fill = 'white', outline = 'black'):
        x1 = self.M + (self.bW + self.gap) * ix
        y1 = self.M + (self.bH + self.gap) * iy
        x2 = x1 + self.bW
        y2 = y1 + self.bH

        self.pen.up()
        self.pen.setpos((x1 + x2) // 2, y1 + 5)    # +r
        self.pen.down()
        r = (x2 - x1 - 10) // 2
        self.pen.color(outline, fill)

        self.pen.begin_fill()
        self.pen.circle(r)
        self.pen.end_fill()

    def drawBlock(self, ix, iy,
                  fill_color = 'white', outline_color = 'black'):
        x1 = self.M + (self.bW + self.gap) * ix
        y1 = self.M + (self.bH + self.gap) * iy
        x2 = x1 + self.bW
        y2 = y1 + self.bH

        self.pen.color(outline_color, fill_color)
        self.pen.begin_fill()
```

```
        self.pen.up()
        self.pen.setpos(x1, y1)
        self.pen.down()

        self.pen.setpos(x2, y1)
        self.pen.setpos(x2, y2)
        self.pen.setpos(x1, y2)
        self.pen.setpos(x1, y1)
        self.pen.end_fill()

    def drawBoard(self):
        T.tracer(0)                  # 애니메이션 끄기(turn off)
        for iy in range(self.nH):
                for ix in range(self.nW):
                        self.drawBlock(ix, iy)

        # 마우스 클랙 위치 원 그리기
        if 0 <= self.nx and 0 <= self.nx:
            self.drawCircle(self.nx, self.ny,
                                fill = colors[self.nfill])
        T.update()                   # T.tracer(1)

if __name__ == '__main__':
    game = BoardGame(5, 5)
##    game = BoardGame(5, 5, gap=20)
    T.mainloop()
```

프로그램 설명

① 예제 5002에 키보드와 마우스 이벤트 처리를 추가한다. getClickCell()은 블록 간격 gap = 0일 때 클릭한 블록의 번호를 반환하고, getClickCell2()는 gap이 0이 아니어도 클릭한 블록의 번호를 반환한다. 마우스로 클릭한 블록에 원을 그린다. SPACE Bar 키를 누르면 채우기 색상을 변경한다. colors는 전역변수로 원의 채우기위한 색상 사전이다.

② __init__() 메서드에서 self.nx, self.ny는 마우스로 클릭한 블록의 번호를 저장한다. -1은 클릭한 블록이 없음을 의미한다. self.nfill은 원의 채우기 색상 번호이다.

스크린에서 마우스 왼쪽 버튼 클릭 핸들러로 self.onMouseLeftDown() 메서드를 설정한다. SPACE Bar 키의 핸들러로 self.onSpaceDown() 메서드를 설정한다. Esc 키의 핸들러로 T.bye()를 설정하여 윈도우를 파괴하고 프로그램을 종료한다. T.listen()으로 키보드 이벤트를 대기한다.

③ SPACE Bar 키를 누를 때마다 호출되는 onSpaceDown() 메서드에서 self.nfill 값을 0에서 3까지 차례로 변경한다. drawBoard() 메서드를 호출하여 마우스로 클릭한 위치의 블록(self.nx, self.ny)을 colors[self.nfill] 색상으로 채운 원으로 표시한다.

④ getClickCell() 메서드는 블록 간격 gap = 0인 보드에서, 마우스 클릭 위치 (x, y)의 블록의 배열 위치 (ix, iy)를 계산한다. 블록이 아닌 위치이면 (−1, −1)을 반환한다.

⑤ getClickCell2() 메서드는 블록 간격에 상관없이 마우스 클릭 위치 (x, y)에 있는 블록의 배열 위치 (ix, iy)를 계산한다. 블록이 아닌 위치이면 (−1, −1)을 반환한다. (x, y) 좌표를 포함한 사각형을 찾는 방법을 사용한다.

⑥ 스크린에서 마우스 왼쪽 버튼을 클릭하면 호출되는 onMouseLeftDown() 메서드에서 블록의 배열 위치 (ix, iy)를 계산하여 음수가 아니면 마우스로 클릭한 블록 번호를 self.nx, self.ny에 저장하고 drawBoard() 메서드를 호출하여 마우스로 클릭한 블록을 colors[self.nfill] 색상으로 채운 원으로 표시한다.

⑦ drawCircle() 메서드는 블록 (ix, iy)에 원을 그린다.

⑧ drawBoard() 메서드에서 drawBlock()로 블록을 사각형으로 그리고,
drawCircle()로 마우스 클릭 위치의 블록을 채우기 색상의 원으로 표시한다.

⑨ [그림 51.1]은 gap = 0인 5×5 보드에서 마우스로 블록 (2, 1)을 클릭하면 [그림 51.1](a)과 같이 흰색 원을 블록에 표시하고, SPACE Bar를 누르면 [그림 51.1](b)와 같이 색상을 변경한다. gap = 0인 경우는 getClickCell() 메서드가 보다 효율적으로 마우스 클릭 위치의 블록 배열위치 (ix, iy)를 계산한다.

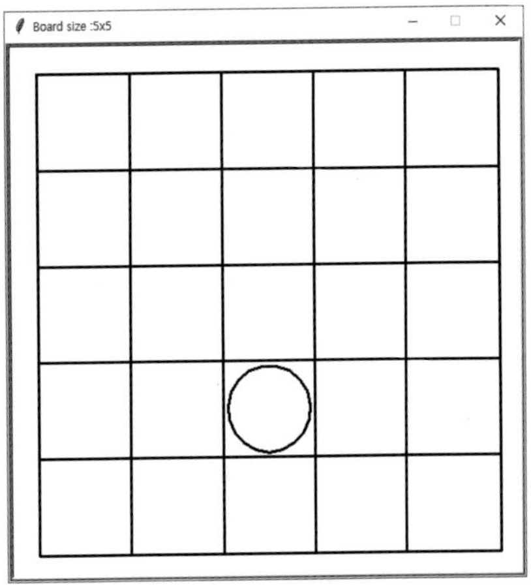

(a) nfill = 0

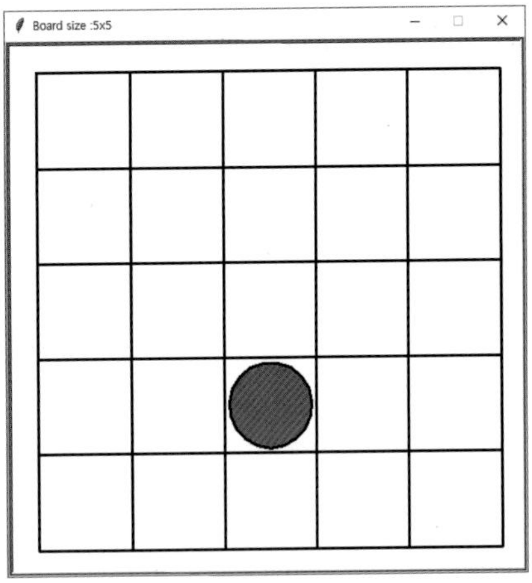

(b) nfill= 1

그림 51.1 • 5×5 보드: gap = 0, ix = 2, iy = 1

Step 52
2차원 배열 데이터 처리

2차원 배열 리스트 cell의 항목에 저장된 색상을 표시할 수 있도록 보드 그리기 프로그램을 변경한다.

2차원 배열 정보를 저장할 cell을 생성하고, 난수를 이용하여 [0, 1, 2, 3]의 값으로 초기화하고, 색상정보 사전 colors = {0: 'white', 1: 'red', 2: 'green', 3: 'blue'}를 이용하여 사각형 블록의 채우기 색상으로 설정하여 블록을 그린다.

또한, 보드의 색상정보를 파일로 입출력하는 기능을 갖는 간단한 맵 에디터를 작성한다. 텍스트 파일로 출력하면 메모장으로 파일의 내용을 볼 수 있으며, 메모장으로 편집된 내용을 보드에 반영할 수 있다. pickle을 사용하면 간단히 이진 파일로 입출력을 작성할 수도 있다.

예제 5201 2차원 배열 데이터 처리하기

```
# 5201.py

import turtle as T
import random

colors = {0: ‘white’, 1: ‘red’, 2: ‘green’, 3: ‘blue’}          # 전역변수
class BoardGame(T.Turtle):
##    colors  = {0: ‘white’, 1: ‘red’, 2: ‘green’, 3: ‘blue’}  # 클래스 변수
    def __init__(self, nW = 3, nH = 3, bW = 100, bH = 100, M = 20, gap = 0,
                 pensize = 3, bgcolor=’white’):
        title = ‘Board size :’ + str(nW) + ‘x’ + str(nH)
        T.title(title)
        screen = T.Screen()
        screen.bgcolor(bgcolor)

```

```
        W = 2 * M + (nW - 1) * gap + (nW * bW)          # 스크린 크기 계산
        H = 2 * M + (nH - 1) * gap + (nH * bH)
        screen.setup(W, H)
        T.setworldcoordinates(0, 0, W, H)

        self.canvas = screen.getcanvas()
        self.canvas.master.resizable(0,0)
        self.canvas.master.wm_attributes(‘-topmost’, 1)
        self.bW  = bW                                   # 블록 크기
        self.bH  = bH
        self.nW  = nW
        self.nH  = nH
        self.M   = M
        self.gap = gap
##      self.colors = {0: ‘white’, 1: ‘red’, 2: ‘green’, 3: ‘blue’} # 인스턴스 변수

        self.pen = T.Turtle()                           # 터틀 생성
        self.pen.ht()                                   # 터틀 감추기
        self.pen.pensize(pensize)

        self.cell  = [[ 0 for ix in range(nW)] for iy in range(nH)]
##        random.seed()
        self.initGame()

        # 키보드 이벤트 설정
        T.onkey(self.onSpace, ‘space’)
        T.onkey(T.bye, ‘Escape’)
        T.listen()

    def onSpace(self):                                  # 키보드 이벤트 처리
        self.initGame()

    def initGame(self):
        for iy in range(self.nH):
            for ix in range(self.nW):
                self.cell[iy][ix] = random.choice([0, 1, 2, 3])
        self.drawBoard()

    def drawBlock(self, ix, iy, fill_color = ‘white’, outline_color = ‘black’):
        x1 = self.M + (self.bW + self.gap) * ix
        y1 = self.M + (self.bH + self.gap) * iy
        x2 = x1 + self.bW
        y2 = y1 + self.bH
```

```
        self.pen.color(outline_color, fill_color)
        self.pen.begin_fill()
        self.pen.up()
        self.pen.setpos(x1, y1)
        self.pen.down()

        self.pen.setpos(x2, y1)
        self.pen.setpos(x2, y2)
        self.pen.setpos(x1, y2)
        self.pen.setpos(x1, y1)
        self.pen.end_fill()

    def drawBoard(self):
        T.tracer(0)                     # 애니메이션 끄기(turn off)
        for iy in range(self.nH):
            for ix in range(self.nW):
##                color = BoardGame.colors[self.cell[iy][ix]]      # 클래스변수
##                color = self.colors[self.cell[iy][ix]]    # 클래스, 인스턴스변수
                color = colors[self.cell[iy][ix]]           # 전역변수
                self.drawBlock(ix, iy, fill_color = color)
        T.update() # T.tracer(1)

if __name__ == '__main__':
    game = BoardGame(5, 5, gap=10)
    T.mainloop()
```

프로그램 설명

① 예제 5101을 기반으로 프로그램을 변경한다. 2차원 배열의 리스트 self.cell에 저장된 정수에 대한 색상으로 보드의 블록을 색으로 채워 표시한다.

② __init__() 메서드에서 보드의 채우기 색 정보를 저장할 self.cell에 보드 크기 (nW×nH)와 같은 배열 리스트를 생성하여 0으로 초기화하고 initGame()을 호출한다. SPACE Bar 키의 핸들러는 onSpace(), Esc 키의 핸들러는 T.bye()로 설정하여 윈도우를 파괴하고 종료하게 한다. T.listen()으로 키보드 이벤트를 대기한다.

③ SPACE Bar 키를 누를 때마다 호출되는 onSpace()에서 initGame()을 호출하여 self.cell을 난수로 초기화한다. drawBoard()를 호출하여 보드의 블록을 self.cell에 저장된 색상으로 표시한다.

④ initGame() 메서드는 self.cell에 난수를 사용하여 0, 1, 2로 초기화하고 drawBoard()를 호출한다.

⑤ drawBoard() 메서드에서 리스트 self.cell에 저장된 값에 대한 문자열의 색상으로 블록의 채워 표시한다.

⑥ [그림 52.1]은 gap = 10인 5×5 보드에 game.cell의 색상을 블록으로 표시한 결과이다. game.cell은 아래와 같은 색상 정보를 저장하고 있다. game.cell[0]은 블록보드에서 제일 아래 행이다. 0은 'white', 1은 'red', 2는 'green', 3은 'blue'로 표시된다.

```
>>> game.cell
[[0, 1, 0, 0, 1], [0, 0, 3, 3, 0], [1, 3, 2, 1, 2], [2, 2, 3, 2, 3],
[2, 1, 0, 3, 1]]
```

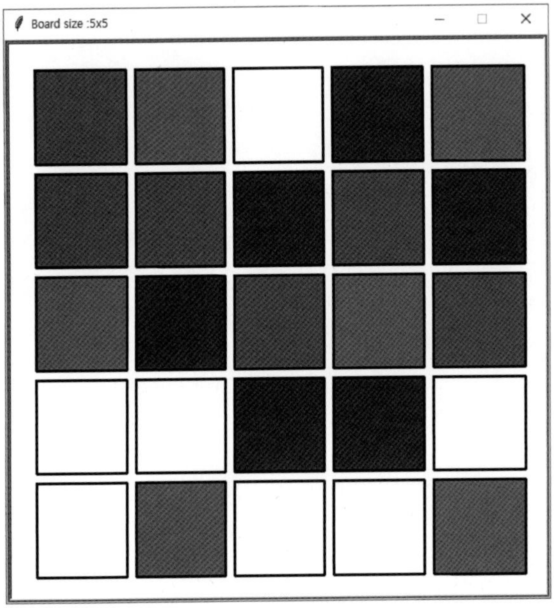

그림 52.1 • 2차원 배열 색상 데이터 처리

예제 5202 배경영상 설정 및 영상 터틀

```
# 5202.py

import turtle as T

colors = {0:'white', 1:'red', 2:'green', 3:'blue'}

class BoardGame(T.Turtle):
    def __init__(self, nW = 3, nH = 3, bW = 100, bH = 100,M = 20, gap = 0,
                 pensize = 3, bgcolor = 'white'):
```

```
        title = ‘Board size :’ + str(nW) + ‘x’ + str(nH)
        T.title(title)
        screen = T.Screen()
        screen.bgcolor(bgcolor)

        W = 2 * M + (nW - 1) * gap + (nW * bW)          # 스크린 크기 계산
        H = 2 * M + (nH - 1) * gap + (nH * bH)
        screen.setup(W, H)
        T.setworldcoordinates(0, 0, W, H)

        self.canvas = screen.getcanvas()
        self.canvas.master.resizable(0,0)
        self.canvas.master.wm_attributes(‘-topmost’, 1)

        self.bW  = bW                       # 블록 크기
        self.bH  = bH
        self.nW  = nW
        self.nH  = nH
        self.M   = M
        self.gap = gap

        self.pen = T.Turtle()               # 터틀 생성
        self.pen.ht()                       # 터틀 감추기
        self.pen.pensize(pensize)

        self.cell = [[ 0 for ix in range(nW)] for iy in range(nH)]
        self.initGame()

        # 키보드 마우스 이벤트 설정
        T.onscreenclick(self.onMouseLeftDown)
        T.onkey(self.onSpace, ‘space’)
        T.onkey(self.onSaveTxt, ‘s’)
##        T.onkey(self.onSaveBin, ‘s’)
        T.onkey(self.onLoadTxt, ‘l’)
##        T.onkey(self.onLoadBin, ‘l’)
        T.onkey(T.bye, ‘Escape’)
        T.listen()

    def onSpace(self):                      # 키보드 처리
        self.initGame()

    def onSaveTxt(self):                    # 키보드 처리, 텍스트 파일저장
        strBoard = ‘’
        for y in range(self.nH):            # 아래->위 순서저장
            for x in range(self.nW):
```

```
                strBoard += str(self.cell[y][x])
            strBoard += ‘\n’
        f = open(‘map.txt’, ‘w’)
        f.write(strBoard)
        f.close()

    def onLoadTxt(self):                # 키보드 처리, 텍스트 파일 읽기
        f = open(‘map.txt’, ‘r’)
        lines = f.readlines()
        f.close()

        for iy in range(self.nH):
            # 아래-> 위 순서
            self.cell[iy]=list(map(int, list(lines[iy])[:-1]))

            # 위->아래(보이는) 순서
            #self.cell[self.nH - 1 - iy] =
            #         list(map(int, list(lines[iy])[:-1]))
        self.drawBoard()

    def onSaveBin(self):                # 키보드 처리, 이진 파일 저장
        import pickle
        f = open(‘map.bin’, ‘wb’)
        pickle.dump(self.cell, f)
        f.close()

    def onLoadBin(self):                # 키보드 처리, 이진 파일 읽기
        import pickle
        f = open(‘map.bin’, ‘rb’)
        self.cell = pickle.load(f)
        f.close()
        self.drawBoard()

    def getClickCell2(self, x, y):     # 블록(셀) 찾음
        for iy in range(self.nH):
            for ix in range(self.nW):
                x1 = self.M + (self.bW + self.gap) * ix
                y1 = self.M + (self.bH + self.gap) * iy
                x2 = x1 + self.bW
                y2 = y1 + self.bH
                if x1 <= x <= x2 and y1 <= y <= y2:
                    return ix, iy
        return -1, -1                   # 외부 클릭

```

```
    def onMouseLeftDown(self, x, y):
        ix, iy = self.getClickCell2(x, y)
        if ix >= 0:                                 # 선택 블록 있음
            self.cell[iy][ix] += 1                  # 색상 변경
            if self.cell[iy][ix] == 4:
                self.cell[iy][ix] = 0
            self.drawBoard()

    def initGame(self):
        for y in range(self.nH):
            for x in range(self.nW):
                self.cell[y][x] = 0
        self.drawBoard()

    def drawBlock(self, ix, iy,
                  fill_color = 'white', outline_color = 'black'):
        x1 = self.M + (self.bW + self.gap) * ix
        y1 = self.M + (self.bH + self.gap) * iy
        x2 = x1 + self.bW
        y2 = y1 + self.bH

        self.pen.color(outline_color, fill_color)
        self.pen.begin_fill()
        self.pen.up()
        self.pen.setpos(x1, y1)
        self.pen.down()

        self.pen.setpos(x2, y1)
        self.pen.setpos(x2, y2)
        self.pen.setpos(x1, y2)
        self.pen.setpos(x1, y1)
        self.pen.end_fill()

    def drawBoard(self):
        T.tracer(0)                                 # 애니메이션 끄기(turn off)
        for iy in range(self.nH):
            for ix in range(self.nW):
                color = colors[self.cell[iy][ix]]
                self.drawBlock(ix, iy, fill_color = color)
        T.update()                                  # T.tracer(1)

if __name__ == '__main__':
    game = BoardGame(5, 5)
    T.mainloop()
```

프로그램 설명

① 예제 5201을 기반으로 추가 변경한다. 난수는 사용하지 않고, 스페이스 바를 누르면 리스트 self.cell를 모두 0으로 초기화하여 보드의 블록을 흰색으로 표시하여 블록을 지운다. 마우스를 클릭한 위치의 블록의 색을 차례로 변경하여 원하는 맵을 작성할 수 있도록 한다. 맵 데이터 블록의 색상를 텍스트 파일 또는 이진 파일로 저장하고 가져오는 기능을 추가한다. 마우스로 선택한 블록은 getClickCell2()로 찾는다.

② __init__() 메서드에서, self.cell에 2차원 배열의 리스트를 생성하고 0으로 초기화한 뒤에 initGame()을 호출한다. SPACE Bar 'space' 키의 핸들러는 onSpace(), Esc 'Escape' 키의 핸들러는 T.bye(), 텍스트 파일 저장을 위한 S 's'키의 핸들러는 onSaveTxt()로, L 'l' 키의 핸들러는 onLoadTxt()로 설정하고, T.listen()으로 키보드 이벤트를 대기한다. onSaveBin()과 onLoadBin()은 이진 파일 입출력을 위한 메서드이다.

③ SPACE Bar 키를 누를 때마다 호출되는 onSpace()에서 initGame()을 호출하여 리스트 self.cell를 0으로 초기화한다. drawBoard()를 호출하여 보드의 모든 블록을 흰색으로 표시하여 블록을 지운다.

④ onSaveTxt() 메서드는 self.cell의 정수를 문자열 strBoard에 생성하여 'map.txt' 파일을 텍스트 쓰기모드로 개방하여 출력한다. 범위 range(self.nH)를 사용하면 블록보드를 아래 ▶ 위 순서로 저장한다. 범위 range(self.nH - 1, -1, -1)를 사용하면 블록보드를 보는 위 ▶ 아래 순서로 저장한다.

⑤ onLoadTxt() 문서는 'map.txt' 파일을 텍스트 읽기 모드로 개방하여 lines에 행 단위 문자열로 입력한다. list(lines[iy])[:-1]에 의해 마지막 '\n'을 제거하고 map() 함수로 각 문자를 정수로 변환한 리스트를 self.cell[iy]에 저장한다. 보이는 위 ▶ 아래 순서로 저장된 데이터는 self.cell[self.nH - 1 - iy]에 저장한다.

⑥ onSaveBin(), onLoadBin() 메서드는 pickle을 이용하여 리스트 self.cell을 이진 파일 'map.bin'로 출력하고 입력한다.

⑦ onMouseLeftDown() 메서드에서 getClickCell2()로 마우스로 선택한 블록 (ix, iy)을 계산하여 self.cell[iy][ix]의 값이 0, 1, 2, 3 순서로 변경하고 drawBoard()를 호출하여 블록을 표시한다.

⑧ drawBoard() 메서드에서 리스트 self.cell에 저장된 값에 대한 색상 문자열로 블록을 채워 표시한다.

⑨ [그림 52.2](a)는 initGame()에 의해 game.cell이 모두 0으로 초기화 되에 5×5 보드의 블록이 모두 흰색으로 표시된 결과이다. [그림 52.2](b)는 마우스로 편집한 결과이다. S 키를 누르면 현재의 블록보드의 내용을 텍스트 파일 'map.txt'에 저장한다. SPACE Bar 키를 누르면 [그림 52.2](a)와 같이 블록을 흰색으로 변경되어 지우는 효과를 갖는다. 다시 L 키를 누르면 텍스트 파일 'map.txt'에서 맵 데이터를 self.cell에 읽고 drawBoard()로 블록을 표시한다.

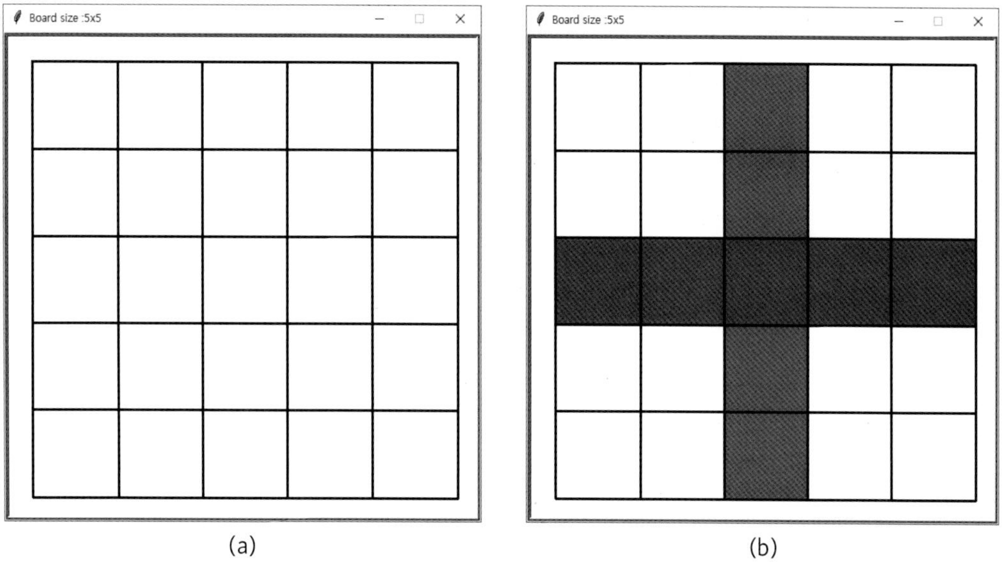

그림 52.2 • 간단한 맵 에디터, 파일 입출력

Step 53
그림 표시와 이벤트 처리

보드의 블록에 도형을 그리거나 색상을 채우는 대신, GIF 그림 파일을 표시한다. 터틀의 모양으로 그림 파일을 사용하기 위하여 register_shape()으로 등록하고, 2차원 배열 리스트 cell의 값에 따라 shape()으로 터틀의 모양을 등록된 그림 파일로 표시하는 프로그램을 작성한다. self.turtle에 보드 크기 nW×nH 개의 터틀을 생성하고 모양을 변경한다.

터틀을 이용하여 그림을 표시하고, onscreenclick()으로 마우스로 그림을 선택할 때의 이벤트와 스크린 이벤트를 처리하고, onclick()으로 터틀 이벤트 처리를 사용할 수 있다. 교재에서는 대부분 스크린 이벤트 처리를 이용하여 작성한다.

예제 5301 터틀을 이용한 그림 표시하기

```
# 5301.py

import turtle as T
import random

class BoardGame(T.Turtle):
    def __init__(self, nW = 3, nH = 3, bW = 100, bH = 100, M = 20, gap = 0,
                pensize = 3, bgcolor = ‘white’):
        title = ‘Board size :’ + str(nW) + ‘x’ + str(nH)
        T.title(title)

        self.imageList = []
        self.imageList.append(‘./image/shape0.gif’)
        self.imageList.append(‘./image/shape1.gif’)
        self.imageList.append(‘./image/shape2.gif’)
        self.imageList.append(‘./image/shape3.gif’)
        self.imageList.append(‘./image/shape4.gif’)
        self.imageList.append(‘./image/shape5.gif’)
        self.imageList.append(‘./image/shape6.gif’)
```

```
        self.imageList.append('./image/shape7.gif')
        self.imageList.append('./image/shape8.gif')
        for image in self.imageList:
            T.register_shape(image)    # 이미지 등록

        W = 2 * M + (nW - 1) * gap + (nW * bW)      # 스크린 크기 계산
        H = 2 * M + (nH - 1) * gap + (nH * bH)

        screen = T.Screen()
        screen.bgcolor(bgcolor)
        screen.setup(W, H)
        T.setworldcoordinates(0, 0, W, H)

        self.canvas = screen.getcanvas()
        self.canvas.master.resizable(0, 0)
        self.canvas.master.wm_attributes('-topmost', 1)

        self.bW  = bW                   # 블록 크기
        self.bH  = bH
        self.nW  = nW
        self.nH  = nH
        self.M   = M
        self.gap = gap

        # 터틀 생성
        self.turtle = [[ T.Turtle() for ix in range(nW)]
                                    for iy in range(nH)]
        self.cell = [[ 0 for ix in range(nW)] for iy in range(nH)]

        self.initGame(move = True)     # 터틀을 움직임

        # 키보드 이벤트 설정
        T.onkey(self.onSpace, 'space')
        T.onkey(T.bye, 'Escape')
        T.listen()

    def onSpace(self):                 # 키보드 이벤트 처리
        self.initGame()                # move = False, 터틀 움직임 필요없고, 모양변경

    def initGame(self, move = False):
        for iy in range(self.nH):
            for ix in range(self.nW):
                num = random.choice(range(len(self.imageList)))
                self.cell[iy][ix] = num
        self.drawBoard(move)
```

```
    def drawBlock(self, ix, iy, num, move):
        if move:
            x1 = self.M + (self.bW + self.gap) * ix
            y1 = self.M + (self.bH + self.gap) * iy
            x2 = x1 + self.bW / 2              # 블록중심
            y2 = y1 + self.bH / 2

            self.turtle[iy][ix].up()
            self.turtle[iy][ix].st()
            self.turtle[iy][ix].setpos(x2, y2) # 블록중앙에 위치
        self.turtle[iy][ix].shape(self.imageList[num])

    def drawBoard(self, move):
        T.tracer(0)                            # 애니메이션 끄기(turn off)
        for iy in range(self.nH):
                for ix in range(self.nW):
                     self.drawBlock(ix, iy, self.cell[iy][ix], move)
        T.update()                             # T.tracer(1)

if __name__ == '__main__':
    game = BoardGame(5, 5, gap=10)
    T.mainloop()
```

프로그램 설명

① [예제 5201]을 기반으로 변경한다. 9개의 GIF 그림 파일을 랜덤 블록에 표시한다. 그림 파일의 크기는 100×100 픽셀이며 검은색 테두리를 가지고 있다. SPACE Bar 키를 누를 때마다 난수를 이용하여 그림을 임의의 블록에 표시한다.

② __init__() 메서드에서 self.imageList에 image 폴더에 있는 9개의 GIF 파일 문자열을 추가하고 register_shape()으로 등록한다.

리스트 self.turtle에 보드 크기인 nW×nH개의 터틀을 생성한다. 리스트 self.cell에 nW×nH 배열의 리스트를 생성하고 0으로 초기화한다.

self.initGame(move = True)으로 호출하여 self.cell을 난수로 초기화하고, move = True이므로, 터틀을 각 블록의 중앙 위치로 움직여 배치한다. 터틀은 처음 한 번만 이동이 필요하고 SPACE Bar 키를 누를 때는 모양만 변경한다.

③ SPACE Bar 키를 누를 때마다 호출되는 onSpace()에서 initGame()을 move = False로 호출하여 터틀은 움직이지 않고, self.cell을 난수로 초기화하여 터틀 모양만 변경한다.

④ initGame() 메서드는 self.cell에 random.choice()로 난수를 초기화하고, self.drawBoard(move)를 호출한다. move = True이면 터틀을 블록 위치로 움직이고, move = False이면 터틀은 움직이지 않고 모양만 변경한다.

⑤ drawBlock() 메서드는 move = True이면 블록 중앙 위치 (x2, y2)로 터틀 self.turtle[iy][ix]을 움직이고, 터틀의 모양을 self.imageList[num]으로 변경한다. move = False이면 터틀은 움직이지 않고 모양만 변경한다.

⑥ drawBoard() 메서드는 drawBlock()을 호출하여 터틀의 모양을 변경한다. move = True 이면 터틀을 블록 중심으로 움직인다.

⑦ [그림 53.1]은 5×5 보드에 그림을 임의로 표시한 결과이다. 스페이스바를 누르면 랜덤하게 그림이 변경된다.

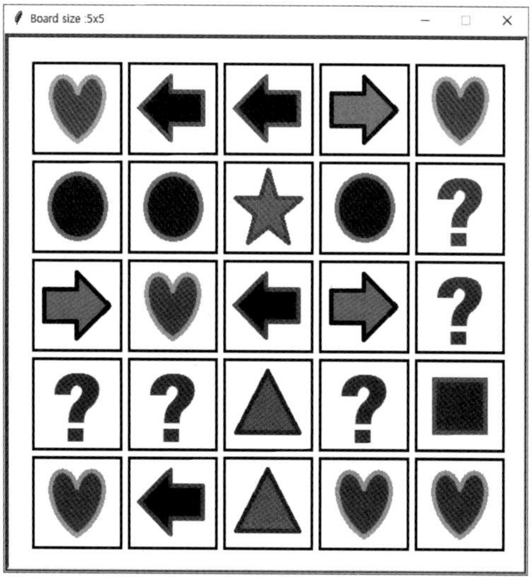

그림 53.1 • 5×5 보드에 그림 표시

예제 5302 마우스 이벤트와 타이머 이벤트 처리하기

```
# 5302.py

import turtle as T
import random

HINT, RUNNING, STOP  = 0, 1, 2          # 게임 상태
HIDDEN, FLIP         = 0, 1             # 셀 상태

class BoardGame(T.Turtle):
    def __init__(self, nW = 3, nH = 3, bW = 100, bH = 100, M = 20, gap = 0,
                 pensize = 3, bgcolor = 'white'):
```

```
        self.imageList = []
        self.imageList.append('./image/shape0.gif')
        self.imageList.append('./image/shape1.gif')
        self.imageList.append('./image/shape2.gif')
        self.imageList.append('./image/shape3.gif')
        self.imageList.append('./image/shape4.gif')
        self.imageList.append('./image/shape5.gif')
        self.imageList.append('./image/shape6.gif')
        self.imageList.append('./image/shape7.gif')
        self.imageList.append('./image/shape8.gif')
        for image in self.imageList:
            T.register_shape(image)             # 이미지 등록

        W = 2 * M + (nW - 1) * gap + (nW * bW)   # 스크린 크기 계산
        H = 2 * M + (nH - 1) * gap + (nH * bH)

        screen = T.Screen()
        screen.bgcolor(bgcolor)
        screen.setup(W, H)
        T.setworldcoordinates(0, 0, W, H)

        self.canvas = screen.getcanvas()
        self.canvas.master.resizable(0,0)
        self.canvas.master.wm_attributes('-topmost', 1)
        self.bW  = bW                            # 블록 크기
        self.bH  = bH
        self.nW  = nW
        self.nH  = nH
        self.M   = M
        self.gap = gap

        # 터틀 생성
        self.turtle = [[ T.Turtle() for ix in range(nW)]
                                    for iy in range(nH)]
        self.cell   = [[ 0 for ix in range(nW)] for iy in range(nH)]
        self.status = [[ 0 for ix in range(nW)] for iy in range(nH)]
        self.initGame(move = True)               # 터틀 움직임

        # 마우스, 키보드 이벤트 설정
        T.onscreenclick(self.onMouseLeftDown)    # 스크린 이벤트 설정
        # 터틀 클릭 이벤트 설정
##        for iy in range(self.nH):
##            for ix in range(self.nW):
##                self.turtle[iy][ix].onclick(self.onMouseLeftDown)
        T.onkey(self.onSpace, 'space')
```

```
        T.onkey(T.bye, 'Escape')
        T.listen()

    def onSpace(self):                          # 키보드 이벤트 처리
        if self.gameSatus == STOP:
            self.initGame()                     # 터틀 움직임 필요없고, 모양변경

    def onGameStart(self):                      # 타이머 이벤트 처리
        title = '게임상태 : RUNNING'
        T.title(title)
        self.gameSatus = RUNNING
        self.drawBoard()

    def countHidden(self):
        remain = self.nH * self.nW
        for iy in range(self.nH):
            for ix in range(self.nW):
                if self.status[iy][ix] == FLIP:
                    remain -= 1
        return remain

    def getClickCell2(self, x, y):              # 블록(셀) 찾음
        for iy in range(self.nH):
            for ix in range(self.nW):
                x1 = self.M + (self.bW + self.gap) * ix
                y1 = self.M + (self.bH + self.gap) * iy
                x2 = x1 + self.bW
                y2 = y1 + self.bH
                if x1 <= x <= x2 and y1 <= y <= y2:
                    return ix, iy
        return -1, -1                           # 보드 외부 클릭

    def onMouseLeftDown(self, x, y):            # 마우스 이벤트 처리
        if self.gameSatus != RUNNING:
            return
        ix, iy = self.getClickCell2(x, y)
        if ix < 0 :                             # 선택 블록 없음
            return
        if self.status[iy][ix] != HIDDEN:
            return
        self.status[iy][ix] = FLIP
        self.drawBoard()
        count = self.countHidden()
        title = ' HIDDEN 셀 = ' + str(count)
```

```
        if count == 0:
            self.gameSatus = STOP
            title = '게임상태 : STOP'
        T.title(title)

    def initGame(self, move=False):
        self.gameSatus = HINT
        for iy in range(self.nH):
            for ix in range(self.nW):
                num = random.choice(list(range(1,len(self.imageList))))
                self.cell[iy][ix] = num
                self.status[iy][ix]= HIDDEN
        self.drawBoard(move)
        title = '게임상태 : HINT'
        T.title(title)
        T.ontimer(self.onGameStart, 3000)        # 3초 타이머 이벤트 설정

    def drawBlock(self, ix, iy, num, move):
        if move:
            x1 = self.M + (self.bW + self.gap) * ix
            y1 = self.M + (self.bH + self.gap) * iy
            x2 = x1 + self.bW / 2                # 블록중심
            y2 = y1 + self.bH / 2

            self.turtle[iy][ix].up()
            self.turtle[iy][ix].st()
            self.turtle[iy][ix].setpos(x2, y2)   # 블록중앙에 위치
        self.turtle[iy][ix].shape(self.imageList[num])

    def drawBoard(self, move=False):
        T.tracer(0)                              # 애니메이션 끄기(turn off)
        for iy in range(self.nH):
            for ix in range(self.nW):
                if (self.gameSatus == HINT or
                    self.status[iy][ix] != HIDDEN ):
                    num = self.cell[iy][ix]
                else:
                    num = 0
                self.drawBlock(ix, iy, num, move)
        T.update()                               # T.tracer(1)

if __name__ == '__main__':
    game = BoardGame(4, 4)
    T.mainloop()
```

프로그램 설명

① 예제 5301에 타이머와 마우스 이벤트 처리 기능을 추가한다. HINT 힌트, RUNNING 실행중, STOP 종료는 게임 상태로 사용할 상수이다. 각 셀은 HIDDEN 셀숨김 또는 FLIP 셀보임의 셀 상태를 갖는다. 파이썬은 사용자 상수를 정의할 수 없기 때문에 사용자 상수 역할로 변수를 사용하며, 이러한 변수를 전역변수, 클래스 변수, 인스턴스 변수로 사용할 수 있다. 여기서는 전역변수로 사용한다.

프로그램을 시작하면 게임 상태 self.gameSatus는 HINT 힌트 상태로 설정하고, 보드의 셀에 배치한 모든 그림을 잠깐 보여주고, 3초 후에는 self.gameSatus를 RUNNING 실행중으로 변경하여 각 셀의 초기 상태인 HIDDEN 셀숨김, 물음표 이미지 상태를 표시한다. 마우스로 셀을 클릭하면 셀의 상태를 FLIP 셀보임 상태로 변경하여 난수로 배정한 그림을 표시한다. 윈도우 타이틀에 게임의 상태를 보여준다. 게임이 STOP 종료 상태에서 SPACE Bar 키를 누르면 게임을 다시 시작한다.

② __init__() 메서드에서 각 셀을 그림 모양으로 표시할 터틀 self.turtle를 생성하고, 셀의 그림 번호를 저장할 self.cell과 셀의 상태를 저장할 self.status를 생성하여 초기화한다. initGame()을 호출하여 터틀을 블록 위로 이동시키고, self.cell에 그림 번호를 난수로 배정하여 셀의 상태를 HIDDEN 셀숨김으로 초기화하고, drawBoard()로 터틀의 모양을 변경하여 그림을 보여주고, 3초 후에 onGameStart()를 호출하여 게임 상태를 RUNNING 실행중으로 변경하고, 물음표 그림을 보여준다.

onscreenclick()으로 스크린에서 마우스 클릭 이벤트 핸들러를 onMouseLeftDown()로 설정한다. 반복문을 사용하여 모든 터틀의 이벤트 핸들러를 self.turtle[iy][ix].onclick()로 설정할 수도 있다. 사용자 좌표계를 사용하여 터틀의 배치 좌표가 경계에서 정확히 일치하지 않을 수 있다.

③ onSpace() 메서드는 스페이스 바 키에 의해 호출되며, 게임의 상태가 STOP 종료 상태일 때만 게임을 다시 시작한다.

④ onGameStart() 메서드는 타이머에 의해 호출되는 함수로 게임 상태를 RUNNING 실행중으로 변경하고 drawBoard()로 그림을 보여준다.

⑤ countHidden() 메서드는 HIDDEN 셀숨김 상태인 셀의 개수를 카운트하여 반환한다.

⑥ onMouseLeftDown() 메서드는 게임 상태가 RUNNING 실행중이 아니거나, 마우스로 선택한 셀이 getClickCell2()에 의해 음수이거나 또는 선택한 셀이 HIDDEN 셀숨김 상태가 아니면 아무 일도 하지 않고 반환한다. 그렇지 않으면 마우스로 선택한 셀을 FLIP 셀보임 상태로 변경하고, drawBoard()를 호출하여 그림을 표시하고, countHidden()로 HIDDEN 셀숨김 상태인 셀을 카운트하여 선택할 수 있는 셀이 남아 있지 않으면 게임을 STOP 종료 상태로 변경한다.

⑦ initGame() 메서드는 게임 상태를 HINT 힌트 상태로 설정하고, self.cell, self.status를 초기화한 뒤에 T.ontimer()로 3초 후에 self.onGameStart()를 호출하여 게임을 시작한다.

⑧ drawBoard() 메서드는 게임 상태가 HINT 힌트이거나 셀 상태가 HIDDEN 셀숨김이 아니면 셀에 저장된 그림 번호의 그림을 표시하고, 그렇지 않으면 물음표인 0번 그림을 drawBlock()으로 표시한다.

⑨ [그림 53.2]는 4×4 블록의 실행 결과이다. [그림 53.2](a)는 초기 HINT 힌트 상태를 보인 것이다. [그림 53.2](b)는 3초 후의 RUNNING 실행중 상태를 나타낸 것이며, [그림 53.2](c)는 마우스 클릭으로 6개의 셀을 FLIP 셀보임 상태로 뒤집어 HIDDEN 셀숨김 상태인 셀의 개수가 10인 상태를 보인 것이다. [그림 53.2](d)는 모든 셀을 FLIP 셀보임 상태로 뒤집어 게임이 STOP 종료 상태이다. SPACE Bar 키를 누르면, 게임이 다시 시작되며 난수에 의해 그림이 다르게 배치된다. 난수를 생성할 때 같은 번호가 생성될 수 있기 때문에 같은 그림이 여러 블록에 표시될 수 있다. 이 프로그램을 조금만 변경하면 다음 단계의 짝 찾기 게임을 작성할 수 있다.

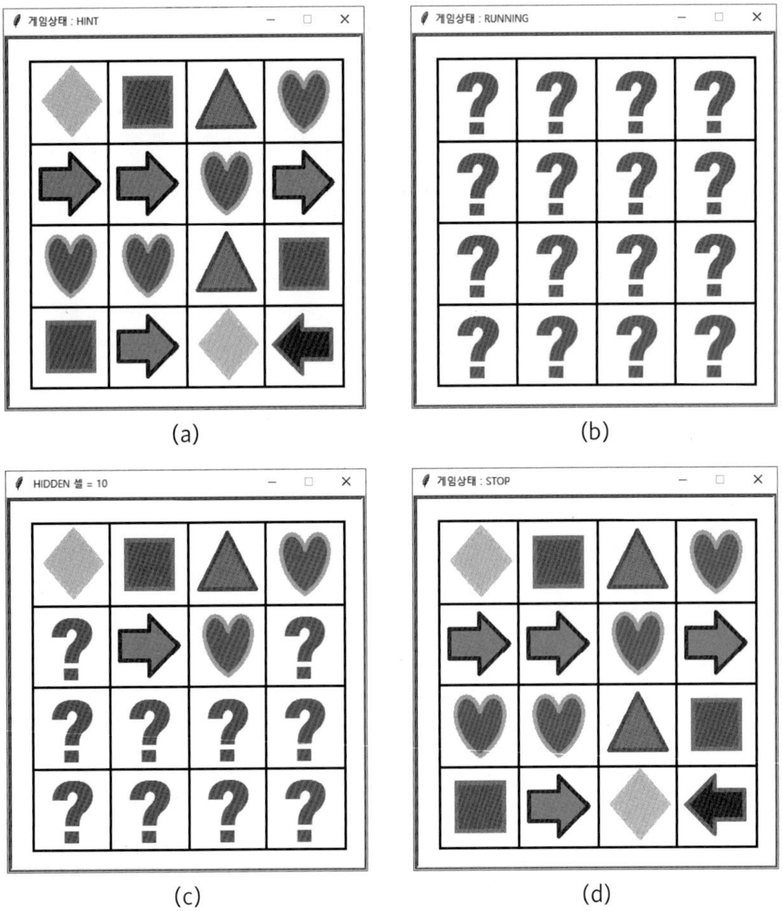

그림 53.2 • 4×4 보드에 그림 표시(마우스 입력, 타이머 추가)

Step 54
짝 찾기 게임

Step 53을 이용하여 그림의 짝 찾기 게임을 완성한다. 4×4 보드에 8개의 그림을 2개씩 임의로 배치하여 잠시 보여준 다뒤에 그림을 숨기고 같은 그림을 찾는 게임이다. "윈도우즈 API 정복, 한빛미디어, 김상형 저" 책의 "couple" 게임을 파이썬으로 작성한 것이다.

게임 상태를 나타내는 gameSatus는 HINT, RUNNING, TEMPVIEW, STOP 상태가 있다. 각 블록의 셀 상태인 status는 HIDDEN, TEMP, FLIP 상태가 있다.

난수로 8개의 그림을 임의 위치의 셀에 배정하고, 게임 상태는 HINT가 되어 3초 동안 그림을 보여준다. 3초가 지나면 게임 상태는 RUNNING 상태가 되어 게임을 시작한다. 초기에 모든 셀은 HIDDEN 상태로 초기화된다. 사용자는 같은 그림의 위치를 기억 또는 추측에 따라 마우스로 선택하여 셀을 뒤집는다.

마우스의 첫 번째 선택으로 셀을 임시로 뒤집어 TEMP 상태로 변경하여 보여주고, 마우스의 두 번째 선택으로 임시로 뒤집은 셀의 그림과 같으면 두 셀의 그림을 FLIP 상태로 변경한다. 만약 두 셀의 그림이 다르면 현재 선택한 셀 또한 TEMP 상태로 변경하여 게임 상태를 TEMPVIEW 상태로 설정하여 잘못 선택한 2개의 TEMP 상태인 셀을 잠시 1초 동안 보여주었다가 두 개의 셀을 다시 HIDDEN 상태로 되돌려 놓는다. HIDDEN 상태의 셀이 없으면 게임은 STOP 상태가 된다. 마우스로 뒤집기를 시도한 횟수를 타이틀에 표시한다. 뒤집기 시도 횟수가 적게 모든 셀을 뒤집으면 좋은 점수를 얻는 게임이다.

예제 53.2의 BoardGame을 CoupleGame으로 변경하고, 8개의 그림 표시할 4×4 블록을 난수로 배정하고, 마우스로 같은 그림을 선택하는 과정을 추가하여 짝 찾기 게임을 구현한다.

예제 5401 짝 찾기 게임 1

```
# 5401.py: 그림 짝 찾기 게임

import turtle as T
import random

HINT, RUNNING, TEMPVIEW, STOP = 0, 1, 2, 3       # 게임 상태
HIDDEN, TEMP, FLIP = 0, 1, 2                     # 셀 상태

class CoupleGame(T.Turtle):
    def __init__(self, nW = 4, nH = 4, bW = 100, bH = 100, M = 20, gap = 0,
                pensize = 3, bgcolor = 'white'):

        self.imageList = []
        self.imageList.append('./image/shape0.gif')
        self.imageList.append('./image/shape1.gif')
        self.imageList.append('./image/shape2.gif')
        self.imageList.append('./image/shape3.gif')
        self.imageList.append('./image/shape4.gif')
        self.imageList.append('./image/shape5.gif')
        self.imageList.append('./image/shape6.gif')
        self.imageList.append('./image/shape7.gif')
        self.imageList.append('./image/shape8.gif')
        for image in self.imageList:
            T.register_shape(image)              # 이미지 등록

        W = 2 * M + (nW - 1) * gap + (nW * bW)  # 스크린 크기 계산
        H = 2 * M + (nH - 1) * gap + (nH * bH)

        screen = T.Screen()
        screen.bgcolor(bgcolor)
        screen.setup(W, H)
        T.setworldcoordinates(0, 0, W, H)

        self.canvas = screen.getcanvas()
        self.canvas.master.resizable(0,0)
        self.canvas.master.wm_attributes('-topmost', 1)

        self.bW  = bW                            # 블록 크기
        self.bH  = bH
        self.nW  = nW
        self.nH  = nH
        self.M   = M
        self.gap = gap

```

```
        self.tx    = -1                # 마우스로 임시로 뒤집어 놓은 첫 TEMP 셀 번호
        self.ty    = -1
        self.count = 0                 # 시도 횟수

        # 터틀 생성
        self.turtle = [[ T.Turtle() for ix in range(nW)]
                                    for iy in range(nH)]
        self.cell   = [[ 0 for ix in range(nW)] for iy in range(nH)]
        self.status = [[ 0 for ix in range(nW)] for iy in range(nH)]

        random.seed()                  # 난수 초기화
        self.initGame(move=True)       # 터틀을 움직임

        # 마우스, 키보드 이벤트 설정
        T.onscreenclick(self.onMouseLeftDown)
        T.onkey(self.onSpace, ‘space’)
        T.onkey(T.bye, ‘Escape’)
        T.listen()

    def onSpace(self):                 # 키보드 이벤트 처리
        if self.gameSatus == STOP:
            self.initGame()            # 터틀 움직임 없이, 그림 모양 변경

    def onGameStart(self):             # 타이머 이벤트 처리
        title = ‘게임상태: RUNNING’
        T.title(title)
        self.gameSatus = RUNNING
        self.drawBoard()

    def onTempView(self):              # 타이머 이벤트 처리
        self.tx = self.ty = -1         # TEMP 셀 없음
        for iy in range(self.nH):
            for ix in range(self.nW):
                if self.status[iy][ix] == TEMP:
                    self.status[iy][ix] = HIDDEN
        self.gameSatus = RUNNING
        self.drawBoard()

    def countHidden(self):
        remain = self.nH * self.nW
        for iy in range(self.nH):
            for ix in range(self.nW):
                if self.status[iy][ix] == FLIP:
                    remain -= 1
        return remain
```

```
    def getClickCell2(self, x, y):                  # 블록(셀) 찾음
        for iy in range(self.nH):
            for ix in range(self.nW):
                x1 = self.M + (self.bW + self.gap) * ix
                y1 = self.M + (self.bH + self.gap) * iy
                x2 = x1 + self.bW
                y2 = y1 + self.bH
                if x1 <= x <= x2 and y1 <= y <= y2:
                    return ix, iy
        return -1, -1                               # 외부 클릭

    def onMouseLeftDown(self, x, y):
        if self.gameSatus != RUNNING:
            return
        ix, iy = self.getClickCell2(x, y)
        if ix < 0:                                  # 선택 셀 없음
            return
        if self.status[iy][ix] != HIDDEN:
            return

        if self.tx == -1:                           # 임시로 뒤집어 놓은 셀이 없으면
            self.status[iy][ix] = TEMP
            self.tx = ix
            self.ty = iy
            self.drawBoard()
        else:                                       # 임시로 뒤집어 놓은 셀이 있으면
            self.count += 1                         # 시도 횟수 카운트
            title = '시도횟수:' + str(self.count)
            T.title(title)

            if self.cell[self.ty][self.tx] == self.cell[iy][ix]:
                self.status[self.ty][self.tx] = FLIP
                self.status[iy][ix] = FLIP
                self.tx = self.ty = -1              # TEMP 셀 없음
                self.drawBoard()

                if self.countHidden() == 0:
                    self.gameSatus = STOP
                    title = '게임상태: STOP' + ',총 시도횟수:' + str(self.count)
                    T.title(title)
            else:
                self.status[iy][ix] = TEMP
                self.gameSatus      = TEMPVIEW
                self.drawBoard()
                T.ontimer(self.onTempView, 1000)  # 1초 타이머
```

```

    def initGame(self, move = False):
        self.gameSatus = HINT
        self.count = 0                          # 시도 횟수
        for iy in range(self.nH):
            for ix in range(self.nW):
                self.cell[iy][ix] = 0
                self.status[iy][ix] = HIDDEN
        self.randomImagePair()
        self.drawBoard(move)
        title = ‘게임상태: HINT’
        T.title(title)
        T.ontimer(self.onGameStart, 3000)    # 3초 타이머 이벤트

    def randomImagePair(self):                   # 그림 쌍을 난수로 섞어서 배치
        for num in range(1, len(self.imageList)):
            for k in range(2):                  # 2개 쌍
                emptyCell = True
                while emptyCell:
                    iy =  random.randrange(self.nH)
                    ix =  random.randrange(self.nW)
                    if self.cell[iy][ix] == 0:
                        emptyCell = False
                self.cell[iy][ix] = num

        # 2개 뽑아 섞기(shuffling): cell[iy1][ix1] <-> cell[iy2][ix2]
        for k in range(100):
            iy1 =  random.randrange(self.nH)
            ix1 =  random.randrange(self.nW)
            iy2 =  random.randrange(self.nH)
            ix2 =  random.randrange(self.nW)

            if self.cell[iy1][ix1] != self.cell[iy2][ix2]:
                t = self.cell[iy1][ix1]
                self.cell[iy1][ix1] = self.cell[iy2][ix2]
                self.cell[iy2][ix2] = t

    def drawBlock(self, ix, iy, num, move):
        if move:
            x1 = self.M + (self.bW + self.gap) * ix
            y1 = self.M + (self.bH + self.gap) * iy
            x2 = x1 + self.bW / 2               # 블록중심
            y2 = y1 + self.bH / 2

```

```
            self.turtle[iy][ix].up()
            self.turtle[iy][ix].st()
            self.turtle[iy][ix].setpos(x2, y2)   # 블록 중앙에 위치
        self.turtle[iy][ix].shape(self.imageList[num])

    def drawBoard(self, move=False):
        T.tracer(0)                                  # 애니메이션 끄기(turn off)
        for iy in range(self.nH):
                for ix in range(self.nW):
                    if ( self.gameSatus == HINT or
                       self.status[iy][ix] != HIDDEN ):
                        num = self.cell[iy][ix]
                    else:
                        num = 0
                    self.drawBlock(ix, iy, num, move)
        T.update() # T.tracer(1)

if __name__ == '__main__':
    game = CoupleGame()
    T.mainloop()
```

프로그램 설명

① 예제 5302의 클래스 BoardGame을 CoupleGame으로 변경하고, 8개의 그림 표시할 4×4 블록을 난수로 배정하고, 마우스로 같은 그림을 선택하는 과정을 추가하여 짝 찾기 게임을 구현한다.

② __init__() 메서드에서 self.tx, self.ty는 마우스로 임시로 뒤집어 TEMP 상태 놓은 셀의 번호를 저장할 변수이다. -1이면 뒤집어 놓은 셀이 없음을 나타낸다.

③ onTempView() 메서드는 마우스로 선택한 두 개의 셀이 다를 경우에 호출된다. 이때 두 셀은 상태는 TEMP이다. TEMP 상태인 두 개의 셀을 다시 HIDDEN 상태로 되돌려 놓고, self.tx = self.ty = -1로 설정하여 뒤집어 놓은 셀이 없음을 기리키도록 한다. 게임 상태를 RUNNIN으로 변경하고, drawBoard()로 셀의 그림을 표시한다.

④ onMouseLeftDown() 메서드에서 게임 상태가 RUNNING이 아니거나, 마우스 선택이 올바른 셀 범위가 아니거나 또는 선택한 셀이 HIDDEN 상태가 아니면 아무 일도 하지 않고 반환한다.

그렇지 않으면, self.tx 값으로 이미 임시로 뒤집어 놓은 TEMP 상태의 셀이 있는지 확인한다. self.tx == -1로 임시로 뒤집은 셀이 없으면, 현재 선택한 셀 (iy, ix)을 TEMP 상태로 변경하고 셀 번호를 self.tx, self.ty에 저장하고 drawBoard()로 그림을 표시한다. 임시로 뒤집어 놓은 셀이 있으면 카운트 횟수 self.count를 1 증가하고, 임시로 뒤집어 놓은 셀의 그림 번호 self.cell[self.ty][self.tx]와 현재 선택한 셀의 그림 번호 self.cell[iy][ix]를 비교하여 같으면

두 셀의 상태를 FLIP으로 변경하고, HIDDEN 상태의 셀을 카운트하여 없으면 게임 상태를 STOP으로 변경한다. 두 셀의 그림 번호가 같지 않으면 현재 마우스로 선택한 셀 (iy, ix)의 상태를 TEMP로 변경하고, 게임 상태를 TEMPVIEW로 설정하고, drawBoard()로 그림을 표시하고, T.ontimer()로 1초 후에 self.onTempView()를 호출하여 두 셀의 상태를 HIDDEN으로 되돌린다. 즉, 그림이 다르면 1초 동안 보여준 다음 HIDDEN 상태로 되돌려 는 것이다.

⑤ initGame() 메서드는 게임 상태를 HINT 상태로 설정하고, 카운트 횟수 self.count를 0으로 초기화한다. self.cell은 0, self.status는 HIDDEN으로 초기화하고, randomImagePair()로 self.cell에 같은 그림 번호를 2개씩 난수로 배치한다. drawBoard()로 그림을 보여주고 T.ontimer()로 3초 후에 self.onGameStart()를 호출하여 게임을 시작한다.

⑥ randomImagePair() 메서드는 self.cell에 같은 그림 번호를 두 개씩 난수로 배치한다. 1에서 8까지의 번호를 2개씩 난수를 발생시켜 self.cell에 저장한다. 2개의 셀 번호 (iy1, ix2), (iy2, ix2)를 100회 랜덤으로 생성하여 저장된 그림 번호가 다를 경우 교환하여 그림 번호를 추가적으로 섞는다. 이러한 추가적인 그림 섞기는 수행하지 않아도 되는 과정이다.

⑦ [그림 54.1]은 4×4 보드 짝 찾기 게임의 실행 결과이다. [그림 54.1](a)는 5번의 시도해서 3쌍의 짝을 찾은 결과이고, [그림 54.1](b)는 13번 시도해서 8쌍의 짝 모두를 찾은 결과이다. SPACE Bar 키를 누르면 게임을 다시 시작한다.

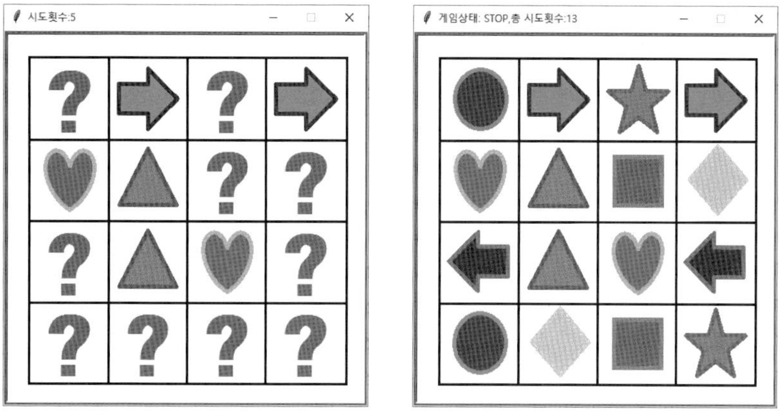

(a) (b)

그림 54.1 • 4×4 보드 짝 찾기 게임

예제 5402 짝 찾기 게임 2: Cell 클래스

```
# 5402.py

import turtle as T
import random

HINT, RUNNING, TEMPVIEW, STOP = 0, 1, 2, 3   # 게임 상태
HIDDEN, TEMP, FLIP = 0, 1, 2                 # 셀 상태

class Cell:                                  # 블록(셀) 정보 클래스
    def __init__(self):
        self.turtle = T.Turtle()             # 터틀
        self.num = 0                         # 그림 번호
        self.status = 0                      # 상태

    def setPos(self, x, y, width = 100, height = 100):      # 위치, 크기
        self.x = x
        self.y = y
        self.width  = width
        self.height = height

    def isInside(self, x, y):                # 내부점 확인
        if (self.x <= x <= self.x + self.width and
            self.y <= y <= self.y + self.height):
            return True
        return False

class CoupleGame2(T.Turtle):
    def __init__(self, nW = 4, nH = 4, bW = 100, bH = 100, M = 20, gap = 0,
                 pensize = 3, bgcolor = 'white'):
        self.imageList = []
        self.imageList.append('./image/shape0.gif')
        self.imageList.append('./image/shape1.gif')
        self.imageList.append('./image/shape2.gif')
        self.imageList.append('./image/shape3.gif')
        self.imageList.append('./image/shape4.gif')
        self.imageList.append('./image/shape5.gif')
        self.imageList.append('./image/shape6.gif')
        self.imageList.append('./image/shape7.gif')
        self.imageList.append('./image/shape8.gif')
        for image in self.imageList:
            T.register_shape(image)          # 이미지 등록

```

```
        screen = T.Screen()
        screen.bgcolor(bgcolor)

        W = 2 * M + (nW - 1) * gap + (nW * bW)  # 스크린 크기 계산
        H = 2 * M + (nH - 1) * gap + (nH * bH)
        screen.setup(W, H)
        T.setworldcoordinates(0, 0, W, H)

        self.canvas = screen.getcanvas()
        self.canvas.master.resizable(0,0)
        self.canvas.master.wm_attributes('-topmost', 1)

        self.bW  = bW                           # 블록 크기
        self.bH  = bH
        self.nW  = nW
        self.nH  = nH
        self.M   = M
        self.gap = gap

        self.tx    = -1                # 마우스로 임시로 뒤집어 놓은 첫 TEMP 셀의 위치
        self.ty    = -1
        self.count = 0                          # 시도 횟수

        # 터틀 생성
        self.createBoard()                      # 블록(셀) 생성

        random.seed()                           # 난수 초기화
        self.initGame(move = True)

        # 마우스, 키보드 이벤트 설정
        T.onscreenclick(self.onMouseLeftDown)
        T.onkey(self.onSpace, 'space')
        T.onkey(T.bye, 'Escape')
        T.listen()

    def createBoard(self):
        # 셀 생성
        self.cell = [[ Cell() for ix in range(self.nW)]
                              for iy in range(self.nH)]
        # 셀 위치 및 크기 설정
        for iy in range(self.nH):
            for ix in range(self.nW):
                x1 = self.M + (self.bW + self.gap) * ix    # 왼쪽-아래 위치
                y1 = self.M + (self.bH + self.gap) * iy
```

```
                self.cell[iy][ix].x = x1
                self.cell[iy][ix].y = y1
                self.cell[iy][ix].width  = self.bW
                self.cell[iy][ix].height = self.bH

    def onSpace(self):                          # 키보드 이벤트 처리
        if self.gameSatus == STOP:
            self.initGame()                     # 터틀 움직임 없이 그림 모양 변경

    def onGameStart(self):                      # 타이머 이벤트 처리
        title = '게임상태: RUNNING'
        T.title(title)
        self.gameSatus = RUNNING
        self.drawBoard()

    def onTempView(self):                       # 타이머 이벤트 처리
        for iy in range(self.nH):
            for ix in range(self.nW):
                if self.cell[iy][ix].status == TEMP:
                    self.cell[iy][ix].status = HIDDEN
        self.tx = self.ty = -1                  # TEMP 셀 없음
        self.gameSatus = RUNNING
        self.drawBoard()

    def countHidden(self):
        remain = self.nH * self.nW
        for iy in range(self.nH):
            for ix in range(self.nW):
                if self.cell[iy][ix].status == FLIP:
                    remain -= 1
        return remain

    def getClickCell2(self, x, y):              # 블록 확인
        for iy in range(self.nH):
            for ix in range(self.nW):
                if self.cell[iy][ix].isInside(x, y):
                    return ix, iy
        return -1, -1                           # 외부 클릭

    def onMouseLeftDown(self, x, y):
        if self.gameSatus != RUNNING:
            return

        ix, iy = self.getClickCell2(x, y)
```

```
        if ix < 0:                               # 선택 셀 없음
            return
        if self.cell[iy][ix].status != HIDDEN:
            return

        if self.tx == -1:                        # 임시로 뒤집어 놓은 셀이 없으면
            self.cell[iy][ix].status = TEMP
            self.cell[iy][ix].status = TEMP
            self.tx = ix
            self.ty = iy
            self.drawBoard()
        else:                                    # 임시로 뒤집어 놓은 셀이 있으면
            self.count += 1                      # 시도 횟수 카운트
            title = ‘시도횟수:’ + str(self.count)
            T.title(title)

            if self.cell[self.ty][self.tx].num == self.cell[iy][ix].num:
                self.cell[self.ty][self.tx].status = FLIP
                self.cell[iy][ix].status = FLIP
                self.tx = self.ty = -1           # TEMP 셀 없음
                self.drawBoard()

                if self.countHidden() == 0:
                    self.gameSatus = STOP
                    title = ‘게임상태: STOP’ + ‘, 총 시도횟수:’ + str(self.count)
                    T.title(title)
            else:
                self.cell[iy][ix].status = TEMP
                self.gameSatus = TEMPVIEW
                self.drawBoard()
                T.ontimer(self.onTempView, 1000)     # 1초 타이머

    def initGame(self, move = False):
        self.gameSatus = HINT
        self.count = 0                           # 시도 횟수
        for iy in range(self.nH):
            for ix in range(self.nW):
                self.cell[iy][ix].num = 0
                self.cell[iy][ix].status= HIDDEN

        self.randomImagePair()
        self.drawBoard(move)
        title = ‘게임상태: HINT’
```

```
        T.title(title)
        T.ontimer(self.onGameStart, 3000)

    def randomImagePair(self):
        for num in range(1, len(self.imageList)):
            for k in range(2):               # 2개 쌍
                emptyCell = True
                while emptyCell:
                    iy =  random.randrange(self.nH)
                    ix =  random.randrange(self.nW)
                    if self.cell[iy][ix].num == 0:
                        emptyCell = False
                self.cell[iy][ix].num = num

        # 2개 뽑아 섞기(shuffling): cell[iy1][ix1].num <-> cell[iy2][ix2].num
        for k in range(100):
            iy1 =  random.randrange(self.nH)
            ix1 =  random.randrange(self.nW)
            iy2 =  random.randrange(self.nH)
            ix2 =  random.randrange(self.nW)
            if self.cell[iy1][ix1].num != self.cell[iy2][ix2].num:
                t = self.cell[iy1][ix1].num
                self.cell[iy1][ix1].num = self.cell[iy2][ix2].num
                self.cell[iy2][ix2].num = t

    def drawBlock(self, ix, iy, num, move):
        turtle = self.cell[iy][ix].turtle
        if move:
            x2 = self.cell[iy][ix].x + self.bW / 2      # 블록중심
            y2 = self.cell[iy][ix].y + self.bH / 2

            turtle.up()
            turtle.st()
            turtle.setpos(x2, y2)           # 블록중앙에 위치
        turtle.shape(self.imageList[num])

    def drawBoard(self, move=False):
        T.tracer(0)                             # 애니메이션 끄기(turn off)
        for iy in range(self.nH):
            for ix in range(self.nW):
                if (self.gameSatus == HINT or
                        self.cell[iy][ix].status != HIDDEN ):
                    num = self.cell[iy][ix].num
```

```
                else:
                    num = 0
                self.drawBlock(ix, iy, num, move)
        T.update()                              # T.tracer(1)

if __name__ == '__main__':
    game = CoupleGame2()
    T.mainloop()
```

프로그램 설명

① 예제 5401의 그림 짝 찾기 게임의 데이터로 사용하는 리스트 self.turtle, self.cell과 self.status를 Cell 클래스로 작성하여 CoupleGame2 클래스로 그림 짝 찾기 게임을 다시 구현한다.

② Cell 클래스는 보드의 블록 셀 정보를 위한 클래스이다. __init__() 메서드에서 self.turtle에 터틀을 생성하여 그림 번호 변수 self.num와 블록 상태 변수 self.status를 초기화한다. setPos() 메서드는 위치 (x, y)와 크기 (width, height)를 설정한다. isInside() 메서드는 좌표 (x, y)가 블록의 내부점인지를 판단한다.

③ __init__() 메서드에서 createBoard() 메서드를 호출하여 셀 정보를 생성한다.

④ createBoard() 메서드는 보드 크기 nW×nH의 셀 self.cell을 생성하고 셀의 위치와 크기를 설정한다.

⑤ getClickCell2() 메서드에서 self.cell[iy][ix].isInside(x, y)에 의해 좌표 (x, y)가 셀 (ix, iy)의 내부점인지를 판단한다.

⑥ 예제 5401의 실행 결과와 같다.

Step 55
TickTacToe/Omok 게임

틱택토 Tic Tac Toe 게임은 삼목 게임이다. 삼목 게임은 바둑돌이 가로, 세로, 대각선 방향으로 3개 연속이면 이기는 게임이다. 오목은 바둑돌이 5개가 연속이면 승리하는 게임이다.

BoardGame 클래스에 보드 크기 nW×nH인 삼목 게임과 오목 게임을 구현한다. 게임 이름 'TicTacToe'와 'Omok'으로 게임을 구분한다. 게임이 종료하면 연속인 승자 바둑돌을 빨간색 테두리로 표시한다. 터틀 그래픽을 사용하여 구현한다. 바둑돌은 모든 셀에 필요한 것이 아니고, 마우스를 클릭한 위치에 표시하기 때문에 터틀은 하나만 생성하여 마우스를 클릭한 위치에 원을 그려 표시한다. 타이틀에는 다음 차례 바둑돌을 문자열로 표시한다. winsound 모듈을 사용하여 간단한 효과음을 추가한다. 승리했을 때의 연속한 바둑돌을 빨간색 테두리로 표시한다.

예제 5501 TickTacToe/Omok 게임 1: 터틀 그래픽

```
# 5501.py

import turtle as T
import random
import winsound

EMPTY, BLACK, WHITE = 0, 1, 2
colors = {BLACK: 'black', WHITE: 'white'}

class BoardGame(T.Turtle):
    def __init__(self, game = 'TicTacToe', nW = 3, nH = 3,
                 bW = 100, bH = 100,
                 M = 20, gap = 0, pensize = 3, bgcolor = 'gold'):
        T.title(game)
        screen = T.Screen()
        screen.bgcolor(bgcolor)
```

```

        W = 2 * M + (nW - 1) * gap + (bW * nW)           # 스크린 크기 계산
        H = 2 * M + (nH - 1) * gap + (bH * nH)

        screen.screensize(100, 100)          # 스크롤바가 나타나는 크기 설정
        screen.setup(W, H)                   # 윈도우 크기 변경
        T.setworldcoordinates(0, 0, W, H)    # 좌표계 설정

        self.canvas = screen.getcanvas()
        self.canvas.master.resizable(0,0)
        self.canvas.master.wm_attributes(‘-topmost’, 1)

        self.game = game
        if self.game == ‘TicTacToe’:         # ‘TicTacToe’
            self.COUNT = 3
        else:                                # ‘Omok’
            self.COUNT = 5

        self.sound = ‘./notify.wav’          # 사운드 파일

        self.bW  = bW
        self.bH  = bH
        self.nW  = nW
        self.nH  = nH
        self.M   = M
        self.gap = gap
        self.pensize = pensize

        self.cell  = [[EMPTY for ix in range(nW)]
                             for iy in range(nH)]
        self.pen = T.Turtle()
        self.pen.ht()
        self.pen.pensize(pensize)

        self.initGame()
        T.onscreenclick(self.onMouseLeftDown)
        T.onkey(self.onSpace, ‘space’)
        T.onkey(T.bye, ‘Escape’)
        T.listen()


    def initGame(self):
        for iy in range(self.nH):
            for ix in range(self.nW):
                self.cell[iy][ix] = EMPTY

```

```

        T.title(self.game)
        self.nextPlayer = random.choice([BLACK, WHITE])   # 랜덤선택
        T.title('{} : {} turn!'.format(self.game, colors[self.nextPlayer]))

        self.pen.pensize(self.pensize)
        self.currPlayer = None
        self.gameOver   = False
        self.drawBoard()

    def drawCircle(self, ix, iy,
                   fill = 'white', outline = 'black', width = 3):
        x1 = self.M+(self.bW + self.gap) * ix
        y1 = self.M+(self.bH + self.gap) * iy
        x2 = x1 + self.bW
        y2 = y1 + self.bH

        self.pen.pensize(width)
        self.pen.up()
        self.pen.setpos((x1 + x2) // 2, y1 + 5)
        self.pen.down()
        r = (x2 - x1 - 10) // 2
        self.pen.color(outline, fill)

        self.pen.begin_fill()
        self.pen.circle(r)
        self.pen.end_fill()

    def drawBlock(self, ix, iy,
                   fill = 'white', outline = 'black'):
        x1 = self.M + (self.bW + self.gap) * ix
        y1 = self.M + (self.bH + self.gap) * iy
        x2 = x1 + self.bW
        y2 = y1 + self.bH

        self.pen.color(outline, fill)
        self.pen.begin_fill()
        self.pen.up()
        self.pen.setpos(x1, y1)
        self.pen.down()

        self.pen.setpos(x2, y1)
        self.pen.setpos(x2, y2)
        self.pen.setpos(x1, y2)
        self.pen.setpos(x1, y1)
        self.pen.end_fill()
```

```
        if self.cell[iy][ix] != EMPTY:
            fill_color = colors[self.cell[iy][ix]]
            self.drawCircle(ix, iy, fill_color)

    def drawBoard(self):
        T.tracer(0)                             # 애니메이션 끄기(turn off)

        for iy in range(self.nH):
            for ix in range(self.nW):
                self.drawBlock(ix, iy)

        T.update() # T.tracer(1)

    def getNextPlayer(self):
        player = self.nextPlayer
        if player == BLACK:
            self.nextPlayer = WHITE
        else:
            self.nextPlayer = BLACK
        return player

    def getClickCell2(self, x, y):              # 블록(셀) 찾음
        for iy in range(self.nH):
            for ix in range(self.nW):
                x1 = self.M+(self.bW + self.gap) * ix
                y1 = self.M+(self.bH + self.gap) * iy
                x2 = x1 + self.bW
                y2 = y1 + self.bH
                if x1 <= x <= x2 and y1 <= y <= y2:
                    return ix, iy
        return -1, -1                           # 외부 클릭

    def onMouseLeftDown(self, x, y):
        if self.gameOver:
            winsound.MessageBeep(winsound.MB_ICONHAND)
            return
        ix, iy = self.getClickCell2(x, y)
        if ix < 0:                              # 선택 블록 없음
            return

        if self.cell[iy][ix] != EMPTY:
            winsound.MessageBeep(winsound.MB_ICONHAND)
        else:
            self.currPlayer   = self.getNextPlayer()
```

```
            self.cell[iy][ix] = self.currPlayer
            self.drawBoard()

            self.gameOver = self.getGameOver(ix, iy)
            if self.gameOver:
                winsound.PlaySound(self.sound,
                                   winsound.SND_FILENAME + winsound.SND_ASYNC)
                # 승자 표시
                T.title('{} : {} Won!'.format(self.game,
                                              colors[self.currPlayer]))
                T.tracer(0)
                for ix, iy in self.winnerList:
                    self.drawCircle(ix, iy,
                                    fill = colors[self.currPlayer],
                                    outline = 'red', width = 4)
                T.update()
            elif self.noEmptyCell():
                T.title('{} : Draw!'.format(self.game))
                self.gameOver = True
                winsound.PlaySound(self.sound,
                      winsound.SND_FILENAME + winsound.SND_ASYNC)
            else:
                T.title('{} : {} turn!'.format(self.game,
                                               colors[self.nextPlayer]))
        T.update()

    def onSpace(self):                                   # 게임 다시하기
        if self.gameOver:
            self.initGame()

#   self.winnerList는 연속된 셀 번호 (ix, iy)를 리스트에 저장
    def countH(self, ix, iy):                            # 가로 검사
        self.winnerList = []
        tx = ix; count = 0
        while(tx < self.nW and self.cell[iy][tx] == self.currPlayer):
            self.winnerList.append((tx, iy))
            count += 1; tx += 1
        tx = ix-1
        while(tx >= 0 and self.cell[iy][tx] == self.currPlayer):
            self.winnerList.append((tx, iy))
            count += 1; tx -= 1
        return count

    def countV(self, ix, iy):                            # 세로 검사
        self.winnerList = []
        ty = iy; count = 0
```

```
        while(ty < self.nW and self.cell[ty][ix] == self.currPlayer):
            self.winnerList.append((ix, ty))
            count += 1; ty += 1

        ty = iy-1
        while(ty >= 0 and self.cell[ty][ix] == self.currPlayer):
            self.winnerList.append((ix, ty))
            count += 1; ty -= 1
        return count

    def countD1(self, ix, iy):                  # 대각선 검사 1
        self.winnerList = []
        tx = ix; ty = iy; count = 0
        while(tx < self.nW and ty < self.nH and
                    self.cell[ty][tx] == self.currPlayer):
            self.winnerList.append((tx, ty))
            count += 1; tx += 1; ty += 1

        tx = ix-1; ty = iy-1
        while(tx >= 0 and ty >= 0 and
              self.cell[ty][tx] == self.currPlayer):
            self.winnerList.append((tx, ty))
            count += 1; tx -= 1; ty -= 1
        return count

    def countD2(self, ix, iy):                  # 대각선 검사 2
        self.winnerList = []
        tx = ix; ty = iy; count = 0
        while(tx < self.nW and ty >= 0 and
              self.cell[ty][tx] == self.currPlayer):
            self.winnerList.append((tx, ty))
            count += 1; tx += 1; ty -= 1

        tx = ix-1; ty = iy+1
        while(tx >=0 and ty < self.nH and
              self.cell[ty][tx] == self.currPlayer):
            self.winnerList.append((tx, ty))
            count += 1; tx -= 1; ty += 1
        return count

    def noEmptyCell(self):                      # EMPTY: 셀이 없으면 True
        for iy in range(self.nH):
            for ix in range(self.nW):
                if self.cell[iy][ix] == EMPTY:
                    return False
        return True
```

```

    def getGameOver(self, ix, iy):
        if self.countH(ix, iy) == self.COUNT:
           return True
        elif self.countV(ix, iy) == self.COUNT:
           return True
        elif self.countD1(ix,iy) == self.COUNT:
           return True
        elif self.countD2(ix, iy) == self.COUNT:
           return True
        else:
            return False

if __name__ == '__main__':
    game = BoardGame()
##    game = BoardGame(game = 'Omok', nW = 8, nH = 8)
    T.mainloop()
```

프로그램 설명

① 터틀 그래픽을 사용하여 nW×nH 보드와 바둑돌 원을 표시하는 삼목 게임 'TicTacToe'와 오목 게임 'Omok'을 작성한다. winsound 모듈을 사용하면 사운드를 사용할 수 있다. 삼목과 오목의 차이는 연속된 바둑돌을 카운트하여 비교할 변수 self.COUNT의 값이 3과 5로 다르다.

② __init__() 메서드에서 game에 문자열 'TicTacToe'와 'Omok'에 따라 COUNT = 3 또는 COUNT = 5로 설정한다. sound에 사운드 파일의 이름을 문자열로 저장한다. 바둑돌을 저장할 2차원 배열 리스트 cell을 생성하고 EMPTY로 초기화한다. initGame()으로 게임을 초기화하고 스크린에서 마우스 이벤트와 키보드 이벤트 핸들러를 설정한다.

③ initGame() 메서드는 cell을 EMPTY로 초기화하고, 게임을 시작할 플레이어를 nextPlayer에 랜덤으로 설정한다. 마우스로 선택한 현재 플레이어 currPlayer는 None, 게임 종료 gameOver는 False로 초기화하고, drawBoard()로 보드를 표시한다.

④ drawCircle() 메서드는 (ix, iy) 셀을 채우기 색상 fill, 테두리 색상 outline, 두께 width인 원으로 바둑돌을 그린다.

⑤ drawBlock() 메서드는 (ix, iy) 셀을 채우기 색상 fill, 테두리 색상 outline인 사각형을 그리고, cell[iy][ix]가 EMPTY가 아니면 colors[self.cell[iy][ix]] 색상으로 채운 원을 drawCircle()로 그린다.

⑥ drawBoard() 메서드는 drawBlock() 메서드를 호출하여 보드를 그린다.

'yellow' 색상으로 채운 사각형으로 표시하고, 셀을 구분하기 위해 선을 그린다.

⑦ getNextPlayer() 메서드는 다음 게임 플레이어 nextPlayer를 반환하고, 다음 플레이어를 변경한다.

⑧ onMouseLeftDown() 메서드에서 gameOver가 참이면 winsound.MB_ICONHAND 사운드를 발생시키고 반환한다. 클릭한 셀 번호가 음수이면 선택한 셀이 없으므로 반환한다. 마우스로 선택한 셀 (ix, iy)이 EMPTY가 아니면 이미 바둑돌을 놓은 자리이기 때문에 winsound.MB_ICONHAND로 소리를 발생한다. 마우스로 선택한 셀이 EMPTY이면 바둑돌을 놓을 수 있으므로, getNextPlayer()로 다음 플레이어를 가져와서 현재 플레이어 currPlayer로 설정하고, cell[iy][ix]에 현재 플레이어 currPlayer를 저장한 뒤에 drawBoard()로 보드를 그린다.

getGameOver(ix, iy)로 게임이 종료되었는지 gameOver에 저장하고 gameOver가 참이면 winsound.PlaySound()로 sound 사운드를 출력하고, 윈도우 타이틀에 현재 플레이어가 이겼음을 나타내는 'Won!'을 문자열로 출력하고, winnerList에 저장된 승리 셀 번호를 이용하여 drawCircle()로 'red' 테두리 원으로 바둑돌을 표시한다.

noEmptyCell()를 호출하여 EMPTY 셀이 없으면 비김을 나타내는 'Draw!' 문자열을 타이틀에 출력하고, gameOver를 True로 변경한 뒤에 self.sound 사운드를 출력한다. gameOver가 False이고 EMPTY 셀이 있으면 타이틀에 다음 플레이어 문자열을 출력하고 게임을 계속 한다.

⑨ onSpac() 메서드는 게임이 종려 되어 gameOver가 참이면 initGame()를 호출하여 게임을 다시 시작한다.

⑩ countH(), countV(), countD1(), countD2() 메서드는 마우스 클릭으로 현재 플레이어 currPlayer가 바둑돌을 놓은 셀 (ix, iy)을 기준으로 각각 가로 방향 countH, 세로 방향 countV, 오른쪽 대각선 방향 countD1, 왼쪽 대각선 방향 countD2의 바둑돌이 연속인 개수 count를 계산하여 반환한다. winnerList에 연속 바둑돌의 번호를 튜플로 추가하여 게임이 종료되면 원에 승리 표시하기 위함이다.

⑪ noEmptyCell() 메서드는 EMPTY 셀이 하나도 없으면 True를 반환한다.

⑫ getGameOver() 메서드는 마우스로 바둑돌을 놓은 셀 (ix, iy)을 기준으로 countH(), countV(), countD1(), countD2()에 의해 가로, 세로, 오른쪽 대각선, 왼쪽 방향에 연속된 바둑돌의 개수가 COUNT 삼목은 3, 오목은 5이면 True를 반환한다. COUNT 개수의 바둑돌이 한 방향 이상이 있는 경우 가로, 세로, 오른쪽 대각선, 왼쪽 방향 순서로 조사하여 처음 참인 경우의 셀 번호가 winnerList에 저장된다.

⑬ [그림 55.1]은 BoardGame()으로 game을 생성하여 'TicTacToe' 게임을 실행한 결과이다. [그림 55.2]는 BoardGame(game = 'Omok', nW = 8, nH = 8)으로 game을 생성하여 'Omok' 게임을 실행한 결과이다.

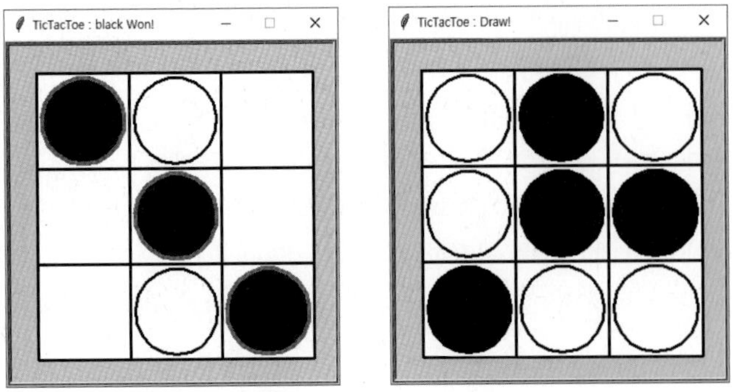

(a) 검정('black') 승리 (b) 비김('draw')

그림 55.1 • 3×3 보드에서 'TicTacToe' 게임

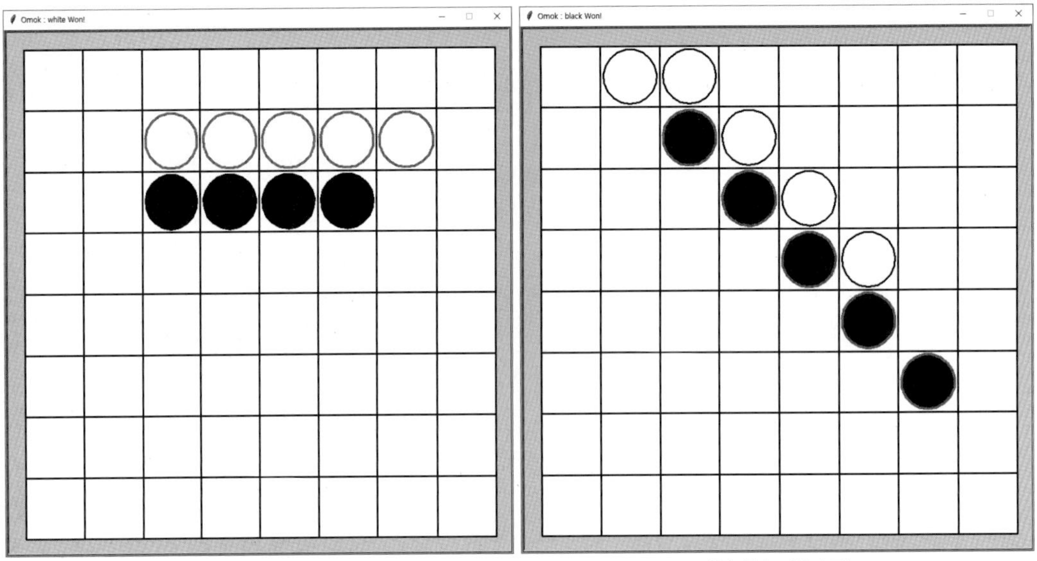

(a) 'white' 승리 (b) 'black' 승리

그림 55.2 • 8×8 보드에서 'Omok' 게임

Step 56
수치 미분

이 단계에서는 컴퓨터 프로그램으로 미분을 계산하는 방법을 간단히 설명한다.

미분 differentiation은 함수의 순간변화율이다. x에서 h가 무한히 0으로 작아질 때, 함수값의 변화량으로 접선의 기울기이다. 프로그램으로 계산할 때는 오차를 줄이기 위한 복잡한 방법도 있지만, h를 아주 작은 값으로 설정하여 프로그램으로 수치 미분을 계산할 수 있다.

$$f'(x) = \frac{d}{dx}f(x) = \lim_{h\to 0}\frac{f(x+h)-f(x)}{h} \simeq \frac{f(x+h)-f(x)}{h} \quad \text{: 전방 차분 [식 56.1]}$$

$$f'(x) \simeq \frac{f(x+h)-f(x-h)}{2h} \quad \text{: 중심 차분 [식 56.2]}$$

[그림 56.1]에서 h를 작게 줄이면 x에서 접선의 기울기를 오차가 있지만, 근사적으로 계산할 수 있다. 오차를 줄이기 위한 한 가지 방법은 $f(x-h)$, $f(x+h)$의 차분을 평균하여 중심 차분으로 계산할 수 있다.

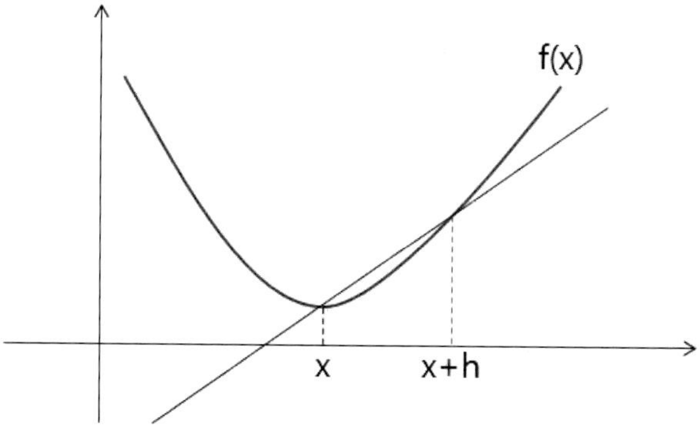

그림 56.1 • 수치 미분

예제 5601 수치 미분

```python
# 5601.py

def diff1(f, x):                    # 전방 차분
    h = 0.001
    return (f(x + h) - f(x)) / h

def diff2(f, x):                    # 중심 차분
    h = 0.001
    return (f(x + h) - f(x - h)) / (2 * h)
```

실행 결과

```
>>> diff1(lambda x: x ** 2, 0.1)
0.2009999999999998
>>> diff2(lambda x: x** 2, 0.1)
0.2000000000000005
```

프로그램 설명

① diff1(f, x) 함수는 x에서 함수 f의 미분값을 전방 차분으로 계산한다.

② diff2(f, x) 함수는 x에서 함수 f의 미분값을 중심 차분으로 계산한다.

③ $f(x)=x^2$의 정확한 미분은 $f'(x)=2x$ 이다. 그러므로 $f'(0.1)=0.2$ 이다. 약간의 오차가 있음을 알 수 있으며, 중심 차분의 결과가 오차가 적음을 확인할 수 있다.

Step 57
수치 적분

이 단계에서는 컴퓨터 프로그램으로 적분을 계산하는 방법을 간단히 설명한다.

적분 integration은 함수의 면적을 계산한다. 닫힌 구간 [a, b]에서 연속함수 $f(x)$의 적분은 밑변이 h인 n개의 사각형의 면적의 합으로 근사적으로 계산할 수 있다.

[그림 57.1]에서 h를 작게 줄이면 오차가 작아진다. 오차를 줄이는 방법으로 인접한 두 사각형 면적의 평균으로 계산하는 사다리꼴 공식 등이 있다.

$$I = \int_a^b f(x)\,dx = \lim_{n \to \infty} f(x_k) \times h \simeq \sum_{k=0}^{n-1} f(x_k) \times h$$: 사각형 면적의 합 [식 57.1]

여기서, $x_k = a + kh,\ \ h = \dfrac{b-a}{n}$

$$I = \sum_{k=0}^{n-1} \frac{1}{2} h [f(x_k) + f(x_{k+1})]$$: 사다리꼴 공식 [식 57.2]

$$= \frac{h}{2} [f(x_0) + f(x_n) + 2 \sum_{k=1}^{n-1} f(x_k)]$$

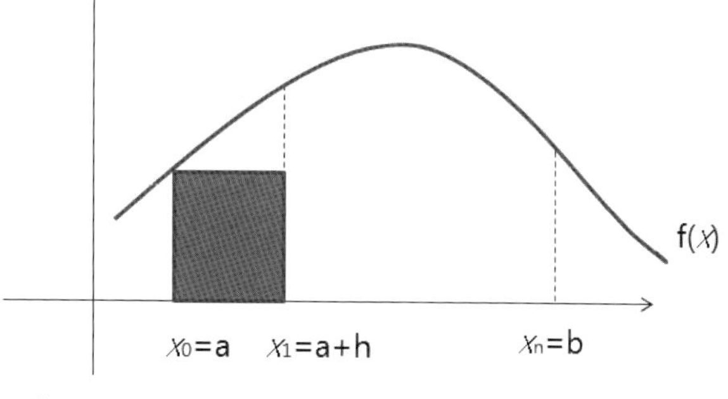

그림 57.1 • 수치 적분

예제 5701 수치 적분

```python
# 5701.py

def Integrate1(f, a, b, n = 100):     # 사각형 면적의 합
    h = (b - a) / n
    area = 0
    for k in range(n):
        x = a + k * h
        area += f(x) * h
    return area

def Integrate2(f, a, b, n = 100):     # 사다리꼴 공식
    h = (b - a) / n
    area = 0
    for k in range(1, n):
        x = a + k * h
        area += f(x)
    area *= 2
    area += f(a) + f(b)
    area = (area * h) / 2
    return area
```

실행 결과

```
>>> Integrate1(lambda x: x ** 2, 0, 10)
328.34999999999997
>>> Integrate1(lambda x: x ** 2, 0, 10, 1000)
332.8334999999999
>>> Integrate2(lambda x: x ** 2, 0, 10)
333.3500000000001
>>> Integrate2(lambda x: x ** 2, 0, 10, 1000)
333.33350000000013
```

프로그램 설명

① Integrate1(f, a, b, n = 100) 함수는 구간 [a, b]를 n개의 등간격으로 나누어진 사각형 면적의 합으로 수치 적분을 계산한다.

② Integrate2(f, a, b, n = 100) 함수는 구간 [a, b]를 n개의 등간격으로 나누어진 사다리꼴 면적의 합으로 수치 적분을 계산한다.

③ 구간 [0, 10]에서 $f(x) = x^2$의 적분 값은 $\int_0^{10} x^2 dx = \left[\frac{1}{3}x^3\right]_0^{10} = \frac{1000}{3}$ 이다.

Step 58
경사하강법

경사하강법 gradient decent은 함수 $f(x)$의 최소값을 찾는 방법이다. 함수의 그래디언트 gradient는 편미분 벡터이다. 경사하강법은 초기값에 따라 지역 최소값 local minimum을 찾아 함수 전체의 최소값 global minimum을 찾지 못할 수도 있음에도 기계학습, 딥러닝 등의 최적화에서 경사하강법을 사용한다.

경사하강법은 임의의 초기값 x_0 에서 시작하여, 현재값 x_k 에서 그래디언트 방향으로 α 만큼 움직여서 다음값 x_{k+1}을 계산하는 과정을 반복하여 해 solution를 찾아간다. 학습률 learning rate은 $0 < \alpha \le 1$로 설정한다. 허용오차 tol이 $|x_{k+1} - x_k| < tol$ 이면 반복을 멈춘다. 무한반복을 방지하기 위하여 최대반복 횟수 maxiter를 설정한다.

$$x_{k+1} = x_k - \alpha \nabla f(x_k) \qquad \text{[식 58.1]}$$

예제 5801 경사하강법에 의한 최소값 찾기

```
# 5801.py

# ref: https://ko.wikipedia.org/wiki/경사_하강법
from turtle import *

#1
def f(x):
    return x ** 4 - 3 * x ** 3 + 2

def fprime(x):
    return 4 * x ** 3 - 9 * x ** 2

```

```
def diff(f, x):
    h = 0.001
    return (f(x + h) - f(x)) / h

#2: 경사 하강법
def gradient_descent(f, x_init = 4, alpha = 0.001,
                     tol = 1e-5, maxiter = 10000):
    x_cur = x_init                        # 초기값
    x_lists = [x_cur]
    count = 0
    while count < maxiter:
        #x_new = x_cur - alpha * fprime(x_cur)     # fprime
        x_new  = x_cur - alpha * diff(f, x_cur)    # diff

        if abs(x_new - x_cur) < tol:
            break
        x_lists.append(x_new)
        x_cur = x_new
        count += 1
    return x_lists

#3: drawing
#3-1
def line(x1, y1, x2, y2, width = 3, color = ‘black’):
    g_pen.pensize(width)
    g_pen.pencolor(color)
    g_pen.up();   g_pen.setpos(x1, y1)
    g_pen.down(); g_pen.setpos(x2, y2)

#3-2
def draw_solution_lists(x_lists):
    g_pen.up()
    #tracer(0)
    for x in x_lists:
        y = f(x)
        g_pen.setpos(x, y)
        g_pen.dot(5, ‘red’)
    #update() # tracer(1)

#3-3
def plot(f, min_x = -4, max_x = 4, min_y = 4, max_y = 4, dx = 0.1,
         width = 3, color = ‘blue’):
    g_pen.pensize(width)
    g_pen.pencolor(color)
    g_pen.hideturtle()
    x = min_x
```

```
    pen_down = False
    while x <= max_x:
        y = f(x)

        if not (min_y < y < max_y):
            x += dx * 10                    # skip out of scope
            continue
        elif not pen_down:
            #print(‘pen down!!!!!’)
            g_pen.up()
            g_pen.setpos(x, y)
            g_pen.write(f‘({x}, {y})’, font = (‘Times’, 16))
            g_pen.down()
            pen_down = True
        else:
            #print(f‘x = {x}, y = {y}’)
            g_pen.setpos(x, y)
        x += dx
    g_pen.write(f‘({x:.2f}, {y:.2f})’, font = (‘Times’, 16))

#4
def main(x_init = 4):

#4-1
    X = gradient_descent(f, x_init)
    x_new = X[-1]                           # final solution
    print(f‘{len(X)} iteration, minimum value: f({x_new}) = {f(x_new)}’)

#4-2
    global g_pen
    g_pen = Turtle()
    xmin, xmax = -10, 10
    ymin, ymax = -10, 10
    setworldcoordinates(xmin, ymin, xmax, ymax)

#4-3: draw axis
    tracer(0)
    line(xmin, 0,  xmax-1, 0); g_pen.write(‘X’, font = (‘Times’, 16))
    line(0, ymin,  0, ymax-1); g_pen.write(‘Y’, font = (‘Times’, 16))
    tracer(1)

#4-4: plot f(x)
    plot(f, xmin, xmax, ymin, ymax)
```

```
#4-5
    X = list(filter(lambda x: ymin < f(x) < ymax, X))
    tracer(0)
    draw_solution_lists(X)                          # 중간해 표시
    tracer(1)

    line(x_new, 0, x_new, f(x_new), color = ‘green’) # 최소값 표시

    g_pen.up(); g_pen.fd(0.5)
    g_pen.write(f‘({x_new:.2f}, {f(x_new):.2f})’, font = (‘Times’, 16))

if __name__ == ‘__main__’:
    main()                                          # x_init = 4
    #main(x_init = -2)
    mainloop()
```

프로그램 설명

① 함수 $f(x) = x^4 - 3x^3 + 2$의 최소값을 경사 하강법으로 찾는다. 수학적 계산은 미분이 $f'(x) = 4x^3 - 9x^2 = x^2(4x - 9)$이므로 x = 0 또는 x = 9/4에서 극값을 갖는다. f(9/4)가 최소값이다.

② #1은 함수 f(x)와 도함수 fprime() 그리고 수치 미분 함수 diff()를 정의한다.

③ #2의 gradient_descent(f, x_init = 4, alpha = 0.001, tol = 1e-5, maxiter = 10000) 함수는 경사하강법을 구현한다. 디폴트 초기값 x_init = 4, 학습률 alpha = 0.001, 허용오차 tol = 1e-5, 최대반복 maxiter = 10000이다. 도함수 fprime() 또는 수치 미분 함수 diff()로 경사하강법을 구현할 수 있다. 중간 결과인 x_new를 x_lists 리스트에 추가한다.

④ #3은 터틀 그래픽으로 함수 f()와 중간 해인 리스트 x_lists를 표시한다. draw_solution_lists(x_lists)는 x_lists를 g_pen.dot(5, ‘red’)로 표시한다. plot() 함수는 f(x)를 그린다. 범위를 벗어나는 not (min_y〈 y 〈max_y)이 True인 경우는 x += dx * 10로 x값을 증가시키고, continue 문으로 다음 반복으로 이동한다. 범위 안의 첫 번째 함수값을 만나면 g_pen.setpos(x, y)로 이동하고 함수값을 문자열로 출력한 뒤에 g_pen.down()으로 그리기 시작한다.

⑤ #4의 main() 함수에서 X = gradient_descent(f, x_init)는 경사하강법으로 초기값 x_init에서 함수 f()의 최소값을 리스트 X에 계산한다. 최종 해는 x_new = X[-1]에 있다. setworldcoordinates(xmin, ymin, xmax, ymax)로 좌표계를 설정하여 line()으로 좌표축을 그리고, plot(f, xmin, xmax, ymin, ymax)로 함수 f()를 그린다. X = list(filter(lambda x: ymin 〈 f(x) 〈 ymax, X))로 범위안의 값만 필터링하여 draw_solution_lists(X)로 표시한다. 최종 해 x_new를 직선으로 표시한다.

⑥ [그림 58.1](a)는 x_init = 4에서 f(2.25) = −6.54의 최소값을 찾은 결과이다. [그림 58.1](b)는 x_init = −2에서 f(0.03) = 2.0의 지역 극값을 찾은 결과이다.

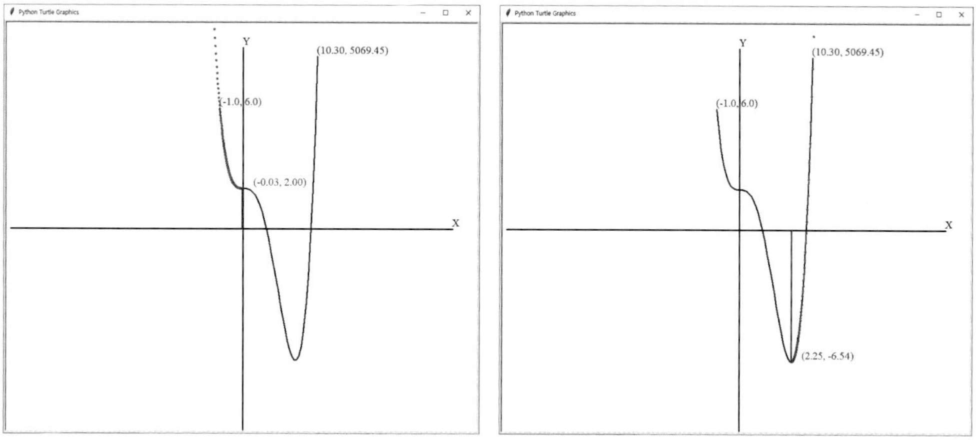

(a) x_init = 4　　　　(b) x_init = -2

그림 58.1 • 경사 하강법에 의한 함수의 최소값

Step 59
최소자승법 직선찾기

N개의 2차원 좌표 $(x_i, y_i), i=1,..., N$에서 [그림 59.1]과 같이 직선 $y = ax + b$의 수직거리 오차가 가장 작은 직선을 최소자승법 least square method으로 계산할 수 있다.

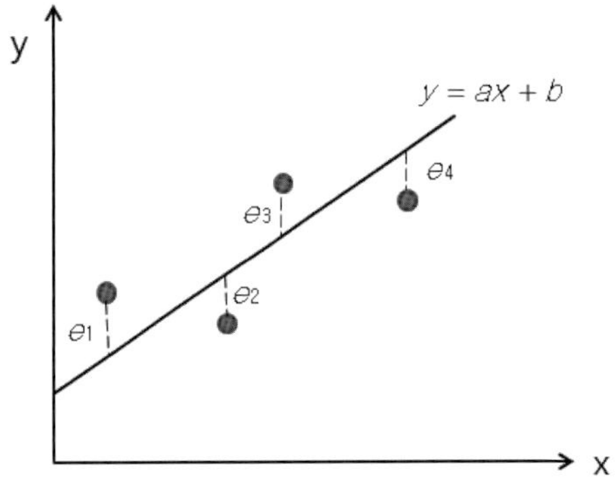

그림 59.1 • 직선과 오차

[식 59.1]의 오차 함수 $E(a,b)$가 가장 작은 직선의 기울기 a와 y−절편 b를 계산하는 문제이다.

$$E(a,b) = \frac{1}{N}\sum_{i=1}^{N} e_i^2 \qquad \text{[식 59.1]}$$

$$= \frac{1}{N}\sum_{i=1}^{N} [\,(ax_i + b) - y_i\,]^2$$

[식 59.2]는 오차 함수 $E(a,b)$을 변수 a로 미분하여 0으로 놓고, 오차 함수 $E(a,b)$을 변수 b로 미분하여 0으로 놓은 방정식이다.

$$\frac{\partial E(a,b)}{\partial a} = \frac{2}{N}\sum_{i=1}^{N}\left[(ax_i+b)-y_i\right]x_i = 0 \qquad \text{[식 59.2]}$$
$$\frac{\partial E(a,b)}{\partial b} = \frac{2}{N}\sum_{i=1}^{N}\left[(ax_i+b)-y_i\right] = 0$$

[식 59.2]를 정리하면 [식 59.3]과 같은 2개의 방정식을 얻을 수 있다.

$$a\sum_{i=1}^{N}x_i^2 + b\sum_{i=1}^{N}x_i = \sum_{i=1}^{N}x_i y_i \qquad \text{[식 59.3]}$$
$$a\sum_{i=1}^{N}x_i + Nb = \sum_{i=1}^{N}y_i$$

2개의 방정식을 풀면 최종적으로 [식 59.4]와 같이 직선의 기울기 a와 y절편 b를 계산할 수 있다.

$$a = \frac{N\sum_{i=1}^{N}x_i y_i - \sum_{i=1}^{N}x_i\sum_{i=1}^{N}y_i}{N\sum_{i=1}^{N}x_i^2 - (\sum_{i=1}^{N}x_i)^2} \qquad \text{[식 59.4]}$$
$$b = \frac{1}{N}\left(\sum_{i=1}^{N}y_i - a\sum_{i=1}^{N}x_i\right)$$

예제 5901 최소자승법 직선 찾기

```
# 5901.py

from turtle import *

def MSE(a, b, points):          # mean-squared error: a:기울기, b: y-절편
    eSum = 0
    for x, y in points:
    e = (a * x + b) - y
    eSum  += e * e
##  X, Y = zip(*points)
##  eSum=sum(map(lambda x, y: ((a * x + b) - y) * ((a * x + b) - y), X, Y))
    N  = len(points)
    return eSum/N

def line_fit_LSM(points):         # points: list of (x, y)
    xSum  = 0
    ySum  = 0
    xySum = 0
    x2Sum = 0
    N     = len(points)

    for x, y in points:
        xSum  += x
        ySum  += y
        xySum += x * y
        x2Sum += x * x
##          X, Y = zip(*points)
##          xSum  = sum(X)
##          ySum  = sum(Y)
##          xySum = sum(map(lambda x, y: x * y, X, Y)) )
##          x2Sum = sum(map(lambda x: x * x, X))

    a = (N * xySum - xSum * ySum) / (N * x2Sum - xSum ** 2)
    b = (ySum - a * xSum) / N

    error = MSE(a, b, points)
    return a, b, error

def line(x1, y1, x2, y2, width = 3, color = 'black'):
    g_pen.hideturtle()
    g_pen.pensize(width)
    g_pen.pencolor(color)
```

```
    g_pen.up();   g_pen.setpos(x1, y1)
    g_pen.down(); g_pen.setpos(x2, y2)

def draw_points(points, color = ‘red’):
    g_pen.hideturtle()
    g_pen.up()
    for x, y in points:
        g_pen.setpos(x, y)
        g_pen.dot(10, color)

def main(points):
    global g_pen
    g_pen = Turtle()
    setworldcoordinates(-1, -1, 6, 6)

    tracer(0)
    xmin, xmax = -1, 5
    ymin, ymax = -1, 5
    line(xmin, 0,  xmax, 0); g_pen.write(‘X’, font = (‘Times’, 16))
    line(0, ymin,  0, ymax); g_pen.write(‘Y’, font = (‘Times’, 16))

    #points = [(1, 2), (2, 3), (3, 4), (4, 4)]
    draw_points(points)

    a, b, error = line_fit_LSM(points)
    print(f‘y = {a}x + {b}’)
    print(f‘error = {error}’)

    x1 = xmin
    y1 = a * x1 + b
    x2 = xmax
    y2 = a * x2 + b
    line(x1, y1, x2, y2, color = ‘blue’)
    g_pen.write(f‘y = {a:.2f}x + {b:.2f}’, font = (‘Times’, 16))
    update()              #tracer(1)

if __name__ == ‘__main__’:
    points = [(1, 2), (2, 3), (3, 4), (4, 4)]
    main(points)
    mainloop()
```

프로그램 설명

① MSE(a, b, points)는 points의 기울기 a와 y−절편 b인 직선에서의 평균오차를 계산한다.

② line_fit_LSM(points)는 [식 59.4]를 구현한 함수이다. 2차원 좌표가 저장된 리스트 points에서 오차가 최소가 되는 직선의 기울기 a와 y−절편 b와 제곱평균오차를 반환한다.

③ points = [(1, 2), (2, 3), (3, 4), (4, 4)]에 대한 직선은 y = 0.7x + 1.5이다. 평균오차는 MSE(a, b, points) = 0.075이다.

④ [그림 59.2]에서 points는 빨간색 점으로 표시하고, 최소자승법으로 계산된 직선은 파란색 직선으로 표시한다.

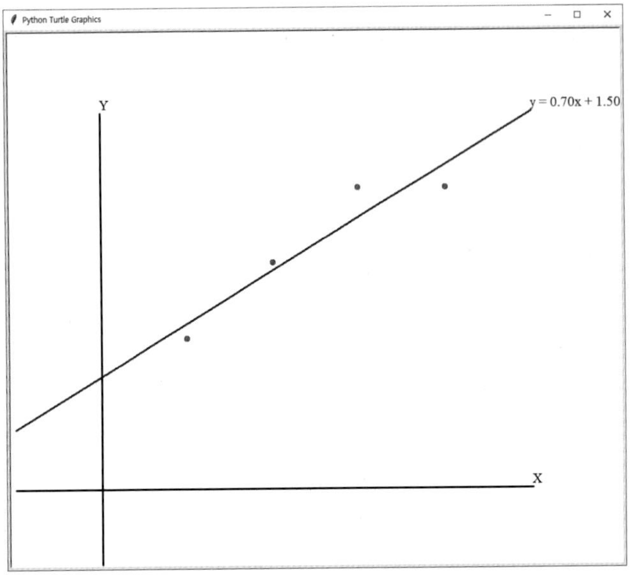

그림 59.2 • 최소자승법 직선 찾기

Step 60
경사하강법 직선찾기

Step 59의 오차 함수 $E(a,b)$를 최소화하는 직선의 기울기 a와 $y-$절편 b를 계산하는 문제를 Step 58의 경사하강법 gradient decent으로 반복적으로 갱신하는 방법으로 계산할 수 있다. [식 60.1]의 오차 함수 $E(a,b)$의 그래디언트 벡터를 이용하여 [식 58.1]을 다시 정리하면 경사하강법 수식은 [식 60.3]과 같다. a는 a의 편미분 방향으로 갱신하고, b는 b의 편미분 방향으로 갱신한다. [식 60.2]의 편미분에서 2/N의 값은 상수로 학습률 learning rate은 $0 < \alpha \leq 1$에 의해 조절 가능하므로 생략할 수 있다.

$$\nabla E(a,b) = \begin{bmatrix} \dfrac{\partial E(a,b)}{\partial a} \\ \\ \dfrac{\partial E(a,b)}{\partial b} \end{bmatrix} \qquad \text{[식 60.1]}$$

$$\frac{\partial E(a,b)}{\partial a} = \frac{2}{N}\sum_{i=1}^{N}\left[(ax_i + b) - y_i\right]x_i \qquad \text{[식 60.2]}$$

$$\frac{\partial E(a,b)}{\partial b} = \frac{2}{N}\sum_{i=1}^{N}\left[(ax_i + b) - y_i\right]$$

$$\begin{bmatrix} a_{k+1} \\ \\ b_{k+1} \end{bmatrix} = \begin{bmatrix} a_k \\ \\ b_k \end{bmatrix} - \alpha \begin{bmatrix} \dfrac{\partial E(a,b)}{\partial a} \\ \\ \dfrac{\partial E(a,b)}{\partial b} \end{bmatrix} \qquad \text{[식 60.3]}$$

예제 6001 경사하강법 직선찾기

```
# 6001.py

from turtle import *
from functools import partial

def MSE(a, b, points):      # mean-squared error: a:기울기, b: y-절편
    X, Y = zip(*points)
    eSum = sum(map(lambda x, y: ((a * x + b) - y) ** 2, X, Y))
    N  = len(points)
    return eSum / N

def line_fit_gradient_descent(points, lr = 0.01,
                              max_epoch = 1000, init = [0.1, 0.0]):

    N = len(points)
    a, b = init
    X, Y = zip(*points)           # X: xi, Y: yi
    loss_list = []
    for epoch in range(max_epoch):
##        Y_pred = list(map(lambda x: a * x + b, X))
        da = sum(map(lambda x, y: ((a * x + b) - y) * x, X, Y)) * 2 / N
        db = sum(map(lambda x, y:  (a * x + b) - y, X, Y)) * 2 / N
        a = a - lr * da
        b = b - lr * db

    loss = MSE(a, b, points)
    loss_list.append(loss)

    return a, b, loss_list

def line(x1, y1, x2, y2, width = 3, color = 'black'):
    g_pen.hideturtle()
    g_pen.pensize(width)
    g_pen.pencolor(color)
    g_pen.up();   g_pen.setpos(x1, y1)
    g_pen.down(); g_pen.setpos(x2, y2)

def draw_points(points, color = 'red'):
    g_pen.hideturtle()
    g_pen.up()
    for x, y in points:
        g_pen.setpos(x, y)
        g_pen.dot(10, color)
```

```

def draw_losses(losses, color = ‘red’):
    screen = Screen()
    screen.clear()

    N = len(losses)
    STEP = N // 10

    xmin, xmax = 0, len(losses)
    ymin, ymax = 0, max(losses)
    print(f‘xmin = {xmin}, xmax = {xmax}, ymin = {ymin}, ymax = {ymax}’)
    setworldcoordinates(xmin - STEP, ymin - 1, xmax + STEP, ymax + 1)

    tracer(0)
    # draw axis
    line(xmin, 0, xmax, 0)
    g_pen.up();g_pen.setpos(xmax / 2, -0.4)
    g_pen.write(‘epoch’, font = (‘Times’, 14))

    for x in range(0, N + 1, STEP):
        g_pen.setpos(x, -0.2)
        g_pen.write(f‘{x}’, font = (‘Times’, 14))

    line(0, ymin, 0, ymax - 1)
    g_pen.setpos(0, losses[0])           # start point
    g_pen.write(f‘loss = {losses[0]:.4f}’, font = (‘Times’, 14))
    #tracer(1)

    #draw losses
    g_pen.pencolor(color)
    g_pen.setpos(0,losses[0])
    g_pen.down()
    for i, loss in enumerate(losses):
        g_pen.setpos(i, loss)
        #g_pen.dot(1, color)
    g_pen.write(f‘{losses[-1]:.4f}’, font = (‘Times’, 14))
    update()

def main(points):
    global g_pen
    g_pen = Turtle()
    setworldcoordinates(-1, -1, 6, 6)

    tracer(0)
    xmin, xmax = -1, 5
```

```
    ymin, ymax = -1, 5
    line(xmin, 0,  xmax, 0); g_pen.write('X', font = ('Times', 14))
    line(0, ymin,  0, ymax); g_pen.write('Y', font = ('Times', 14))

    draw_points(points)
    a, b, losses = line_fit_gradient_descent(points)
    error = losses[-1]
    print(f'y = {a}x + {b}')
    print(f'MSE(a, b) = {error}')

    x1 = xmin
    y1 = a * x1 + b
    x2 = xmax
    y2 = a * x2 + b
    line(x1, y1, x2, y2, color = 'blue')
    g_pen.write(f'y = {a:.2f}x + {b:.2f}',font = ('Times', 16))
    update()                          # tracer(1)

    onkey(Screen().bye,'Escape')
    onkey(partial(draw_losses,losses), 'Return')
    listen()

if __name__ == '__main__':
    points = [(1, 2), (2, 3), (3, 4), (4, 4)]
    main(points)
    mainloop()
```

프로그램 설명

① MSE(a, b, points)는 points의 기울기 a와 y−절편 b인 직선에서의 평균오차를 계산한다.

② line_fit_gradient_descent(points, lr = 0.01, max_epoch = 1000, init = [0.1, 0.0])는 2차원 좌표 points에서 경사하강법을 이용한 직선찾기 [식 60.3]을 구현한 함수이다. 직선의 a와 y−절편 b와 제곱평균오차인 리스트 loss_list를 반환한다.

③ draw_losses(losses, color = 'red')는 losses를 그린다.

④ main() 함수는 좌표축을 그리고, draw_points()로 points를 표시하고, line_fit_gradient_descent(points)로 a, b, losses를 계산한다. a, b를 이용하여 직선을 그린다. 'Return' 키를 누르면 draw_losses() 함수에서 losses를 그린다.

⑤ [그림 60.1](a)는 points = [(1, 2), (2, 3), (3, 4), (4, 4)]에 대해 경사하강법으로 max_epoch = 1000회 반복하여 직선 y = 0.72x + 1.44를 찾은 결과이다. [그림 60.1](b)에서 반복이 증가함에 따라 평균제곱오차 리스트 losses가 감소하여 수렴하는 것을 확인할 수 있다. 최종오차는 0.0756이다. lr = 0.01, max_epoch = 1000, init = [0.1, 0.0]에 따라 다른 결과를 얻을 수 있다.

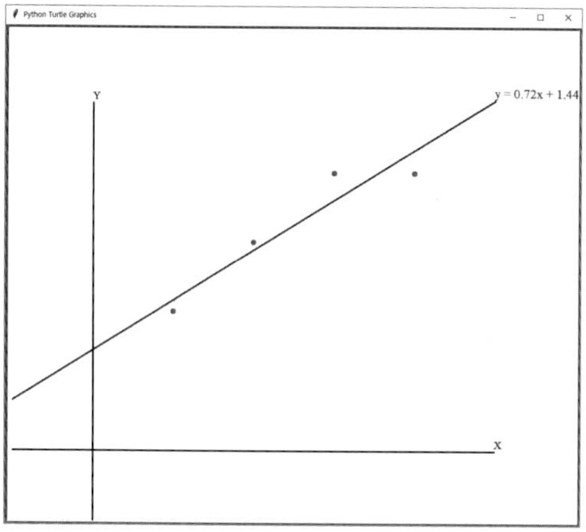

(a) y = 0.72x + 1.44

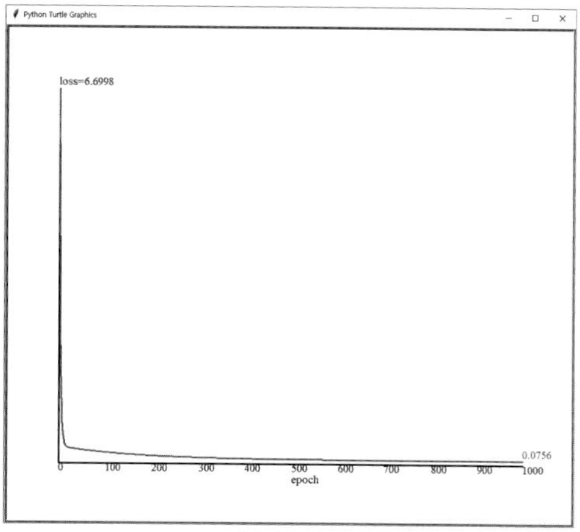

(b) losses

그림 60.1 • 경사하강법 직선 찾기